河南省"十四五"普通高等教育规划教材
河南省本科高校新工科新形态教材

面向经管类专业的数据管理技术
——Python编程基础与应用

主 编 ◎ 张 晶
副主编 ◎ 朱亚琼　杨颖辉　李学荟

中国铁道出版社有限公司
CHINA RAILWAY PUBLISHING HOUSE CO., LTD.

内 容 简 介

本书为河南省本科高校新工科新形态教材之一，系统地介绍了 Python 编程语言的基础知识，共分为 12 章，主要内容包括 Python 语法基础、程序控制结构、Python 序列、函数设计与使用、面向对象编程、文件操作、数据库操作、网络爬虫、NumPy、pandas 数据处理与分析、Matplotlib 数据可视化基础以及综合应用案例。

本书注重 Python 基础知识的整体性和系统性，配以丰富的跨学科例题分析提升学习效果、细化专业应用，通过理论讲解和实例分析帮助读者学会运用 Python 解决实际问题。书中的实例既有简单易懂的程序片段，也有实际可用的综合案例，实例程序都有详尽的解释，以利于读者迅速掌握 Python 开发的关键技术和基本数据分析的技能。

本书适合作为普通高等学校数据科学与大数据、金融科技等相关专业的教材，也可以作为社会从业人员学习 Python 程序设计的参考用书。

图书在版编目（CIP）数据

面向经管类专业的数据管理技术 ：Python 编程基础与应用 / 张晶主编 . -- 北京 ：中国铁道出版社有限公司，2024.9. -- （河南省本科高校新工科新形态教材）.
ISBN 978-7-113-30932-9
　I. TP274
中国国家版本馆 CIP 数据核字第 2024QA4951 号

书　　名：面向经管类专业的数据管理技术——Python 编程基础与应用
作　　者：张　晶

策　　划：韩从付　　　　　　　　　编辑部电话：（010）63549508
责任编辑：陆慧萍
编辑助理：史雨薇
封面设计：刘　颖
责任校对：刘　畅
责任印制：樊启鹏

出版发行：中国铁道出版社有限公司（100054，北京市西城区右安门西街 8 号）
网　　址：https://www.tdpress.com/51eds/
印　　刷：河北京平诚乾印刷有限公司
版　　次：2024 年 9 月第 1 版　2024 年 9 月第 1 次印刷
开　　本：787 mm×1 092 mm　1/16　印张：20.25　字数：517 千
书　　号：ISBN 978-7-113-30932-9
定　　价：62.00 元

版权所有　侵权必究

凡购买铁道版图书，如有印制质量问题，请与本社教材图书营销部联系调换。电话：（010）63550836
打击盗版举报电话：（010）63549461

编委会

主 任 委 员： 董云展（郑州工商学院，教育部高等学校财政学类专业教学指导委员会）

副主任委员： 张　晶（河南财政金融学院）

　　　　　　　文小才（河南财政金融学院）

　　　　　　　尚运生（河南财政金融学院）

委　　　员：（按姓氏笔画排序）

毛凤翔（信阳学院）	白　鑫（郑州升达经贸管理学院）
冯　岩（信阳师范大学）	朱亚琼（河南财政金融学院）
任　帅（河南财政金融学院）	刘　丹（郑州巧视智能科技有限公司）
孙　华（安阳师范学院）	孙彦明（郑州工商学院）
李学荟（河南工业大学漯河工学院）	李淑红（河南财经政法大学）
杨颖辉（河南牧业经济学院）	何思源（河南财政金融学院）
张　鹏（河南景奈教育科技有限公司）	张永新（洛阳师范学院）
张沛杰（河南职英教育科技集团）	张思卿（郑州西亚斯学院）
陆慧萍（中国铁道出版社有限公司）	陈得友（郑州财经学院）
林海霞（郑州商学院）	周文刚（周口师范学院）
袁培燕（河南师范大学）	徐　晨（河南财政金融学院）
韩从付（中国铁道出版社有限公司）	韩兰英（河南省产教融合技术研究院）
韩道军（河南大学）	樊慧玲（河南省中原职业教育研究院）

前　言

Python 是解释型、面向对象、动态数据类型的高级程序设计语言。自 2004 年以后，Python 的使用率呈线性增长，现在已经成为最受欢迎的程序设计语言之一。早期的 Python 主要用于 Unix 操作系统，由于其强大功能和各方面的优点逐渐被人们认识，到了 20 世纪 80 年代，Python 开始进入其他操作系统，并很快在各类大、中、小和微型计算机上得到广泛使用，成为最流行的程序设计语言之一。随着计算机的普及和发展，Python 在各个领域的应用越来越广泛，几乎各类计算机操作系统都支持 Python 的开发环境，这为 Python 的普及和应用奠定了强大的基础。

在大数据、云计算、人工智能等技术飞速发展的今天，Python 有了更加广阔的用武之地。Python 解释器作为自由软件，由全世界的 Python 爱好者维护、扩充着能够适应各种需求的库，因此，Python 当前仍在不断快速发展着。随着 Python 的扩展库不断丰富，使得 Python 无论是作为入门编程语言还是在解决大数据分析、云计算、科学计算等领域问题上都有着得天独厚的优势。Python 作为编程语言本身来说很容易上手，即使从没接触过程序开发的学习者也很容易掌握 Python 程序的编写，这就使软件设计、开发者不必过分关注程序的语言实现，可以腾出时间去关注和优化算法问题。

编程语言排行相关统计显示，Python 得到越来越多编程爱好者的应用，使得 Python 语言也顺理成章地进入本科院校计算机类知识的课程体系。本书针对高等院校经管类专业教学编写，编者通过认真分析和研究 Python 体系，结合多年教学实践，列入大量实例，深入浅出地引导读者掌握 Python 程序设计的基本方法，并结合案例让读者能够将所学的知识整合运用，在应用层面体验 Python。

本书共 12 章，可分为两部分：第 1~7 章为第一部分，第 8~12 章为第二部分。第一部分主要介绍 Python 基础知识，包括 Python 概述、语法基础、程序控制结构、Python 序列、函数设计与使用、面向对象编程、文件操作等方面；第二部分主要介绍 Python 高级应用及综合案例，包括数据库操作、网络爬虫、NumPy、pandas 数据处理与分析、Matplotlib 数据可视化等应用。

本书的特点：知识点结构强调整体性和系统性，知识点表达强调层次性和有序性；理论与实际紧密结合，每章节安排知识点阐释—实例分析—综合性实例示范来帮助读者熟悉知识的具体应用。书中还融入了部分金融、财经类的案例，读者可在学习 Python 基础知识的同时，熟悉财政、金融相关知识，理解并掌握学科应用，为培养复合型专业人才所需的数据分析、数据挖掘能力奠定基础。

本书由张晶任主编，朱亚琼、杨颖辉、李学荟任副主编，任帅、徐晨、何思源参与编写。具体编写分工如下：张晶编写第 1 章和第 3 章，朱亚琼编写第 2 章和第 6 章，杨颖辉编写第 4 章、第 10 章和第 12 章，李学荟编写第 7 章和第 11 章，徐晨编写第 5 章，何思源编写第 8 章，任帅编写第 9 章。全书由张晶组织策划，进行统稿、定稿。书中的相关案例由郑州巧视智能科技有限公司提供并整理。

本书在编写过程中，参考了部分图书资料和网站资料，在此向其作者表示感谢。本书的出版得到了河南财政金融学院财税学院院长文小才教授、金融学院院长尚运生教授的指导与帮助，并得到了中国铁道出版社有限公司的大力支持，在此一并表示衷心的感谢。

由于本书编者水平有限，书中难免会有疏漏和不足之处，恳请广大读者和同行批评指正。

编　者

2024 年 3 月

目　录

第1章　Python概述 1

1.1　Python简介 2
1.2　Python开发环境的配置 4
1.3　Python开发工具 8
1.4　Python程序的格式 12
1.5　库的导入与添加 14
1.6　random 库的使用 17
实例：使用random库模拟股票价格的
　　　日变化 20
小结 21
习题 21

第2章　Python语法基础 23

2.1　标识符与保留字 24
2.2　变量 27
2.3　运算符 29
2.4　基本输入和输出函数 39
2.5　数值类型及其操作 42
2.6　字符串类型及其操作 45
2.7　正则表达式 49
实例：使用math库完成房贷计算器的
　　　设计 55
小结 57
习题 57

第3章　程序流程控制 59

3.1　顺序结构 60
3.2　选择结构 60

3.3　循环结构 64
实例：使用Turtle库和循环结构绘制
　　　股票收盘价变化趋势 72
小结 76
习题 77

第4章　组合数据类型 79

4.1　组合数据类型概述 80
4.2　列表 80
4.3　元组 90
4.4　集合 93
4.5　字典 95
4.6　不可变数据类型与可变数据
　　　类型 98
4.7　浅拷贝与深拷贝 101
实例：使用jieba库对财政金融概念的
　　　解释进行分词 104
小结 106
习题 106

第5章　函数 108

5.1　函数概述 109
5.2　函数的定义和调用 110
5.3　函数的参数传递 113
5.4　函数的返回值 116
5.5　变量的作用域 117
5.6　匿名函数 120
5.7　递归函数 121

5.8 内置函数.................................122
实例：超市促销活动，模拟结账
　　　功能.................................126
小结.......................................127
习题.......................................127

第6章　文件及目录操作.................130
6.1 文件及目录概述.......................131
6.2 文件操作...............................131
6.3 目录操作...............................140
6.4 文件与目录管理.......................147
6.5 wordcloud库............................154
实例：2022年中国财政政策执行
　　　情况报告词云....................159
小结.......................................160
习题.......................................161

第7章　面向对象编程.....................163
7.1 面向对象编程概述...................164
7.2 类和对象的使用.......................166
7.3 类的成员...............................170
7.4 封装、继承和多态...................179
实例：办理信用卡，初始化密码.....184
小结.......................................185
习题.......................................186

第8章　异常处理与程序调试...........188
8.1 异常概述...............................189
8.2 异常处理语句.........................191
8.3 程序调试...............................200
实例：工资查询系统的用户名和登录
　　　密码校验.........................206
小结.......................................207
习题.......................................208

第9章　数据库编程.........................210

9.1 认识DB API...........................211
9.2 使用MySQL...........................212
9.3 使用PyMySQL........................217
9.4 使用SQLite.............................223
实例：查找指定范围的贷款信息.....227
小结.......................................228
习题.......................................228

第10章　网络爬虫.........................230
10.1 认识网络爬虫.......................231
10.2 urllib...................................232
10.3 requests...............................242
10.4 Beautiful Soup.......................246
10.5 网络爬虫常用框架.................254
实例：爬取股票信息...................255
小结.......................................260
习题.......................................260

第11章　数据处理及可视化...........262
11.1 NumPy数值计算...................263
11.2 pandas数据处理.....................273
11.3 Matplotlib 数据可视化............291
实例：贷款数据可视化...............299
小结.......................................304
习题.......................................304

第12章　财经研究报告爬虫及可视化
　　　　分析.............................306
12.1 综合案例概述.......................306
12.2 爬取财经研究报告信息..........307
12.3 存储信息到MySQL数据库
　　　及Excel文件.....................309
12.4 可视化分析...........................311
小结.......................................315

参考文献.....................................316

第 1 章 Python 概述

学习目标

知识目标：
◎了解 Python 语言的发展历程。
◎掌握 Python 语言开发环境的配置。
◎掌握 Python 语言的基本格式。
◎掌握 Python 语言导入库与添加第三方库的方式。
◎掌握 random 库的使用。

能力目标：
能够熟练配置 Python 语言的开发环境，按照基本格式编写 Python 语言，培养 Python 语言的使用思维。

素养目标：
使用 Python 语言进行编程时，在符合编码规范的情况下，不断探索和尝试，培养学生自身的学习能力与解决实际问题的能力。

知识框架

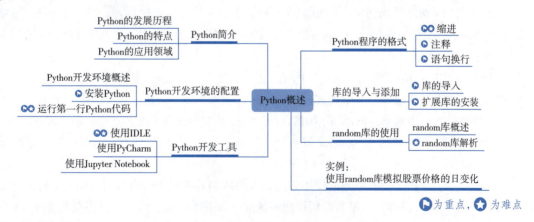

问题导入

Python 语言在数据处理中应用广泛，在金融领域同样如此。那么使用 Python 语言之前，如何进行 Python 程序安装呢？安装完成后又如何使用相关功能呢？

Python 是一种高级编程语言，于 1991 年首次发布。Python 在云计算、数据科学、人工智能、

Web 开发和软件开发等多个领域都有应用，它的设计哲学和语言特性使得它在学术和工业界都广受欢迎。本章将对 Python 语言进行概述，介绍 Python 语言的发展历程与特点，对 Python 语言开发环境的配置、基本格式、库的导入和添加进行讲解，通过 random 库的使用对以上知识进行巩固。

1.1 Python 简介

Python 由荷兰国家数学与计算机科学研究中心的吉多·范罗苏姆（Guido van Rossum）于 1989 年开始开发，1991 年首次发布。Python 提供了高效的高级数据结构，还能简单有效地面向对象编程，Python 图标如图 1.1 所示。

Python 语言的语法和动态类型，以及解释型语言的本质，使它成为多数平台上写脚本和快速开发应用的编程语言。随着版本的不断更新和语言新功能的添加，Python 语言逐渐被用于独立的、大型项目的开发，在实际场景中有着丰富的应用。

图 1.1　Python 图标

1.1.1　Python 的发展历程

吉多在接触并使用了多种编程语言后，希望设计一种语言，不仅能像 C 语言一样能够全面调用计算机的功能接口，也可以像 shell 语言一样轻松完成编程过程。

1989 年，吉多着手开始编写 Python 语言的编译器。Python 这个名字，来自他所挚爱的电视剧 Monty Python's Flying Circus，他希望这个叫作 Python 的语言能符合他的理想：既能全面调用计算机功能接口，又易于编程。由此，Python 语言应运而生。

Python 发布至今已经有多个版本。1991 年首次发布的版本为 0.9.0。1994 年，Python 1.0 版本面世，包含了一些基本的语法、数据结构和标准库，但至今已不再继续使用。

2000 年，Python 2.0 发布，这是 Python 的一个重要版本，包含了许多新特性，最终更新到了 Python 2.7.18 版本。2020 年，官方宣布，停止 Python 2.x 系列的更新。虽然 Python 2.0 版本已经被 Python 3 取代，但它对 Python 语言的发展产生了深远的影响，并为后续版本的改进和创新作出了重要贡献。

2008 年，Python 3.0 发布。相对于 Python 的早期版本，Python 3.0 引入了许多新特性，例如，打印函数、整数除法改变、异常处理改进、range() 成为类等。但是，为了响应 Python 轻量化的特征，避免带入过多累赘，Python 3.0 在设计的时候并未考虑向下兼容这一问题，因此，Python 3.x 系列并不兼容向下的 Python 2.x 等更低的版本。截至 2024 年 2 月，Python 的最新版本为 3.12.2。

所以，掌握 Python 3.x 系列的使用方法是大势所趋。本书进行讲授时，将主要针对 Python 3.x 版本的学习展开讲授，在没有特别提醒的情况下，书中提供的代码均需要在 Python 3.x 版本运行，同时也推荐读者在学习本书内容时下载最新版本，以兼容 Python 语言的新特性。

1.1.2　Python 的特点

Python 语言具有以下几个特点：

（1）免费开源、可移植性：Python 是一种免费、开源、有良好可移植性的编码方式，由于它的开源本质，Python 已经被移植在许多平台上展开各种应用；

（2）高级语言：Python 是一种高级语言，因此在使用 Python 语言编写程序时无须考虑底层细节，使得编程变得更加简单；

（3）解释型语言：Python 是一种解释型语言，通过 Python 解释器将源代码转换成字节码的中间形式后执行，无须编译成二进制代码；

（4）简单易学：Python 相比于其他的编程语言来说，拥有简单的编写风格和易用的扩展结构，比较适合新手学习，简单的语法也使其极容易上手；

（5）可扩展性：Python 可用于定制化软件中的扩展程序语言，也可以使用 C、C++ 或其他可以通过 C 调用的语言扩展新的功能和数据类型；

（6）丰富的库：Python 拥有丰富的标准库，提供了适用于各个主要系统平台的源码或机器码。除了标准库以外，它还拥有良好的第三方库生态系统，可以为开发者提供丰富的功能和工具。

1.1.3　Python 的应用领域

Python 发展至今，已经拓展出了丰富的应用领域。

（1）Web 开发：Python 是 Web 开发中常用的编程语言之一。Django 和 Flask 是 Python 中最受欢迎的 Web 框架，可以帮助开发者轻松创建高性能的 Web 应用，Django 图标如图 1.2 所示。

图 1.2　Django 图标

（2）网络爬虫：又称网络蜘蛛，是指按照某种规则在网络上获取所需内容的脚本程序。在爬虫领域，Python 是必不可少的一部分。由 Python 编写的开源爬虫软件包括：Scrapy、Cola、Crawley 等。

（3）自动化运维：随着技术的进步、业务需求的快速增长，一个运维人员通常要管理上百、上千台服务器，运维工作也变得重复、繁杂。把运维工作自动化，能够把运维人员从服务器的管理中解放出来，让运维工作变得简单、快速、准确。

（4）数据库编程、网络编程：对于数据库编程，程序员可通过遵循 Python DB-API（应用程序编程接口）规范的模块与 Microsoft SQL Server、Oracle、Sybase、DB2、MySQL、SQLite 等数据库通信。Python 自带 Gadfly 模块，能提供一个完整的 SQL 环境。同时，Python 提供丰富的模块支持 Sockets 编程，能方便快速地开发分布式应用程序。很多大规模软件开发计划，如 Zope、Mnet 及 BitTorrent 都在广泛地使用它。

（5）数据科学、图形处理、数学处理、文本处理：Python 在各种数据处理中有强大的应用。例如，Jupyter Notebook 使得数据科学家可以在一个交互式环境中编写和共享代码。针对图形、数学、文本处理，分别有 PIL、Tkinter 等图形库、NumPy 准数学库接口、正则表达式，还提供 SGML、XML 分析模块等，满足相关数据处理的需要。

（6）人工智能：Python 在人工智能研究中有很大的作用。在深度学习网络中，绝大多数模型与组件，均用 Python 语言完成编写；在机器学习中，如 Pytorch、TensorFlow 等框架也基于 Python 语言编写，并广泛使用。

（7）多媒体应用：Python 的 PyOpenGL 模块封装了"OpenGL 应用程序编程接口"，能进行二维和三维图像处理。PyGame 模块可用于编写游戏软件等。

（8）金融领域：Python 在金融领域应用广泛，用于量化交易、风险管理、数据分析等方面。

1.2 Python 开发环境的配置

配置 Python 语言开发环境是进行 Python 编程工作的第一步，一个良好的开发环境可以有效提高开发效率和代码质量。接下来将对 Python 语言的开发环境配置进行详细介绍。

1.2.1 Python 开发环境概述

Python 支持多种多样的开发环境，例如：

（1）IDLE：IDLE 是安装 Python 时自带的集成开发环境（integrated development environment，IDE），具有代码编辑、调试、执行等功能。它可以在 Windows、Mac OS X、Linux 等操作系统上运行。IDLE 的优点是简单易用，缺点是功能较为基础；

（2）PyCharm：PyCharm 是一款由 JetBrains 公司开发的 Python IDE，支持代码高亮、代码自动完成、调试、版本控制等功能。PyCharm 分为专业版和社区版，社区版可以免费使用，但是只包含基本的功能。专业版的功能更加强大，但需要付费使用；

（3）Anaconda：Anaconda 是一个用于科学计算的 Python 发行版，包含了 Python 解释器、科学计算包、数据可视化工具等。Anaconda 可以在 Windows、Mac OS X、Linux 上运行，可以通过 Anaconda Navigator 进行管理；

（4）Jupyter Notebook：Jupyter Notebook 是一款基于 Web 的交互式计算环境，支持多种编程语言，包括 Python。Jupyter Notebook 可以用于数据清洗、数据可视化、机器学习等领域，具有交互性强、可视化效果好等优点；

（5）Sublime Text：Sublime Text 是一款轻量级的文本编辑器，支持多种编程语言，包括 Python。Sublime Text 可以通过插件扩展其功能，如代码高亮、自动完成、调试等。Sublime Text 的优点是快速、稳定，但不支持直接运行 Python 程序。

总的来说，Python 开发环境有很多种，每种环境都有其优缺点。选择哪种环境，应该根据自己的需求和实际情况来决定。

1.2.2 安装 Python

Python 3 的最新源码、二进制文档、新闻资讯等内容，都可以在 Python 的官网查看到，如图 1.3 所示。

图 1.3　Python 官网

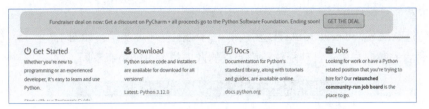

图 1.3　Python 官网（续）

具体的安装与环境配置步骤如下：

（1）打开 Python 官网，单击 Downloads 选项，如图 1.4 所示。

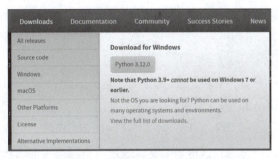

图 1.4　Python 下载

（2）选择符合自己需求的 Python 版本进行下载（这里以 Python 3.11.7 为例，在之后的讲述中也以此版本为准），如图 1.5 所示。

Looking for a specific release?

Python releases by version number:

Release version	Release date		Click for more
Python 3.12.1	Dec. 8, 2023	Download	Release Notes
Python 3.11.7	Dec. 4, 2023	Download	Release Notes
Python 3.12.0	Oct. 2, 2023	Download	Release Notes
Python 3.11.6	Oct. 2, 2023	Download	Release Notes
Python 3.11.5	Aug. 24, 2023	Download	Release Notes
Python 3.10.13	Aug. 24, 2023	Download	Release Notes
Python 3.9.18	Aug. 24, 2023	Download	Release Notes

View older releases

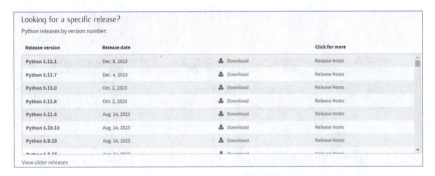

图 1.5　Python 的可下载版本

（3）按照自己的系统，选择对应的系统版本下载（这里以 Windows 操作系统、64 位版本的下载为例），如图 1.6 所示。

Files

Version	Operating System	Description	MD5 Sum	File Size	GPG	Sigstore
Gzipped source tarball	Source release		ef61f81ec82c490484219c7f0ec96783	26601929	SIG	.sigstore
XZ compressed source tarball	Source release		d96c7e134c35a8c46236f8a0e566b69c	20074108	SIG	.sigstore
macOS 64-bit universal2 installer	macOS	for macOS 10.9 and later	89b63192da4def3d0d4f17ff06a33064	44555492	SIG	.sigstore
Windows embeddable package (32-bit)	Windows		f6fa152aa4259f51604f5bbaf5a5f4c4	10075424	SIG	.sigstore
Windows embeddable package (64-bit)	Windows		696ae7fa834526523ba5492d3a1ead14	11198184	SIG	.sigstore
Windows embeddable package (ARM64)	Windows		f3a6296650c51e3e64ae7d41999b4a78	10461852	SIG	.sigstore
Windows installer (32-bit)	Windows		8a52f3859989f0b1313f4baaa6936410	24722192	SIG	.sigstore
Windows installer (64-bit)	Windows	Recommended	6ebd889155ac3261308202b29d39c5a4	26009544	SIG	.sigstore
Windows installer (ARM64)	Windows	Experimental	216803e75bf3944c183873adf135c459	25272216	SIG	.sigstore

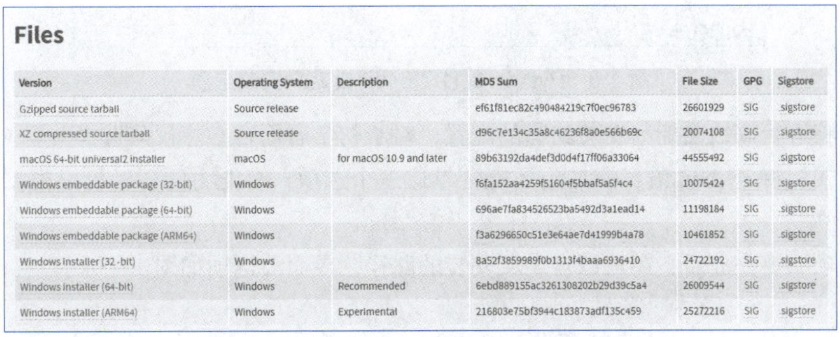

图 1.6　Python 3.11.7 在各个系统中的版本

（4）下载完成后打开安装包，进入安装向导页面。

（5）勾选 Add python.exe to PATH 复选框，自动配置环境变量，如图 1.7 所示。在不同版本的 Python 语言安装向导中，自动配置环境变量的选项位置可能稍有不同。

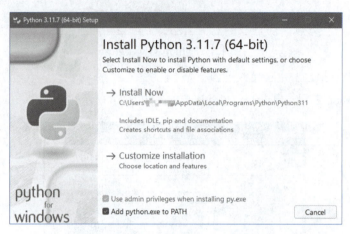

图 1.7　Python 3.11.7 64bit 安装向导

（6）如果想使用默认路径与默认设置安装，就可以直接单击 Install Now 选项，向导将会在默认路径完成 Python 3.11.7 的安装，同时使用默认设置进行配置。如果想进行自定义安装，则单击 Customize installation 选项，在这里可以进行详细的选项配置。

单击 Customize installation 选项后，先进行基础的可选功能的配置，包括 pip 功能、IDLE 的安装等，建议初学 Python 语言的读者选择这里的全部选项，并单击 Next 按钮，如图 1.8 所示。

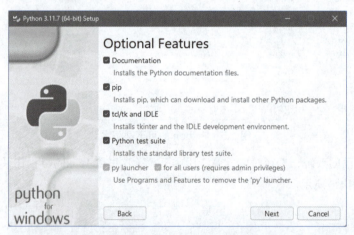

图 1.8　Python 3.11.7 64bit 自定义安装选项

下一步将进行高级功能与安装路径的配置，对于初学者而言，建议只选择关联 Python 文件、创建快捷方式、将 Python 语言添加到环境变量这三个选项，有能力的读者可以根据自己的需要调整高级选项。

高级选项调整完成后，还可以自定义安装的路径，界面与选项如图 1.9 所示。

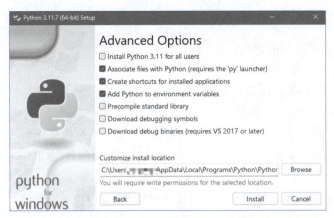

图 1.9　Python 3.11.7 64bit 自定义安装选项与路径

（7）单击 Install 按钮，等待安装完成，如图 1.10 所示。

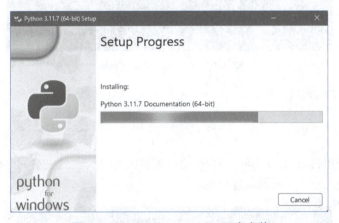

图 1.10　Python 3.11.7 64bit 正在安装

（8）安装完成后，可以关闭安装向导页面，如图 1.11 所示。这时打开命令提示符，输入 python -version，可以进一步确认 Python 语言是否正确安装，版本号是否一致，如图 1.12 所示。

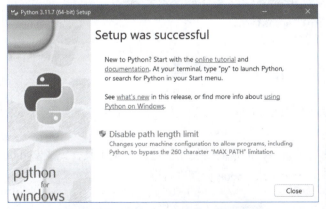

图 1.11　Python 3.11.7 64bit 安装完成

图 1.12　确认 Python 3.11.7 是否正确安装

1.2.3 运行第一行 Python 代码

运行 Python 代码或文件的方式有很多种，例如：
（1）直接在 Python 编译器里运行；
（2）在 Python 中自带的 IDLE 中运行；
（3）在其他工具（IDE）中运行。

在运行第一行 Python 代码时，可以先使用最简单的方式：直接在 Python 编译器运行。同时，在学习一门编程语言时，要编写的第一行代码通常都是该语言的输出语句，下面将以 Python 语言的输出语句为例，完成读者第一行 Python 代码的编写。

打开刚才安装好的 Python 编译器，会出现一个类似于命令提示符的界面，如图 1.13 所示。

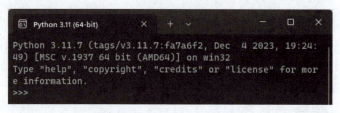

图 1.13　Python 编译器界面

在">>>"后方输入以下语句：

```
print("Hello World, I'm Python.")
```

与大部分编程语言类似，Python 语言的输出语句也围绕 print 这一单词进行。按【Enter】键确认后，会出现如图 1.14 所示的运行结果。

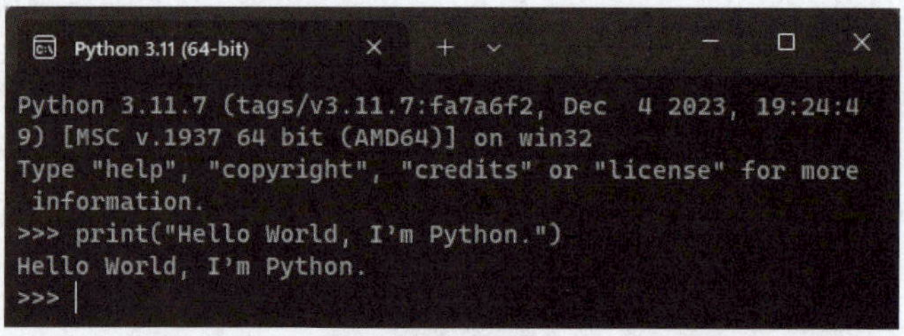

图 1.14　运行结果

1.3　Python 开发工具

上一节内容介绍了直接在 Python 编译器里运行 Python 代码的方法，但是这种方法既不高效，也不易读，更不符合正常的编程习惯。

与其他编程语言一样，在实际的开发场景中，通常需要使用其他的开发工具，完成 Python 语言的编写。下面将以 IDLE、PyCharm、Jupyter Notebook 为例进行讲解。

1.3.1　使用 IDLE

IDLE 是 Python 软件包自备的开发工具，在默认的安装配置中就已附带，同时在安装过程

中，可以通过修改自定义选项内的
选择，自行选择是否安装此工具。
IDLE 打开后界面如图 1.15 所示。

使用时可以先新建一个 Python
文件，执行 File → New File 命令，
会自动生成一个新的编写页面，名
为 untitled。

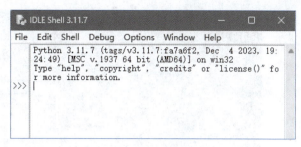

图 1.15　IDLE 界面

在其中输入以下语句：

```
print("Hello World, I'm Python.")
```

可以发现，相比于直接在编译器里运行，在 IDLE 运行有更好的样式显示。

之后按照图 1.16 所示，执行 Run → Run Module 命令运行此代码，运行时需要先对代码进行保存（该实例中将此文件保存到了桌面，并命名为 python1.py）。首次保存文件时必须选择一个路径，选择完成后，再次保存此文件时不必再选择路径，同时也可以随时再打开保存的 .py 文件进行编辑。

运行时可以发现，在 IDLE Shell 页面出现了该程序的运行结果，如图 1.17 所示。

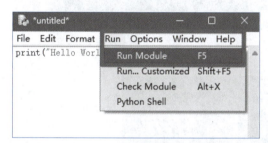

图 1.16　运行 Python 文件　　　　　图 1.17　运行结果

在后续的讲解中，默认使用 IDLE 进行代码演示。

1.3.2　使用 PyCharm

PyCharm 是 JetBrains 公司开发的 Python IDE，其启动页面如图 1.18 所示（这里以 PyCharm 2023.2 社区版为例）。

打开之后可以先新建一个 Python 项目，新建项目时选择一个位置，根据自己编译的需要，选择对应的解释器，使用 PyCharm 自带的 Python 解释器，或者之前安装好的解释器均可。最后勾选"创建 main.py 欢迎脚本"复选框如图 1.19 所示，项目会自带一个启动页面。

图 1.18　PyCharm 启动页面

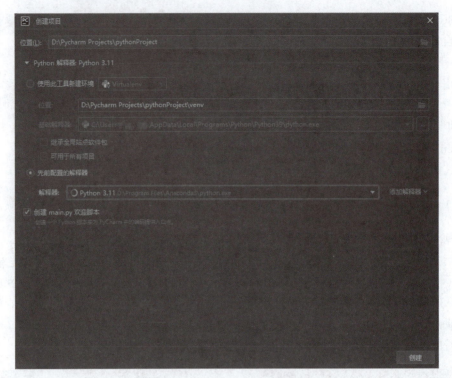

图 1.19　PyCharm 启动页面

配置完成后打开项目，如图 1.20 所示。

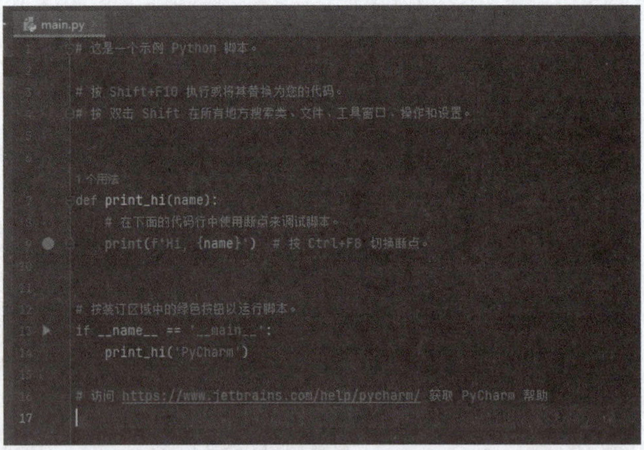

图 1.20　PyCharm 创建的项目

这里可以直接单击右上角的运行按钮，运行自带的欢迎页面，运行结果如下：

```
Hi, PyCharm
```

1.3.3　使用 Jupyter Notebook

Jupyter Notebook 本质是一个 Web 应用程序，便于创建和共享程序文档，支持实时代码、数学方程、可视化和 Markdown 等技术，此工具也可以用于完成 Python 语言的编写。

Jupyter Notebook 可以直接通过 pip 指令安装，也可以通过下载安装 Anaconda 完成（推荐），通常 Anaconda 中会附带 Jupyter Notebook 这一工具，具体过程这里不再赘述。

Jupyter Notebook 打开后如图 1.21 所示。

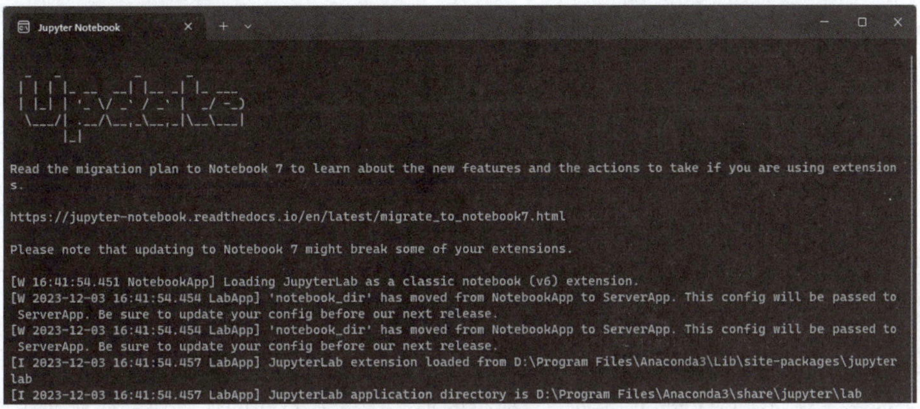

图 1.21　Jupyter Notebook 启动页面

可以发现，Jupyter Notebook 并没有自己的应用页面，显示的页面是借助计算机中的默认浏览器打开的，其使用形式类似于一个网页，如图 1.22 所示。

开始编写 Python 之前，首先需要新建一个 Jupyter Notebook 文件，单击右侧 New → Python 3（ipykernel）命令，如图 1.23 所示。

图 1.22　Jupyter Notebook 运行页面

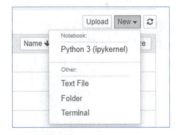

图 1.23　新建 ipynb 文件

> **注意**：这里新建的并不是一个 Python 文件，而是 Jupyter Notebook 自己的 ipynb 文件，但是该文件依然是以 Python 的解释器运行。

文件创建完成后页面如图 1.24 所示。

在输入框中，依然输入以下语句：

```
print("Hello World, I'm Python.")
```

可以发现，Jupyter Notebook 也自带 Python 文件的编码样式显示。

输入完成后单击"运行"按钮，在下方会出现运行结果，如图 1.25 所示。

图 1.24　ipynb 文件的创建

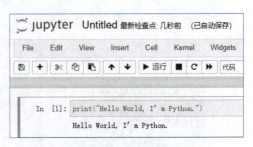

图 1.25　ipynb 运行结果

1.4　Python 程序的格式

在前面的演示中可以发现，Python 程序通常使用 .py 文件来保存 Python 代码，默认情况下，Python 3 源码文件用 UTF-8 编码，所有字符串都是 Unicode 字符串。

与 Java 等语言不同，Python 以缩进、换行的形式来表示不同的代码块，而非使用大括号。同时，Python 有自己独特的注释方式。接下来对 Python 代码的格式进行详细说明。

1.4.1　缩进

Python 通过缩进来表示一层嵌套结构，即一个对应的代码块。其中，缩进的空格数是可变的，理论上具体的缩进空格数可以按照个人习惯决定，但实际编程时，通常使用四个英文空格表示一个缩进位置，或者直接按【Tab】键完成缩进。

> **注意**：同一个代码块下的语句，必须是相同的缩进空格数，否则在执行时会出现报错的情况。

如以下代码中，以四个空格缩进：

```python
if True:
    print ("True")
else:
    print ("False")
```

运行结果如下：

```
True
```

在以下代码中，if True 部分使用了相同的缩进，else 部分则使用了不同的缩进，这时运行时会报错：

```python
if True:
    print ("Answer")
    print ("True")
```

```
else:
    print ("Answer")
  print ("False")
```

运行结果如下：

```
  File <tokenize>:6
    print ("False")
    ^
IndentationError: unindent does not match any outer indentation level
```

对于初学者来说，应当养成良好的 Python 代码编写习惯，严格控制缩进的使用。

1.4.2 注释

Python 有多种注释形式，其说明见表 1.1。

表 1.1　Python 语言注释形式说明

注　　释	说　　明
#	这种方式可以注释 # 之后的内容，直到换行。不需要进行收尾
'''	连续使用三个符号可以进行多行注释
"""	与 "'''" 类似

例如，以下书写形式均可：

```
# 注释1
# 注释2



'''
注释3
该方式可以注释多行
'''



"""
注释4
这种注释方式与上一种方式类似
该方式可以注释多行
"""
```

> **注意**：" ''' " 和 " \"\"\" " 只能同时使用一种，不能在同一注释的首尾使用两种不同的符号。

1.4.3　语句换行

Python 语言中通常是一行写完一条语句，但如果语句很长，我们可以使用反斜杠 "\" 来实现多行语句，代码如下：

```
total = item_one + \
        item_two + \
        item_three
```

> **注意**：在 []、{} 或 () 内的多行语句，并不需要使用反斜杠来换行。

Python 也可以在同一行显示多条语句，方法是用分号";"分开，代码如下：

```
print ('hello');print ('world');
```

运行结果如下：

```
hello
world
```

1.5 库的导入与添加

Python 的优点之一便是强大的标准库支持，因此导入相关库是编写 Python 语言时常用的操作。接下来将对库的导入进行详细讲解。

1.5.1 库的导入

与 Java 类似，导入库最基本的方式就是使用 import 语句，通常写在 .py 文件内的开头部分，格式如下：

```
import module_name as another_name
```

参数说明：

module_name：表示要导入的库名。

another_name：该参数写在 as 之后，可以给导入的库设置其他名称，在库本身名字较长时，可以通过该变量修改名称，提高代码可读性。该参数不是必需参数。

> **注意：**
> （1）当导入的模块名和当前程序文件所在目录下的某个 .py 文件的文件名相同时，Python 会优先从当前目录下导入该 .py 文件，而不是从标准库中导入同名模块；
> （2）在导入模块时，Python 会在 sys.path 指定的路径列表中查找要导入的模块。这些路径列表包括 Python 标准库路径、当前程序文件所在路径、环境变量 PYTHONPATH 指定的路径，以及操作系统特定默认路径等；
> （3）导入模块后，通过"模块名.方法名"或"模块名.变量名"的方式来调用其中定义的函数、类、变量。

例如，以下代码就使用 import 语句完成了数学库的导入，并完成了其中的 π 和三角函数的使用：

```
import math

print(math.pi)
print(math.sin(0.5))
```

运行结果如下：

```
3.141592653589793
0.479425538604203
```

当然，也可以通过给库设置其他名称，提升代码可读性，代码如下：

```
import math as mt

print(mt.pi)
print(mt.sin(0.5))
```

运行结果如下：

```
3.141592653589793
0.479425538604203
```

除了 import 语句外，还有 from...import 语句也是一种常用的导入形式，格式如下：

```
from module_name import name1 as another_name1, name2 as another_name2, ...
```

参数说明：

module_name：表示要导入的库名。

name1、name2、…：表示要导入库中的函数、类、变量等名称。

another_name1、another_name2、…：该参数可以给导入的函数、类、变量分别设置其他名称。该参数不是必需参数。

> **注意**：使用 from...import 语句时应该尽量避免使用"*"通配符，因为它会把整个模块中的所有函数、类、变量等都导入到当前程序中，容易产生命名冲突等问题。建议使用"import module_name"的方式导入模块。

例如，以下代码使用 from...import 语句完成了数学库的导入，同样完成了其中的 π 和三角函数的使用：

```
from math import pi, sin
print(pi)
print(sin(0.5))
```

运行结果如下:

```
3.141592653589793
0.479425538604203
```

当然,也可以给 pi 和 sin 设置其他名称,代码如下:

```
from math import pi as p, sin as s

print(p)
print(s(0.5))
```

运行结果如下:

```
3.141592653589793
0.479425538604203
```

在实际的使用场景中,应当按照需求合理地进行库的导入与命名,提升代码可读性。

1.5.2 扩展库的安装

除了 Python 语言自带的标准库以外,有时还会使用一些扩展的库,由于标准库内不自带这些库,故需要额外进行安装,常用的安装方式如下。

1. pip 安装

pip 是 Python 的包管理工具,它提供了一系列用于安装和管理 Python 软件包的命令,在安装 Python 语言时默认自带此工具。

使用 pip 命令安装扩展库非常简单,只需要打开命令提示符,使用 pip 命令即可。

pip 安装命令的基本格式如下:

```
pip install package_name==package_version
```

参数说明:

package_name:表示要安装的模块名。

package_version:表示安装指定版本的包。此参数非必需,未填写此参数时,默认安装前述模块的最新版本。

例如,用 pip 指令完成 pandas 库的安装,只需要在 cmd 中输入以下内容:

```
pip install pandas
```

之后等待自动安装完成即可。

2. conda 安装

conda 是一个非常常用且实用的 Python 环境包管理工具。如果您的计算机内已经包含了 Anaconda 或者 Miniconda 等 Python 发行版,那 conda 便已经安装好了。

例如,用 conda 命令完成 pandas 库的安装,只需要在 cmd 中输入以下内容:

```
conda install pandas
```

3. 从源代码安装

有些代码可能没有提供预编译的安装包，只提供了相应的源代码，这时可以通过一般的下载与安装流程，完成代码的配置，这里不再赘述。

1.6　random 库的使用

Python 语言中的 random 库主要用于生成随机数，或者进行随机取值、随机排序等操作。random 库实现了各种分布的伪随机数生成器，是 Python 编程中最常用的标准库之一。

1.6.1　random 库概述

random 库有丰富的功能，主要包括：

（1）随机浮点数生成；

（2）随机整数生成；

（3）随机从字符串中取值；

（4）随机排序；

（5）随机从数据集里取数据。

除了以上列举的功能外，通过参数的配置，还可以实现更精细的随机功能。

1.6.2　random 库解析

与标准库的使用方法相同，使用 random 库的方法与函数前，必须先导入 random 库：

```
import random
```

同时，可以通过 dir(random) 查看 random 模块的内容：

```
import random

dir(random)
```

运行结果如下：

```
['BPF', 'LOG4', 'NV_MAGICCONST', 'RECIP_BPF', 'Random', 'SG_MAGICCONST',
'SystemRandom', 'TWOPI', '_Sequence', '_Set', '__all__', '__builtins__',
'__cached__', '__doc__', '__file__', '__loader__', '__name__', '__package__',
'__spec__', '_accumulate', '_acos', '_bisect', '_ceil', '_cos', '_e',
'_exp', '_floor', '_inst', '_log', '_os', '_pi', '_random', '_repeat', '_
sha512', '_sin', '_sqrt', '_test', '_test_generator', '_urandom', '_warn',
'betavariate', 'choice', 'choices', 'expovariate', 'gammavariate', 'gauss',
'getrandbits', 'getstate', 'lognormvariate', 'normalvariate', 'paretovariate',
'randbytes', 'randint', 'random', 'randrange', 'sample', 'seed', 'setstate',
'shuffle', 'triangular', 'uniform', 'vonmisesvariate', 'weibullvariate']
```

接下来可以尝试使用 random() 方法返回一个随机数，它在半开放区间 [0,1) 范围内，包含 0 但不包含 1：

```
import random
print(random.random())
```

运行结果如下：

```
0.2245482920848456
```

同时，也可以配合循环代码，一次生成多个随机数，代码如下：

```
import random
numbers = [random.random() for _ in range(10)]
print(numbers)
```

运行结果如下：

```
[0.30830685482852616, 0.5218395755009914, 0.6064322019673173, 0.7224044449955633, 0.35807609781398564, 0.3070073423191, 0.36310656847946965, 0.19390201021659803, 0.5539128690982503, 0.2189375264662673]
```

以上代码通过循环的方式，生成了一个包含多个随机数的列表。

当然，在不同的时间或计算机运行以上两部分代码，很大可能会得到不同的随机数。

如果在某些场景中需要保留相应的随机结果时，可以使用 seed（种子）机制来保存结果。

seed() 方法改变随机数生成器的种子，可以在调用其他 random 库内的函数前调用此函数，代码如下：

```
import random

random.seed()
print ("使用默认种子生成随机数: ", random.random())
print ("使用默认种子生成随机数: ", random.random())

random.seed(10)
print ("使用整数 10 种子生成随机数: ", random.random())
random.seed(10)
print ("使用整数 10 种子生成随机数: ", random.random())

random.seed("hello",2)
print ("使用字符串种子生成随机数: ", random.random())
```

将此代码分别运行三次，可以得到三个运行结果。

结果一：

```
使用默认种子生成随机数:  0.8872093393251834
使用默认种子生成随机数:  0.9981293177443044
使用整数 10 种子生成随机数:  0.5714025946899135
使用整数 10 种子生成随机数:  0.5714025946899135
使用字符串种子生成随机数:  0.3537754404730722
```

结果二：

使用默认种子生成随机数：0.3784954028598143
使用默认种子生成随机数：0.8427544806517413
使用整数 10 种子生成随机数：0.5714025946899135
使用整数 10 种子生成随机数：0.5714025946899135
使用字符串种子生成随机数：0.3537754404730722

结果三：

使用默认种子生成随机数：0.8630719876501298
使用默认种子生成随机数：0.33686465189226245
使用整数 10 种子生成随机数：0.5714025946899135
使用整数 10 种子生成随机数：0.5714025946899135
使用字符串种子生成随机数：0.3537754404730722

虽然对于不同的计算机来说，随机结果并不相同，但不难发现，在以上实例中，使用了指定 seed 的各个随机数，是完全一样的结果，使用默认种子的随机数则各不相同。

random 库的内置方法及其说明见表 1.2。

表 1.2 random 库的内置方法说明

方 法	说 明
seed()	初始化随机数生成器
getstate()	返回捕获生成器当前内部状态的对象
setstate()	state 应该是从之前调用 getstate() 方法获得的，并且 setstate() 方法将生成器的内部状态恢复到 getstate() 方法被调用时的状态
getrandbits(k)	返回具有 k 个随机比特位的非负 Python 整数。此方法随 MersenneTwister 生成器一起提供，其他一些生成器也可能将其作为 API 的可选部分提供。在可能的情况下，getrandbits() 会启用 randrange() 方法来处理任意大的区间
randrange()	从 range(start, stop, step) 返回一个随机选择的元素
randint(a, b)	返回随机整数 N 满足 $a <= N <= b$
choice(seq)	从非空序列 seq 返回一个随机元素。如果 seq 为空，则引发 IndexError
choices(population, weights=None, *, cum_weights=None, k=1)	从 population 中选择替换，返回大小为 k 的元素列表。如果 population 为空，则引发 IndexError
shuffle(x[, random])	将序列 x 随机打乱位置
sample(population, k, *, counts=None)	返回从总体序列或集合中选择的唯一元素的 k 长度列表。用于无重复的随机抽样
random()	返回 [0.0, 1.0) 范围内的下一个随机浮点数
uniform(a, b)	返回一个随机浮点数 N，当 $a <= b$ 时 $a <= N <= b$，当 $b < a$ 时 $b <= N <= a$
triangular(low, high, mode)	返回一个随机浮点数 N，使得 $low <= N <= high$ 并在这些边界之间使用指定的 mode。low 和 high 边界默认为零和一。mode 参数默认为边界之间的中点，给出对称分布
betavariate(alpha, beta)	Beta 分布。参数的条件是 alpha > 0 和 beta > 0。返回值的范围介于 0 和 1 之间
expovariate(lambd)	指数分布。lambd 是 1.0 除以所需的平均值，它应该是非零的
gammavariate()	Gamma 分布（不是伽马函数）参数的条件是 alpha > 0 和 beta > 0

续表

方法	说明
gauss(mu, sigma)	正态分布，也称高斯分布。mu 为平均值，而 sigma 为标准差。此函数要稍快于下面所定义的 normalvariate() 函数
lognormvariate(mu, sigma)	对数正态分布。如果采用这个分布的自然对数，将得到一个正态分布，平均值为 mu 和标准差为 sigma。mu 可以是任何值，sigma 必须大于零
normalvariate(mu, sigma)	正态分布。mu 是平均值，sigma 是标准差
vonmisesvariate(mu, kappa)	冯·米塞斯分布。mu 是平均角度，以弧度表示，介于 0 和 2*pi 之间，kappa 是浓度参数，必须大于或等于零。如果 kappa 等于零，则该分布在 0 到 2*pi 的范围内减小到均匀的随机角度
paretovariate(alpha)	帕累托分布。alpha 是形状参数
weibullvariate(alpha, beta)	威布尔分布。alpha 是比例参数，beta 是形状参数

实例：使用 random 库模拟股票价格的日变化

在金融领域中，模拟股票价格变化是一种常用的估算与理解股票风险和不确定性的方法，而使用 random 库便可以简单模拟股票价格变化。

在 IDLE 中创建一个名称为 demo01_stock_prices.py 的文件，在该文件中，首先导入了 random 库，之后通过库中的方法简单模拟股票价格的日变化规律，并将每天的价格和最终的价格进行输出。参考代码如下：

```
import random

# 设置初始股票价格和模拟天数并输出
initial_price = 100.0
number_of_days = 10
print(f" 初始股票价格为 :", initial_price, " 元, 即将模拟 ", number_of_days,
" 天的价格变动 .")

# 模拟股票价格的日变化
price = initial_price
for day in range(number_of_days):
    # 假设日收益率服从 -0.02 到 0.02 之间的均匀分布
    daily_return = random.uniform(-0.02, 0.02)
    price *= (1 + daily_return)
    print(f" 第 {day+1} 天 : Price = {price:.2f}")

# 输出模拟后的最终价格
print(f"{number_of_days} 天后的股票价格预估为 : {price:.2f}")
```

运行结果如下：

```
初始股票价格为 : 100.0 元, 即将模拟 10 天的价格变动 .
第 1 天 : Price = 98.81
第 2 天 : Price = 100.29
```

```
第 3 天：Price = 100.08
第 4 天：Price = 100.40
第 5 天：Price = 100.83
第 6 天：Price = 102.03
第 7 天：Price = 100.77
第 8 天：Price = 102.22
第 9 天：Price = 103.49
第 10 天：Price = 105.41
10 天后的股票价格预估为：105.41
```

上述代码使用 random.uniform() 函数生成了一个均匀分布的随机日收益率，假设日收益率服从 −0.02 到 0.02 之间的均匀分布，然后用它来更新股票价格。

当然，该实例并没有考虑实际市场数据或更复杂的金融模型，但它展示了如何使用 random 库进行基本的金融模拟。在真实的金融模拟时，通常还需要考虑随机数生成过程的统计特性，如正态分布、对数正态分布等，这些可以通过 random 库或其他如 NumPy、scipy 等科学计算库来实现。此外，为了保证模拟的可重复性，常常在随机数生成之前通过 seed 机制来保存相关随机结果。

小 结

本章从 Python 语言的诞生开始详细介绍了其发展历程和特点，之后以 Windows 操作系统为例，详细介绍了 Python 语言的配置流程与使用方法，接下来对 Python 语言的格式和库的导入进行了说明，最后以 random 库的使用方法为基础，演示了模拟股票价格的日变化这一实例。

本章是使用 Python 语言时最基础的部分，建议读者认真掌握本章内容，熟练配置 Python 语言，掌握基本格式和库的导入，为后续要学习的内容打下基础。

习 题

一、填空题

1. Python 语言是由 _____ 设计，于 _____ 年首次发布。
2. Python 的官网是 _____。
3. Python 语言的输出方法是 _____。
4. pip 安装命令的基本格式是 _____。
5. random 库中可以通过 _____ 来固定生成的随机结果。

二、选择题

1. 下列（　　）符号不是 Python 语言的注释符号。
    A. #　　　　B. //　　　　C. '　　　　D. "
2. 以下有关 Python 语言缩进和注释的说法，正确的是（　　）。
    A. 编写 Python 代码时，同一代码块内的代码缩进必须相同
    B. 编写 Python 代码时可以用 Shift 键缩进
    C. 编写 Python 代码时，可以在同一注释混用 ' 和 " 注释符号
    D. ' 这是一行注释 '，是一种错误的注释编写方式

3. Python 语言中导入库的方法是（　　）。
   A. extract   B. print   C. import   D. load
4. 以下是一些随机的方法：
（1）随机浮点数生成；
（2）随机整数生成；
（3）随机从字符串取值；
（4）随机排序；
（5）随机从数据集里取数据。
以上方法中，有（　　）个是 random 库中包含的方法。
   A. 2   B. 3   C. 4   D. 5

三、简答题

1. 请简述 Python 是一门什么样的语言。
2. 请简述 Python 语言的发展历史与特点。
3. 请简述在 Python 编程过程中如何使用标准库。

四、编程题

1. 在自己的计算机中完成 Python 环境配置，并安装 1.2.4 版本的 pandas 库。
2. 打开 IDLE，创建一个新的 Python 文件，输入以下程序，并写出其运行结果。
（1）商品价格求和：

```
num1 = 3
num2 = 5
num3 = 7
sum = int(num1) + int(num2) + int(num3)
print(f' 三个商品的价格共计：{sum} 元 ')
```

（2）对一个数字开平方：

```
num = 16.324
num_sqrt = num ** 0.5
print(f'{num} 的平方根为 {num_sqrt}')
```

（3）摄氏度转为华氏度：

```
cel = 36.5
fah = (cel * 1.8) + 32
print(f'{cel} 摄氏温度转为华氏温度为 {fah}')
```

3. 使用 random 库完成以下内容。
（1）生成一行随机整数，需包含 10 个整数，范围在 1~100 之间；
（2）通过三个不同的随机种子，生成三行随机整数，每列需包含 10 个整数，范围控制在 1~999 之间；
（3）生成两行随机浮点数，每行包含 10 个浮点数，且要求将两行浮点数的取值范围分别控制在 0.2~0.5 之间、-0.1~0.1 之间。

第 2 章 Python 语法基础

学习目标

知识目标：
◎ 掌握 Python 语言的标识符与保留字。
◎ 掌握 Python 语言的变量与运算符。
◎ 掌握 Python 语言的基本输入和输出函数。
◎ 掌握 Python 语言的数值类型及其操作。
◎ 掌握 Python 语言的字符串类型及其操作。
◎ 掌握正则表达式和 re 模块的使用。

能力目标：
能够熟练应用 Python 语言的标识符与保留字，在理解并使用 Python 语言的变量、运算符、输入和输出函数等内容的同时，能对数值类型与字符串类型的变量进行基本的操作，进一步培养 Python 语言的使用思维。

素养目标：
学习 Python 语法基础时，应力求编写简洁、高效的 Python 代码，这有利于更深入地理解和应用 Python 语言，培养逻辑思维能力与代码组织能力，同时通过正则表达式和 re 模块的学习，能进一步培养使用 Python 语言解决实际问题的能力。

知识框架

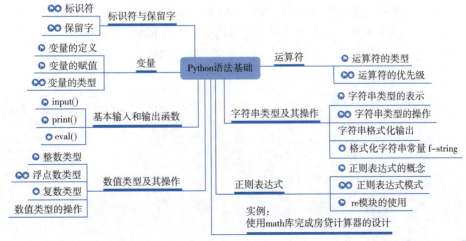

▶ 为重点，★ 为难点

问题导入

房贷月供和总额的计算是每个家庭买房之前必须认真考虑的。那么如何使用 Python 语言完成房贷的相关计算呢？

Python 语言的语法简洁明了，初学者通常很容易上手。本章将对 Python 语言的基础语法进行概述，并简要介绍 Python 语言的标识符、保留字、变量、运算符，之后介绍 Python 语言的基本输入和输出函数，接下来将介绍 Python 语言的数值类型与字符串，并讲解正则表达式的相关内容，最后通过 math 库的应用对以上知识进行巩固。

2.1 标识符与保留字

Python 语言中的标识符就是用户在编程的过程中所使用的一系列名字，用于给变量、类、方法等命名，同时可以识别各个变量、类、方法、模块或其他对象的名称。而 Python 语言中的保留字，也被称为关键字，是指该语言中已经有特定语法意义的单词，这些词不能用作标识符。标识符与保留字在使用时需遵循一系列的规则。接下来将对标识符与保留字进行详细介绍。

2.1.1 标识符

在 Python 语言中，标识符可以由英文字母（A~Z 和 a~z）、数字（0~9）、下画线（_）组成。使用标识符时需注意以下规则：

（1）标识符可以同时包含英文字母、数字、下画线，但是不能直接以数字开头。

（2）值得一提的是，由于 Python 3 是支持 Unicode 字符集作为标识符的，因此标识符的命名是可以使用中文的，但是在实际的编程过程中，出于对可读性与兼容性的考虑，通常不推荐使用中文作为标识符。

（3）Python 中的标识符是区分大小写的，例如，variable 和 Variable 就是两个不同的标识符。

（4）不能用保留字作为标识符，保留字的具体内容将在下一小节介绍。

（5）理论上，标识符的长度没有限制，但为了更好地维护代码，在实际的编程过程中，应避免使用过长的标识符，提升代码的可读性。

（6）以下画线开头的标识符是有特殊意义的。例如，以单下画线开头 _foo 的代表不能直接访问的类属性，需通过类提供的接口进行访问，不能用 from xxx import * 而导入。

（7）以双下画线开头的 __foo 代表类的私有成员，以双下画线开头和结尾的 __foo__ 代表 Python 里特殊方法专用的标识，如 __init__() 代表类的构造函数。

以下是一些有效的标识符示例：

```
Variable1 = 111
variable_2 = 222
_ClassName = 'ClassExample'
function_name = 'my_function'
__special__ = 'special method'
```

以下是一些无效的标识符示例：

```
3variable = 333          # 标识符不能用数字开头
class = 'MyClass'        # 保留字不能作为标识符
variable-4 = 444
variable5! = 555         # 减号、叹号等其他符号均不能用于标识符中
```

选择合适的标识符名称是一个良好的编程习惯，它能够有效提高代码的可读性和维护性，在日常的编程过程中推荐选择有意义的名称作为标识符。

2.1.2 保留字

在上一节的内容中，读者已经了解到，Python 中的保留字不能用作标识符名称，在本节中，读者将对保留字进行进一步的了解。

保留字是 Python 语言的核心组成部分，用于定义程序的结构和行为，每个保留字都有自身已定义好的特殊功能。表 2.1 包含了截至 Python 3.11 版本的保留字。

表 2.1　截至 Python 3.11 版本的保留字

False	await	else	import	pass
None	break	except	in	raise
True	class	finally	is	return
and	continue	for	lambda	try
as	def	from	nonlocal	while
assert	del	global	not	with
async	elif	if	or	yield

以上保留字按照大小写与字母顺序进行排列，但在实际使用保留字时，应按照保留字所属类别使用。接下来将按照保留字的类别，对每个保留字的作用进行简单介绍。

1. 基础保留字

False：布尔值，表示逻辑状态"假"。
True：布尔值，表示逻辑状态"真"。
None：表示空值或"无"的特殊常量。

2. 控制流程保留字

and：逻辑与操作符。
or：逻辑或操作符。
not：逻辑非操作符。
if：条件语句，用于基于条件执行代码块。
elif："else if"的缩写，用于进一步检查条件语句。
else：条件语句的最后部分，当所有"if"和"elif"条件都不满足时执行。
for：用于循环遍历序列（如列表、元组、字典）。
while：当条件为真时，执行循环体内的代码块。
break：用于立即退出当前循环。
continue：跳过当前循环的剩余部分，继续下一次迭代。

pass：空语句，用作占位符。

raise：触发一个指定的异常。

try：尝试执行代码块，捕获可能的异常。

except：定义一个异常处理器，用于处理 try 块中的异常。

finally：定义一个总会执行的代码块，无论是否发生异常。

assert：用于在代码中设置检查点，测试条件是否为真。

3. 函数和类相关保留字

def：定义一个函数。

return：返回函数的结果。

lambda：创建一个匿名函数。

class：定义一个类。

4. 命名空间相关保留字

global：声明变量为全局变量。

nonlocal：声明变量为封闭函数中的变量。

5. 库相关保留字

import：引入一个库。

from：从一个库中导入特定的部分。

as：在导入库时设置别名。

6. 异步处理相关保留字

async：定义一个异步函数。

await：在异步函数中等待一个异步操作完成。

with：使用上下文管理器，常用于文件操作等资源管理。

yield：使一个函数成为生成器，返回一个迭代器的每个元素。

7. 其他保留字

del：删除一个变量。

in：检查序列中是否包含某元素。

is：检查两个变量是否引用自同一个对象。

如果想要获取当前 Python 版本的保留字，也可以使用 keyword 模块中的 kwlist() 方法，参考代码如下：

```python
# 获取当前 Python 版本
import sys

print(sys.version)

# 获取当前 Python 版本的保留字
import keyword

print(keyword.kwlist)
```

运行结果如下:

```
3.11.7 (tags/v3.11.7:fa7a6f2, Dec  4 2023, 19:24:49) [MSC v.1937 64 bit (AMD64)]
['False', 'None', 'True', 'and', 'as', 'assert', 'async', 'await', 'break',
'class', 'continue', 'def', 'del', 'elif', 'else', 'except', 'finally',
'for', 'from', 'global', 'if', 'import', 'in', 'is', 'lambda', 'nonlocal',
'not', 'or', 'pass', 'raise', 'return', 'try', 'while', 'with', 'yield']
```

以上代码列举出了 3.11.7 版本 Python 语言中的所有保留字。

> **注意**:由于 Python 的标识符对大小写敏感,因此,想区分保留字与标识符时,可以通过更改大小写的方式来解决。例如,False 是保留字,但是命名时,可以将其改为 false,就可以正常作为标识符使用。但是在实际的编程过程中,为保证代码可读性,通常并不推荐用与保留字完全相同的词作为标识符。

保留字是 Python 语言的基本组成部分,它们实现了 Python 的核心语法结构和控制流程,因此了解和熟悉保留字对编写有效的 Python 代码至关重要。

2.2 变　　量

在 Python 语言中,变量是用来存储数据值的引用或名称,这就意味着在创建变量时会在内存中开辟一个空间。基于变量的数据类型,解释器会分配指定内存,并决定什么数据可以被存储在内存中。因此,变量可以指定不同的数据类型,这些变量可以用来存储整数、小数或字符等。

2.2.1 变量的定义

与一些计算机语言不同,Python 语言中没有显式的变量声明来创建变量,变量是在首次为它赋值时被创建的。由于 Python 是动态类型语言,这意味着不需要,也不能在创建变量时声明其数据类型。变量的数据类型是在运行时自动决定的,并且可以在程序执行过程中被改变。

2.2.2 变量的赋值

在变量的定义中,Python 语言中的变量赋值不需要类型声明。每个变量在内存中创建,都包括变量的标识、名称和数据这些信息。

定义变量时,需要使用等号"="来给变量赋值,等号的左边是变量名称,右边则是变量值。定义变量的基本语法如下:

```
variable_name = value
```

参数说明:

variable_name:变量名,变量名需要按照一定的规则命名。

value:变量值,与一些语言不同,Python 语言中定义变量名之后,必须定义变量值才能让变量被创建。如果要定义空变量,应当将 value 写为 None。

以下是一些有效的变量名称：

```
counter = 111              # 整型变量
miles = 2222.3456          # 浮点型变量
name = "Python"            # 字符串变量

print(a, b, c)
```

运行结果如下：

```
111 2222.3456 Python
```

同时，Python 支持同时为多个变量赋值，代码如下：

```
a = b = c = 6              # 给多个变量赋值

print(a, b, c)
```

运行结果如下：

```
6 6 6
```

以上代码中便创建一个整型对象，值为 6，三个变量被分配到相同的内存空间上。
当然，也可以为多个变量指定多个变量值，代码如下：

```
a, b, c = 111, 2222.3456, "Python"        # 给多个变量指定多个变量值

print(a, b, c)
```

运行结果如下：

```
111 2222.3456 Python
```

> **注意**：给多个变量赋同一个值不能写成"a, b, c = 1"这样的形式；同时给多个变量赋值时，变量与变量值的数量应当一致，否则执行时会报错。

2.2.3 变量的类型

在内存中存储的数据可以有多种类型。例如，一个人的年龄可以用数字来存储，名字可以用字符串来存储，以此类推。

Python 语言中定义了 Numbers（数字）、String（字符串）、Bool（布尔型）、List（列表）、Tuple（元组）、Dictionary（字典）、Set（集合）、Bytes（字节型）、NoneType（空值）等标准的变量类型，用于存储各种类型的数据。

如果想要知道对应变量的类型，可以使用 type() 方法获得，代码如下：

```
a = 100
b = 200.3456
c = "一个字符串"
d = [1, 2, 3, 4.5, 6.7]

print(type(a), type(b), type(c), type(d))
```

运行结果如下：

```
<class 'int'> <class 'float'> <class 'str'> <class 'list'>
```

以上变量类型将在后续章节中详细介绍。

2.3 运 算 符

在上一节内容中，读者在变量赋值的相关内容中已经了解，等号"="可以给一个变量赋值。事实上，等号便是 Python 语言中最常用的运算符之一。当然，在 Python 语言中还有许多类别的运算符。在本节中，将对各种类别的运算符进行深入的讲解。

在 Python 语言中，运算符是用于在变量之间执行操作的符号或标志。它们分为不同的类别，每个运算符都有不同的优先级。Python 语言支持以下类型的运算符：

（1）算术运算符；
（2）赋值运算符；
（3）关系运算符；
（4）逻辑运算符；
（5）成员运算符；
（6）位运算符；
（7）身份运算符。

以上运算符各自有不同的功能，通过运算符的使用，可以执行数学计算、比较、逻辑运算、位运算、赋值及其他特殊操作。接下来将对以上运算符逐一进行解释。

2.3.1 算术运算符

算术运算符用于执行算术运算，又称数学运算，如加、减、乘、除等。Python 语言支持的算术运算符见表 2.2。

表 2.2　算术运算符

运 算 符	说　　明
+	加法，两数或对象相加
-	减法，得到负数或是左边的数减去右边的数
*	乘法，两数相乘或是返回一个被重复若干次的字符串
/	除法，左边的数除以右边的数
%	取模，返回除法的余数

续表

运算符	说明
**	幂,返回左边数的右边数次幂
//	整除,与除法运算类似,但往小的方向取整数

以下代码演示了 Python 语言中所有算术运算符的操作:

```
# 定义变量 a、b、c
a = 25
b = 15
c = 0

c = a + b
print ("a + b 的值为: ", c)

c = a - b
print ("a - b 的值为: ", c)

c = a * b
print ("a * b 的值为: ", c)

c = a / b
print ("a / b 的值为: ", c)

c = a % b
print ("a 用 b 取模的值为: ", c)

# 定义变量 d、e、f
d = 4
e = 3
f = d**e
print ("d 的 e 次幂的值为: ", f)

# 定义变量 g、h、i
g = 11
h = 6
i = a//b
print ("g 整除于 h 的值为: ", i)
```

运行结果如下:

```
a + b 的值为: 40
a - b 的值为: 10
a * b 的值为: 375
a / b 的值为: 1.6666666666666667
a 用 b 取模的值为: 10
d 的 e 次幂的值为: 64
g 整除于 h 的值为: 1
```

2.3.2 赋值运算符

赋值运算符是用于给变量赋值的运算符，例如，前面内容中所学习的等号"="，就可以直接给变量进行赋值，赋的值为等号右侧的值。Python 语言支持的赋值运算符见表 2.3。

表 2.3 赋值运算符

运算符	说明
=	简单的赋值运算符，可以将等号右侧的值或变量包含的值赋值给左边的变量
+=	加法赋值运算符，可以将右侧的值或变量包含的值加到左边的变量上
-=	减法赋值运算符，可以将右侧的值或变量包含的值减到左边的变量上
*=	乘法赋值运算符，可以将右侧的值或变量包含的值乘到左边的变量上
/=	除法赋值运算符，可以将右侧的值或变量包含的值除到左边的变量上
%=	取模赋值运算符，用右侧的值对左侧值取模
**=	幂赋值运算符，可以得到左侧值的右侧幂次结果
//=	取整除赋值运算符，左侧的值整除以右侧的值，往较小的部分取整
:=	海象运算符，可在表达式内部为变量赋值（此运算符为 Python 3.8 版本新增的运算符）

以下代码演示了 Python 语言中所有赋值运算符的操作：

```
# 定义变量 a、b、c
a = 21
b = 10
c = 0

c = a + b
print ("c = a + b 的值为: ", c)

c += a
print ("c += a 的值为: ", c)

c *= a
print ("c *= a 的值为: ", c)

c /= a
print ("c /= a 的值为: ", c)

# 给变量 c 重新赋值
c = 2
c %= a
print ("c %= a 的值为: ", c)

c **= a
print ("c **= a 的值为: ", c)

c //= a
print ("c //= a 的值为: ", c)
# 使用海象运算符
```

```
        d=5
        if (e := d * d) > 10:
            print(f"{d}的平方是{e},大于10")
```

运行结果如下:

```
c = a + b 的值为: 31
c += a 的值为: 52
c *= a 的值为: 1092
c /= a 的值为: 52.0
c %= a 的值为: 2
c **= a 的值为: 2097152
c //= a 的值为: 99864
5的平方是25,大于10
```

2.3.3 关系运算符

关系运算符,又称比较运算符,用于比较两个值之间的关系。Python 语言支持的关系运算符见表2.4。

表 2.4 关系运算符

运算符	说明
==	等于,比较对象是否相等
!=	不等于,比较两个对象是否不等
>	大于,比较左侧值是否大于右侧值
<	小于,比较左侧值是否小于右侧值
>=	大于等于,比较左侧值是否大于等于右侧值
<=	小于等于,比较左侧值是否小于等于右侧值

以下代码演示了 Python 语言中所有关系运算符的操作:

```
# 定义变量 a 、b 、c
a = 111
b = 222
c = 0

if ( a == b ):
    print ("a 等于 b")
else:
    print ("a 不等于 b")

if ( a != b ):
    print ("a 不等于 b")
else:
    print ("a 等于 b")

if ( a < b ):
```

```
        print ("a 小于 b")
else:
        print ("a 大于等于 b")

if ( a > b ):
        print ("a 大于 b")
else:
        print ("a 小于等于 b")

# 给变量a、b重新赋值
a = 5
b = 20
if ( a <= b ):
        print ("a 小于等于 b")
else:
        print ("a 大于 b")

if ( b >= a ):
        print ("b 大于等于 a")
else:
        print ("b 小于 a")
```

运行结果如下：

```
a 不等于 b
a 不等于 b
a 小于 b
a 小于等于 b
a 小于等于 b
b 大于等于 a
```

知识拓展

所有关系运算符返回1表示真，返回0表示假。这分别与特殊的变量True和False等价。例如，以上代码中的"a==b"判断也可以改为以下形式：

```
# 关系运算符的另一种使用方法

# 定义变量 a 、b
a = 111
b = 222
print(a == b)

# 给变量 a 、b重新赋值
a = 333
b = 333
print(a == b)
```

运行结果如下：

```
False
True
```

2.3.4 逻辑运算符

逻辑运算符，用于执行逻辑运算。Python 语言支持的逻辑运算符见表 2.5。

表 2.5 逻辑运算符

运算符	说明
and	逻辑与，如果两个操作数都为真，则条件变为真
or	逻辑或，如果两个操作数中有任意一个为真，则条件变为真
not	逻辑非，用于反转操作数的逻辑状态。如果条件为真，则使其为假

以下代码演示了 Python 语言中所有逻辑运算符的操作：

```
# 定义变量 a、b
a = True
b = False

if ( a and b ):
    print ("变量 a 和 b 都为 True")
else:
    print ("变量 a 和 b 有一个不为 True")

if ( a or b ):
    print ("变量 a 和 b 都为 True,或其中一个变量为 True")
else:
    print ("变量 a 和 b 都不为 True")

# 修改变量 a 的值
a = False
if ( a and b ):
    print ("变量 a 和 b 都为 True")
else:
    print ("变量 a 和 b 有一个不为 True")

if ( a or b ):
    print ("变量 a 和 b 都为 True,或其中一个变量为 True")
else:
    print ("变量 a 和 b 都不为 True")

if not( a and b ):
    print ("变量 a 和 b 都为 False,或其中一个变量为 False")
else:
    print ("变量 a 和 b 都为 True")
```

运行结果如下：

```
变量 a 和 b 有一个不为 True
变量 a 和 b 都为 True,或其中一个变量为 True
变量 a 和 b 有一个不为 True
变量 a 和 b 都不为 True
变量 a 和 b 都为 False,或其中一个变量为 False
```

知识拓展

在关系运算符一节中,关系运算符返回 1 表示真,返回 0 表示假,这分别与特殊的变量 True 和 False 等价。在逻辑运算符中,此规律类似。在 Python 语言中,只有一些特定的值会被定为假值,包括任何数值类型的 0、空的序列与集合、常量 None。除了上述的值被认为是假以外,其他值都会认为是真,代码如下:

```
# 定义变量 a 、b
a = 11.11
b = 22.22

if ( a and b ):
    print ("变量 a 和 b 都为 True")
else:
    print ("变量 a 和 b 有一个不为 True")

# 修改变量 a 的值
a = 0.1

if ( a and b ):
    print ("变量 a 和 b 都为 True")
else:
    print ("变量 a 和 b 有一个不为 True")

# 修改变量 a 的值
a = -11.11

if ( a and b ):
    print ("变量 a 和 b 都为 True")
else:
    print ("变量 a 和 b 有一个不为 True")

# 修改变量 a 的值
a = 0

if ( a and b ):
    print ("变量 a 和 b 都为 True")
else:
    print ("变量 a 和 b 有一个不为 True")
```

运行结果如下:

```
变量 a 和 b 都为 True
变量 a 和 b 都为 True
变量 a 和 b 都为 True
变量 a 和 b 有一个不为 True
```

2.3.5 成员运算符

成员运算符,用于测试序列中是否包含指定的成员。Python 语言支持的成员运算符见表 2.6。

表 2.6　成员运算符

运算符	说　　明
in	如果在指定的序列中找到值时，返回 True，否则返回 False
not in	如果在指定的序列中没有找到值时，返回 True，否则返回 False

以下代码演示了 Python 语言中所有成员运算符的操作：

```
# 定义变量 a、b
a = 111
b = 222
list1 = [123, 234, 345, 456, 567 ]

if ( a in list1 ):
    print ("变量 a 在给定的列表中")
else:
    print ("变量 a 不在给定的列表中")

if ( b not in list1 ):
    print ("变量 b 不在给定的列表中")
else:
    print ("变量 b 在给定的列表中")

# 修改变量 a 的值
a = 123
if ( a in list1 ):
    print ("变量 a 在给定的列表中")
else:
    print ("变量 a 不在给定的列表中")
```

运行结果如下：

```
变量 a 不在给定的列表中
变量 b 不在给定的列表中
变量 a 在给定的列表中
```

2.3.6　位运算符

位运算符用于执行位操作，以操作数的二进制表示形式进行。Python 语言支持的位运算符见表 2.7。

表 2.7　位运算符

运算符	说　　明
&	按位与运算符，参与运算的两个值，如果两个相应位都为 1，则该位的结果为 1，否则为 0
|	按位或运算符，只要对应的两个二进位有一个为 1 时，结果位就为 1
^	按位异或运算符，当两对应的二进位相异时，结果为 1
~	按位取反运算符，对数据的每个二进制位取反，即把 1 变为 0，把 0 变为 1。~x 类似于 –x–1
<<	左移动运算符，运算数的各二进位全部左移若干位，由 "<<" 右边的数指定移动的位数，高位丢弃，低位补 0
>>	右移动运算符，把 ">>" 左边的运算数的各二进位全部右移若干位，">>" 右边的数指定移动的位数

以下代码演示了 Python 语言中所有位运算符的操作：

```
# 定义变量 a、b
a = 55            # 55 = 0011 0111
b = 42            # 42 = 0010 1010
c = 0

c = a & b         # 34 = 0010 0010
print ("a & b 的值为: ", c)

c = a | b         # 63 = 0011 1111
print ("a | b 的值为: ", c)

c = a ^ b         # 29 = 0001 1101
print ("a ^ b 的值为: ", c)

c = ~a            # -56 = -0011 1000
print ("~a 的值为: ", c)

c = a << 2        # 220 = 1101 1100
print ("a << 2 的值为: ", c)

c = a >> 2        # 13 = 0000 1101
print ("a >> 2 的值为: ", c)
```

运行结果如下：

```
a & b 的值为: 34
a | b 的值为: 63
a ^ b 的值为: 29
~a 的值为: -56
a << 2 的值为: 220
a >> 2 的值为: 13
```

2.3.7 身份运算符

身份运算符，主要用于比较两个对象的存储单元。Python 语言支持的身份运算符见表 2.8。

表 2.8 身份运算符

运 算 符	说 明
is	判断两个标识符是不是引用自一个对象
is not	判断两个标识符是不是引用自不同对象

以下代码演示了 Python 语言中所有身份运算符的操作：

```
# 定义列表 x、y、z

x = y = [1, 2, 3]
z = [1, 2, 3]
```

```
if ( x is y ):
    print ("x 和 y 引用自同一对象 ")
else:
    print ("x 和 y 引用自不同对象 ")

if ( x is z ):
    print ("x 和 z 引用自同一对象 ")
else:
    print ("x 和 z 引用自不同对象 ")

if ( x is not z ):
    print ("x 和 z 引用自不同对象 ")
else:
    print ("x 和 z 引用自同一对象 ")
```

运行结果如下：

```
x 和 y 引用自同一对象
x 和 z 引用自不同对象
x 和 z 引用自不同对象
```

2.3.8 运算符的优先级

表 2.9 列出了从最高到最低优先级的所有运算符，相同单元格内的运算符具有相同优先级。在没有特别强调的情况下，运算符均指二元运算。相同单元格内的运算符则从左至右分组（除了幂运算是从右至左分组）。

表 2.9 运算符的优先级

运算符	说明
(expressions...), [expressions...], {key: value...}, {expressions...}	圆括号的表达式
x[index], x[index:index], x(arguments...), x.attribute	读取，切片，调用，属性引用
await x	await 表达式
**	乘方（指数）
+x, -x, ~x	正，负，按位非 NOT
*, @, /, //, %	乘，矩阵乘，除，整除，取余
+, -	加和减
<<, >>	移位
&	按位与 AND
^	按位异或 XOR
|	按位或 OR
in, not in, is, is not, <, <=, >, >=, !=, ==	比较运算，包括成员检测和标识号检测
not x	逻辑非 NOT
and	逻辑与 AND

续表

运 算 符	说　　明
or	逻辑或 OR
if ... else	条件表达式
lambda	lambda 表达式
:=	赋值表达式

以下代码演示了 Python 语言中体现运算符优先级的操作：

```
# 定义变量 a 、b、c、d、e
a = 19
b = 23
c = 5
d = 4
e = 0

e = (a + b) * c / d
print ("(a + b) * c / d 运算结果为：", e)

e = ((a + b) * c) / d
print ("((a + b) * c) / d 运算结果为：", e)

e = (a + b) * (c / d)
print ("(a + b) * (c / d) 运算结果为：", e)

e = a + (b * c) / d
print ("a + (b * c) / d 运算结果为：", e)
```

运行结果如下：

```
(a + b) * c / d 运算结果为： 52.5
((a + b) * c) / d 运算结果为： 52.5
(a + b) * (c / d) 运算结果为： 52.5
a + (b * c) / d 运算结果为： 47.75
```

2.4　基本输入和输出函数

Python 语言中，输入和输出是与用户或其他系统进行交互的基本操作。事实上，在前面的章节中，读者已经接触了 Python 的输出功能。读者执行的第一行 Python 代码，便是完成 "Hello World, I'm Python." 语句的输出，接下来将详细介绍 Python 语言的输入和输出功能。

2.4.1　input() 函数

Python 语言通过 input() 函数从标准输入读入一行文本，默认的输入方式是键盘，当执行到 input() 函数时，程序会暂停等待用户在控制台输入内容，并在用户按下回车键后继续执行。

input() 函数的格式如下：

```
input(data)
```

参数说明：

data：输入的提示内容，可不填写。

input() 函数是有返回值的，返回的内容是输入的内容，以字符串形式返回。

> **注意**：input() 函数始终将用户的输入作为字符串处理并返回。如果你需要将用户的输入转换成整数或浮点数等其他类型时，需要使用相应的类型转换函数，类型转换函数将在下面的内容中进行讲解。

运行如下代码，可以获得输入的内容：

```
name = input("请输入姓名：")      # 提示用户输入姓名
print("Hello", name)              # 使用用户输入的姓名进行问候
```

运行结果如下：

```
请输入姓名：Python
Hello Python
```

其中，请输入姓名后面的内容被赋值给了 name 变量，再通过 print() 函数进行输出。

2.4.2　print() 函数

在前面的内容中，读者已经了解到，print() 函数就是 Python 的基本输出函数，用于输出指定内容。在本小节中读者将会进一步了解 print() 函数的功能。

print() 函数的格式如下：

```
print(data1, data2, ……, sep=" ", end="\n", file=sys.stdout, flush=False)
```

参数说明：

data1, data2, ……：要输出的对象，输出多个对象时，用英语逗号","分隔。

sep：间隔多个对象的符号，不写此参数时，默认间隔符号是一个空格。

end：设定本输出语句结束的符号，不写此参数时，默认结束符号是换行符"\n"。

file：要写入的文件对象。

flush：Python 3.3 版本的新增参数，不写此参数时默认此值为 False。通常来说，输出是否被缓存决定于 file，但如果 flush 关键字参数为 True，流会被强制刷新，即不会被缓存。

> **注意**：虽然 print() 函数可以输出指定的内容，但是与 input() 函数不同的是，print() 函数本身是没有返回值的。print() 函数只用于将指定的值打印到控制台。

print() 函数的输出内容可以是某个变量也可以是字符串，字符串需要使用引号括起来，此类内容将直接输出。当然，也可以是包含运算符的表达式，此类内容将计算结果后再输出。

例如，以下代码完成了数字、字符串、表达式等各种类型的输出：

```
# 定义变量 x、y、z1、z2，x 和 y 为数字，z1 和 z2 分别是两个字符串
x = 111
y = 2222.3456
z1 = "这是一个字符串"
z2 = "这是另一个字符串"

# 输出一个值
print(99)
print(x)
print(y)

# 输出多个值
print(888, 6666.6666)
print(x, y)

# 输出表达式的结果
print(x + y)

# 输出拼接的字符串
print(z1 + z2)

# 输出多个字符串内容，以中文逗号分隔，中文句号结尾
print(z1, z2, sep="，", end="。")
```

运行结果如下：

```
99
111
2222.3456
888 6666.6666
111 2222.3456
2333.3456
这是一个字符串这是另一个字符串
这是一个字符串，这是另一个字符串。
```

2.4.3　eval() 函数

eval() 函数用来执行一个字符串表达式，并返回表达式的值。字符串表达式可以包含变量、函数调用、运算符和其他 Python 语法元素。

例如，以下代码展示了 eval() 函数的使用：

```
# 执行简单的数学表达式
result1 = eval("1 + 2 * 3 / 4")
print(result1)

# 执行变量引用
x = 25
result2 = eval("x + 15")
```

```
print(result2)

# 在指定命名空间中执行表达式
namespace = {'a': 111, 'b': 222}
result3 = eval("a + b", namespace)
print(result3)
```

运行结果如下：

```
2.5
40
333
```

> **注意**：eval() 函数执行的代码具有潜在的安全风险。如果使用不受信任的字符串作为表达式，则可能导致代码注入漏洞，因此，应谨慎使用 eval() 函数，并确保仅执行可信任的字符串表达式。

2.5 数值类型及其操作

Python 支持以下三种主要的数值类型：

（1）整数类型（int）：通常被称为是整型或整数，包含正负整数和 0，不带小数点；

（2）浮点数类型（floating point real values）：浮点型由整数部分与小数部分组成，浮点型也可以使用科学记数法表示（$2.5e2 = 2.5 \times 10^2 = 250$）；

（3）复数类型（complex numbers）：复数由实数部分和虚数部分构成，假设一个复数的实部为 a，虚部为 b，那么在 Python 语言中，可以用 a + bj 表示一个复数，或者用 complex(a, b) 创建复数也可以。复数的实部 a 和虚部 b 都是浮点型。

2.5.1 整数类型

整数指没有小数部分的任意长度数字，既可以是正数，也可以是负数，也可以是 0。在 Python 2 版本中，整数类型分为整型（int）和长整型（long）。其中，整型的范围通常是 -2^{31} 到 $2^{31}-1$，具体取决于系统的位数（32 位或 64 位），而长整型相当于普通整型的超集，即表达更大的整数时使用长整型。在 Python 3 版本中，长整型已被整合到整数类型中，统称整数类型。

通过变量赋值可以直接创建整数，代码如下：

```
number = 100

# 返回 number 与 number 的类型
print(number)
print(type(number))
```

运行结果如下：

```
100
<class 'int'>
```

Python 3 之后的整型数据类型支持任意精度的整数计算，没有取值范围的限制。可以表示任意大的整数，只受计算机内存的限制。

> **注意**：布尔 (bool) 是整型的子类型，0 和 1 分别与保留字的 False 和 True 等价。

2.5.2 浮点数类型

与整数相对的，浮点数是指具有小数的数值，同样可以是正数，也可以是负数，用浮点数表示 0 时，应写成 0.0，否则会自动转为整数类型。

通过变量赋值可以直接创建浮点数，代码如下：

```
number=111.222

# 返回 number 与 number 的类型
print(number)
print(type(number))
```

运行结果如下：

```
111.222
<class 'float'>
```

2.5.3 复数类型

复数是一个具有实部和虚部两部分的数字，实部和虚部都是浮点数。在数学领域中，虚部一般标注 i 来区分，但是请注意，在 Python 语言中，虚部最后需要用 j 来表示。

有关复数的计算方法稍有复杂，这里需要先带领读者简单了解复数的运算法则：

设有两个复数，分别为 m=a+bj，n=c+dj，a 和 c 是 m 和 n 的实部，b 和 d 是 m 和 n 的虚部。

（1）复数的加法：实部加实部，虚部加虚部。(a+bj)+(c+dj)=(a+c)+(b+d)j；

（2）复数的减法：实部减实部，虚部减虚部。(a+bj)−(c+dj)=(a−c)+(b−d)j；

（3）复数的乘法：(a+bj)(c+dj)=(ac−bd)+(bc+ad)j；

（4）复数的除法：(a+bj)(c+dj)=[(ac+bd)+(bc−ad)]/(c^2+d^2)。

了解了运算法则后，可以更容易地掌握有关复数的操作。

创建复数有两种方式，且复数自身包含一些方法，代码如下：

```
# 定义两个复数 m、n

# 创建方式 1：直接通过实部+虚部变量赋值创建，虚部最后用 j 表示
m = 14 + 5j

# 创建方式 2：通过 complex(a,b) 实现，实部为 a，虚部为 b

n = complex(6, -4)
print(m, n)
print(type(m))
```

```
print(type(n))

# 输出自身的实部与虚部
print(m.real)
print(m.imag)

print(n.real)
print(n.imag)

# 复数的运算
print(m + n)
print(m - n)
print(m * n)
print(m / n)
```

运行结果如下:

```
(14+5j) (6-4j)
<class 'complex'>
<class 'complex'>
14.0
5.0
6.0
-4.0
(20+1j)
(8+9j)
(104-26j)
(1.2307692307692231+1.6538461538461537j)
```

2.5.4 数值类型的操作

在前面的内容中,已经了解到一些数值类型的操作方法,例如,用 type() 函数可以获得数值的类型,complex(x, y) 可以创建复数等。在数值类型中还有许多其他的操作,如数值类型的转换等。常见的数值类型操作方法见表 2.10。

表 2.10 数值类型的常见操作方法

方法	说明
type(x)	获得 x 的数值类型
int(x)	将 x 转换为一个整数,转换时若有小数部分则舍去。此方法不能转换复数
float(x)	将 x 转换为一个浮点数。此方法不能转换复数
complex(x,y)	以 x 为实部,y 为虚部创建一个复数
ord(x)	将一个字符转换为它的整数值
hex(x)	将一个整数转换为一个十六进制字符串
oct(x)	将一个整数转换为一个八进制字符串

2.6　字符串类型及其操作

在前面的内容中，读者已经学会了创建数值，但很多时候只使用数值不能满足编程的需要，也需要字母、单词、中文等其他类型的值，如姓名、家庭地址等。那么字符串作为 Python 中另一类最常用的数据类型，可以使用与创建数值类型变量类似的方式来创建。

2.6.1　字符串类型的表示

创建字符串很简单，只要为变量分配一个值，并将对应的值用引号括起来即可，单引号双引号均可使用，但需注意不要混合使用，代码如下：

```
# 定义两个字符串 str1、str2
str1 = 'Hello World! '
str2 = "这是 Python 基础教学。"

# 输出两个字符串的拼接
print(str1 + str2)
```

运行结果如下：

```
Hello World! 这是 Python 基础教学。
```

注意：Python 语言是不支持单字符类型的，单字符在 Python 语言中也是当作一个字符串来处理。

Python 语言可以访问整个字符串，也可以使用方括号来截取字符串的一部分，截取格式如下：

```
variable[x, y]
```

参数说明：

variable：字符串的名称。

x：要截取的字符串的起始下标，必须是整数。

y：要截取的字符串的结束下标，必须是整数。

使用字符串截取时，需要注意以下几点：

（1）下标（即索引值）是从 0 开始的，下标如果是负数，就是从末尾开始数起；

（2）截取的范围包括左侧边界，不包括右侧边界。例如截取字符串的 [0, 3] 字符，只会截取到索引值为 0、1、2 的字符，并不会截取索引为 3 的字符；

（3）如果 x 和 y 的某个值不填写，则分别默认截取范围是从字符串的左边界和右边界。都不填写时，则默认返回整个字符串；

（4）截取字符串时，必须保证 y < x 才能截取到内容，如果 y=x，将返回空内容，如果 y > x 则报错。

以下代码演示了常用的字符串截取操作：

```
# 定义字符串 str3
# 索引从 0 开始，"P" 对应 0，句号 "。" 对应 10
str3 = "Python基础教学。"

# 截取某个字符
print(str3[0])
print(str3[10])

# 截取连续的一部分字符
# 截取第 3 至第 6 个字符
print(str3[2 : 6])
# 截取第 9 至第 10 个字符
print(str3[8 : 10])
# 截取起始至第 6 个字符
print(str3[ : 6])
# 截取第 7 个字符到结束
print(str3[6 : ])

# 截取最后一个字符
print(str3[-1])
# 截取倒数第 5 个到倒数第 2 个字符
print(str3[-5 : -1])
# 截取倒数第 5 个字符到结束
print(str3[-5 : ])
# 截取开始到倒数第 6 个字符
print(str3[ : -5])

# 截取整个字符串
print(str3[: ])
```

运行结果如下：

```
P
。
thon
教学
Python
基础教学。
。
基础教学
基础教学。
Python
Python基础教学。
```

2.6.2 字符串类型的操作

在前面的内容中，读者已经了解了一些字符串类型的操作方法，例如，用"+"可以直接将两个字符串拼接。那么，与数值类型类似的，在字符串类型中也有许多其他的操作，而且有些操作是与数值类型相似的。常见的字符串类型操作见表 2.11。

表 2.11　数值类型的常见操作

方　　法	说　　明
+	将两个或多个字符串连接
*	重复输出字符串，需要在 * 后写上重复的次数
[]	通过索引获取字符串中的字符
[:]	截取字符串中的一部分
in	成员运算符，如果字符串中包含给定的字符返回 True
not in	成员运算符，如果字符串中不包含给定的字符返回 True
r/R	原始字符串，即所有的字符串都是直接按照字面的意思来使用，没有转义特殊或不能打印的字符。原始字符串除了在字符串的第一个引号前加上字母 "r"（可以大小写）以外，与普通字符串有着几乎完全相同的语法
%	格式字符串

2.6.3　字符串格式化输出

Python 支持格式化字符串的输出。最基本的用法是将一个值插入到一个有字符串格式符 %s 的字符串中，但也可能会用到非常复杂的表达式。

在 Python 语言中，字符串格式化使用与 C 语言中的 sprintf() 函数一样的语法，代码如下：

```
# % 用法
name = "Python"
version = 3.11
print("我正在使用 %s 语言的 %.2f 版本。" % (name, version))
```

运行结果如下：

```
我正在使用 Python 语言的 3.11 版本。
```

可以看出，以上代码格式化了"Python"这一字符串和"3.11"这一浮点数，并控制了 2 位小数，事实上 Python 语言中还支持很多种类似的格式化符号。Python 语言中可以使用的字符串格式化符号见表 2.12。

表 2.12　字符串格式化符号

符　　号	说　　明
%c	格式化字符及其 ASCII 码
%s	格式化字符串
%d	格式化整数
%u	格式化无符号整型
%o	格式化无符号八进制数
%x	格式化无符号十六进制数
%X	格式化无符号十六进制数（大写）
%f	格式化浮点数字，可指定小数点后的精度

续表

符　号	说　明
%e	用科学记数法格式化浮点数
%E	作用同 %e，用科学记数法格式化浮点数
%g	%f 和 %e 的简写
%G	%F 和 %E 的简写
%p	用十六进制数格式化变量的地址

除了以上格式化符号，Python 语言还支持直接使用 format() 方法来格式化字符串，用大括号来对应 format() 方法的格式化内容，代码如下：

```
# format()用法
name = "Python"
version = 3.11
print("我正在使用 {} 语言的 {} 版本，{} 语言非常好用。".format(name, version, name))
```

运行结果如下：

```
我正在使用 Python 语言的 3.11 版本，Python 语言非常好用。
```

> **注意**：使用 format() 方法时需要保证对应大括号的数量不多于 format() 方法中指定的变量数，多于指定数时会报错，少于指定数时则按照前后顺序指定，但不能覆盖 format() 方法中的全部变量。

2.6.4　格式化字符串常量 f-string

f-string 也称为格式化字符串常量（formatted string literals），是 Python 3.6 版本中新引入的一种字符串格式化方法。

f-string 在功能方面不逊于前面所述的格式化符号和 format() 函数，同时性能又优于二者，且使用起来也更加简洁明了，因此对于 Python 3.6 及以后的版本，更推荐使用 f-string 进行字符串格式化。

f-string 有两种主要的使用方法。

（1）用大括号 {} 表示被替换字段，在大括号中直接填入替换内容即可，在使用前需要在指定字符串前加 f，意为使用 f-string，代码如下：

```
# f-string用法1
name = "Python"
version = 3.11
print(f"我正在使用 {name} 语言的 {version} 版本。")
```

运行结果如下：

```
我正在使用 Python 语言的 3.11 版本。
```

（2）填入表达式或者调用函数，Python 会求出结果并返回，代码如下：

```
import math

# f-string 用法 2
name = "math"
tan = 0.5

print(f" 我正在使用 {name} 库，tan({num}) 的值是 {math.tan(num)}。")
```

运行结果如下：

```
我正在使用 math 库，tan(0.5) 的值是 0.5463024898437905。
```

以上代码导入了 math 库，其中 name 和 tan 内的值直接被引用，而 tan(0.5) 的值则是 math 库中自带的方法求出的值。

> **注意：**
> （1）f-string 大括号内使用的引号不能和大括号外的引号定界符引号冲突，需根据情况灵活切换使用单引号、双引号、单三引号、双三引号。
> （2）f-string 大括号外如果需要显示大括号，则应输入连续两个大括号 {{ }}；大括号内需要引号，使用引号即可。

2.7 正则表达式

正则表达式是一个特殊的字符序列，它能帮助你检查一个字符串是否与某种模式匹配。Python 语言提供了 re 模块来支持正则表达式的处理。re 模块提供了一组函数，允许用户在字符串中进行模式匹配、搜索和替换操作。

2.7.1 正则表达式的概念

在学习 Python 语言的正则表达式用法前，首先需要掌握正则表达式的概念。

正则表达式是一个特殊的字符序列，它可以用来描述字符串的模式，从而进行字符串的搜索、匹配、替换、分割和提取等操作。例如，想要查找所有包含邮箱地址的字符串，可以使用正则表达式来描述邮箱地址的模式，之后返回符合邮箱地址的字符串。

正则表达式的模式可以包括以下内容：

（1）字面值字符：如字母、数字、空格等，可以直接匹配它们自身。

（2）特殊字符：如点号 .、星号 *、加号 +、问号 ? 等，它们具有特殊的含义和功能。

（3）字符类：用方括号 [ ] 包围的字符集合，用于匹配方括号内的任意一个字符。

（4）元字符：如 \d、\w、\s 等，用于匹配特定类型的字符，如数字、字母、空白字符等。

（5）量词：如 {n}、{n,}、{n,m} 等，用于指定匹配的次数或范围。

（6）边界符号：如 ^、$、\b、\B 等，用于匹配字符串的开头、结尾或单词边界位置。

以邮箱地址为例,使用此正则表达式可以验证一个字符串是否符合标准的邮箱地址格式:

```
^[a-zA-Z0-9_.+-]+@[a-zA-Z0-9-]+\.[a-zA-Z0-9-.]+$
```

其中:

(1)"^"用于匹配字符串的开头;

(2)"[a-zA-Z0-9_.+-]+"匹配邮箱地址中的用户名部分,包括大小写字母、数字、下画线、点、加号和减号,至少出现一次;

(3)"@"则是匹配邮箱地址中的@符号;

(4)"[a-zA-Z0-9-]+"匹配邮箱地址中的域名部分,包括大小写字母、数字和减号,至少出现一次;

(5)"\."匹配邮箱地址中的点号,其中点通过反斜杠进行了转义;

(6)"[a-zA-Z0-9-.]+"匹配邮箱地址中的顶级域名部分,包括大小写字母、数字、减号和点号,至少出现一次;

(7)"$"匹配字符串的结尾。

2.7.2 正则表达式模式

在上一节的内容中,读者已经了解到,正则表达式通过一系列的特殊语法,来匹配相关字符串,又称模式语法。

模式字符串,即使用特殊的语法来表示一个正则表达式。其一般规则如下:

(1)字母和数字表示它们自身;

(2)一个正则表达式模式中的字母和数字匹配同样的字符串。多数字母和数字前加一个反斜杠时会拥有不同的含义;

(3)标点符号只有被转义时才匹配自身,否则它们表示特殊的含义。反斜杠本身需要使用反斜杠转义;

(4)由于正则表达式通常都包含反斜杠,所以平时最好使用原始字符串来表示它们。模式元素(如 r'\t',等价于 \\t)匹配相应的特殊字符。

表 2.13 列出了正则表达式模式语法中的特殊元素。如果使用模式的同时提供了可选的标志参数,某些模式元素的含义会改变。

表 2.13 常用的正则表达式模式

符 号	说 明
^	匹配字符串的开头
$	匹配字符串的末尾
.	匹配任意字符,除了换行符,当 re.DOTALL 标记被指定时,则可以匹配包括换行符的任意字符
[...]	用来表示一组字符,单独列出:[amk] 匹配 'a'、'm' 或 'k'
[^...]	不在 [] 中的字符:[^abc] 匹配除了 a、b、c 之外的字符
re*	匹配 0 个或多个的表达式
re+	匹配 1 个或多个的表达式
re?	匹配 0 个或 1 个由前面的正则表达式定义的片段,非贪婪方式

续表

符 号	说 明
re{ n }	匹配 n 个前面表达式。例如，"o{2}" 不能匹配 "Bob" 中的 "o"，但是能匹配 "food" 中的两个 o
re{ n,}	精确匹配 n 个前面表达式。例如，"o{2,}" 不能匹配 "Bob" 中的 "o"，但能匹配 "foooood" 中的所有 o。"o{1,}" 等价于 "o+"。"o{0,}" 则等价于 "o*"
re{ n, m }	匹配 n 到 m 次由前面的正则表达式定义的片段，贪婪方式
a| b	匹配 a 或 b
(re)	匹配括号内的表达式，也表示一个组
(?imx)	正则表达式包含三种可选标志：i, m, 或 x。只影响括号中的区域
(?-imx)	正则表达式关闭 i, m, 或 x 可选标志。只影响括号中的区域
(?: re)	类似 (...)，但是不表示一个组
(?imx: re)	在括号中使用 i, m, 或 x 可选标志
(?-imx: re)	在括号中不使用 i, m, 或 x 可选标志
(?#...)	注释
(?= re)	前向肯定界定符。如果所含正则表达式，以 ... 表示，在当前位置成功匹配时成功，否则失败。但一旦所含表达式已经尝试，匹配引擎根本没有提高；模式的剩余部分还要尝试界定符的右边
(?! re)	前向否定界定符。与肯定界定符相反；当所含表达式不能在字符串当前位置匹配时成功
(?> re)	匹配的独立模式，省去回溯
\w	匹配数字字母下画线
\W	匹配非数字字母下画线
\s	匹配任意空白字符，等价于 [\t\n\r\f]
\S	匹配任意非空字符
\d	匹配任意数字，等价于 [0-9]
\D	匹配任意非数字
\A	匹配字符串开始
\Z	匹配字符串结束，如果是存在换行，只匹配到换行前的结束字符串
\z	匹配字符串结束
\G	匹配最后匹配完成的位置
\b	匹配一个单词边界，也就是指单词和空格间的位置。例如，'er\b' 可以匹配 "never" 中的 'er'，但不能匹配 "verb" 中的 'er'
\B	匹配非单词边界。'er\B' 能匹配 "verb" 中的 'er'，但不能匹配 "never" 中的 'er'
\n、\t	匹配一个换行符。匹配一个制表符
\1...\9	匹配第 n 个分组的内容
\10	匹配第 n 个分组的内容，如果它经匹配。否则指的是八进制字符码的表达式

2.7.3　re 模块的使用

与一般模块类似的，使用 re 模块前需要先进行导入：

```
import re
```

Python 语言的 re 模块包含了匹配、搜索、替换、分割等各种功能，接下来将对 re 模块常用的方法进行介绍。

1. re.match() 方法

re.match() 方法尝试从字符串的起始位置匹配一个模式，起始位置匹配成功的话，re.match() 方法就返回一个匹配的对象，否则返回 None。其基本格式如下：

```
re.match(pattern, string, flags=0)
```

参数说明：

pattern：表示要匹配的正则表达式。

string：表示要匹配的字符串。

flags：标志位，用于控制正则表达式的匹配方式，如：是否区分大小写，多行匹配等。此参数非必填。

以下代码演示了 re.match() 方法的基本用法：

```
import re

match1 = re.match("Python", "Python我很喜欢!")
print(match1)

match2 = re.match("Python", "我很喜欢Python!")
print(match2)
```

运行结果如下：

```
<re.Match object; span=(0, 6), match='Python'>
None
```

不难看出，两个匹配模式都在匹配字符串中起始位置有没有"Python"，其中 match1 匹配到了，并返回了其在字符串的位置，match2 并未在起始位置就匹配到，则返回 None。

知识拓展

如果只想获得匹配内容在字符串的位置，可以在 re.match() 之后添加 span() 方法，代码如下：

```
import re

match1 = re.match("Python", "Python我很喜欢!").span()
print(match1)
```

运行结果如下：

```
(0, 6)
```

2. re.search() 方法

re.search() 方法会扫描整个字符串并返回第一个成功的匹配，否则返回 None。其基本格式如下：

```
re.search(pattern, string, flags=0)
```

不难看出，re.search() 方法与 re.match() 方法是完全相同的参数配置，而且两者也都是匹配方法，但是两者执行的结果却不同，代码如下：

```
import re

match1 = re.search("Python", "Python我很喜欢！")
print(match1)

match2 = re.search("Python", "我很喜欢Python!")
print(match2)
```

运行结果如下：

```
<re.Match object; span=(0, 6), match='Python'>
<re.Match object; span=(4, 10), match='Python'>
```

不难看出，以上代码与 re.match() 方法介绍使用方法时所用代码基本相同，仅仅是使用的匹配方法更换为 re.search() 方法，但从运行结果看，之前 match2 使用 re.match() 方法匹配不到结果时，在 re.search() 方法下可以正常匹配到，因此两个匹配方法使用起来是有一定区别的。re.match() 方法只从起始匹配，如果起始匹配不到就返回 None，而 re.search() 方法则是会扫描整个字符串，只要有位置能匹配到结果，就返回相应结果与位置。

3. re.findall() 方法

re.findall() 方法也是一种匹配方法，但是与前面的 re.match() 方法和 re.search() 方法不同在，它可以匹配到所有符合的结果，并以一个列表的形式进行返回。其基本格式如下：

```
re.findall(pattern, string, flags=0)
```

同样不难看出，该方法与 re.search() 方法和 re.match() 方法是完全相同的参数配置。
以下代码演示了 re.findall() 方法的基本用法：

```
import re

match3 = re.findall("Python", "我很喜欢Python，Python非常好用，你不试试看用Python吗？")
print(match3)
```

运行结果如下：

```
['Python', 'Python', 'Python']
```

可以看出，re.findall() 方法返回了字符串中所有匹配到的 Python。

4. re.sub()

re.sub() 方法主要用于替换字符串中的匹配项,其基本格式如下:

```
re.sub(pattern, repl, string, count=0, flags=0)
```

参数说明:

pattern:表示要匹配的正则表达式。
repl:表示要替换的字符串,也可为一个函数。
string:表示要匹配的字符串。
count:表示要替换的最大次数,默认为 0,表示全部替换。此参数非必填。
flags:编译时用的匹配模式,数字形式。此参数非必填。

> **场景模拟:**
>
> 进行交易时,通常需要与许多客户进行沟通,而其中最常用的沟通方式便是互相留下手机号,但是不同的人对手机号的保存形式各不相同。

例 2-1 使用 re.sub() 方法,将客户的手机号进行格式统一处理。

假设有一批客户的手机号,以不同的形式进行保存,对于分割格式,有的用空格分割,有的用横线分割;对于分割形式,有的以 3/4/4 的形式分割,有的以 3/3/5 的形式分割,有的以其他形式分割,现在想要统一手机号的格式,可以通过 re.sub() 方法实现。

在 IDLE 中创建一个名称为 demo01_phone_numbers.py 的文件,代码中首先定义了存储手机号的字符串,然后通过 re.sub() 方法进行操作,去掉了其中的空格和横线,最后进行输出。代码如下:

```
import re

# 导入手机号
number = "151 - 6666 - 8888"

# 删除其中的空格与横线
number = re.sub("\D", "", number)

# 输出修改后的手机号码
print ("修改后的手机号码:", number)
```

运行结果如下:

```
修改后的手机号码: 15166668888
```

其中,\D 指的是任意非数字,而要替换的内容为空字符串,因此方法中匹配到了所有的非数字字符,并将其全部去掉,返回成了一般的手机号格式。

5. re.split() 方法

re.split() 方法可以按照能够匹配的子字符串,将字符串分割后,返回成一个列表,其基本格式如下:

```
re.split(pattern, string[, maxsplit=0, flags=0])
```

参数说明：

pattern：表示要匹配的正则表达式。

string：表示要匹配的字符串。

maxsplit：表示要分割的次数，默认为 0，表示全部分割。此参数非必填。

> **场景模拟：**
> 在前面的场景中，用户已经将手机号改为了一般的格式，但是用户发现，这种格式使用起来不太方便，因此想统一为 3/4/4 的形式进行分割。

例 2-2 使用 re.split() 方法，将一般手机号进行统一分割。

针对前面的例子与代码，可以考虑在 re.sub() 方法处理完毕后，再按照个人习惯，进行一次分割处理。

在 IDLE 中创建一个名称为 demo02_phone_numbers_split.py 的文件，代码中首先定义了存储一般格式手机号的字符串，然后通过 re.split() 方法进行操作，按照 3/4/4 的形式，最后进行输出。代码如下：

```python
import re

# 导入手机号列表
number = "151-6666-8888"

# 删除其中的空格与横线
number = re.sub("\D", "", number)

# 按照个人习惯进行 3/4/4 分割
number = re.split("(\d{3})(\d{4})(\d{4})", number)

# 输出修改后的手机号码
print ("修改后的手机号码: ", number)
```

运行结果如下：

```
修改后的手机号码: ['', '151', '6666', '8888', '']
```

可以看出，手机号已经按照 3/4/4 的形式进行了分割。当然，也可以根据实际情况，调整为用户需要的分割形式。

实例：使用 math 库完成房贷计算器的设计

房贷计算是每个家庭买房之前必须认真考虑的，而房贷计算器可以帮助买家计算房贷的月供。房贷计算器应当可以通过贷款金额、月利率等一系列输入内容，输出每月月供参考、还款综合、支付利息。

在设计房贷计算器之前，首先要了解房贷计算的方法。

（1）每月月供参考 = 贷款金额 × 月利率 × (1+ 月利率)^{还款月数} ÷ [(1+ 月利率)^{还款月数} −1]；

（2）还款总额 = 每月月供参考 × 年限 ×12；

（3）利息 = 还款总额 − 贷款金额。

在了解了房贷计算的方法后，便可以开始设计房贷计算器。

在 IDLE 中创建一个名称为 demo03_mortgage_calculator.py 的文件，在该文件中，首先导入了 math 库，之后通过输入函数完成贷款总额、还款年限、贷款利率的输入，并将以上输入的数值转为变量，用于后续的运算，接下来，通过 math 库中的 pow() 方法辅助次幂运算，最后将每月还款额、总还款额、总利息进行输出，输出语句使用了 f-string 格式化。

参考代码如下：

```python
import math

# 房贷计算器
# 贷款总额
total_loan = float(input("请输入贷款总额（单位：元）："))

# 还款年限
loan_years = int(input("请输入还款年限（单位：年）："))

# 贷款利率
interest_rate = float(input("请输入贷款利率（如4.9%输入4.9）："))

# 等额本息每月还款额计算公式
month_rate = interest_rate / 12 / 100

# （月利率+1）^还款月数
rate_num = math.pow( 1 + month_rate , loan_years * 12 )

# 月供
month_repay = (total_loan * month_rate * rate_num) / (rate_num - 1)

# 总还款额
total_repay = month_repay * loan_years * 12

# 利息总额
total_interest = total_repay - total_loan

# 输出结果
print(f"贷款总额：{total_loan}元")
print(f"还款年限：{loan_years}年")
print(f"贷款利率：{interest_rate}%")
print(f"每月还款额为：{month_repay:.2f}元")
print(f"总还款额为：{total_repay:.2f}元")
print(f"支付利息总额为：{total_interest:.2f}元")
```

运行结果如下：

```
请输入贷款总额（单位：元）：1000000
请输入还款年限（单位：年）：10
请输入贷款利率（如4.9%输入4.9）：4.9
```

```
贷款总额：1000000.0元
还款年限：10年
贷款利率：4.9%
每月还款额为：10557.74元
总还款额为：1266928.75元
支付利息总额为：266928.75元
```

小　　结

本章主要介绍了 Python 语言的语法基础。首先介绍了 Python 语言的标识符和保留字，接下来详细介绍了 Python 语言的变量与运算符，同时对 Python 语言的输入和输出语句进行了讲解，然后对 Python 语言的数值类型与字符串类型进行了详细说明，最后以 math 库和 Python 语言的基本语法为基础，完成了房贷计算器实例的设计。

本章所述内容是使用 Python 语言时的基础语法，建议读者认真掌握本章的基础语法，熟练使用标识符、保留字、运算符、变量等内容，为接下来将要学习的程序流程控制和组合数据类型打下基础。

习　　题

一、填空题

1. 在 Python 语言中，标识符可以由 _____、_____、_____ 组成。
2. 库相关的三个保留字分别是：_____、_____、_____。
3. 定义变量时，等号的左边应填写 _____，右边应填写 _____。
4. 对数值类型进行取模运算的符号是 _____。
5. 三个逻辑运算符分别是：_____、_____、_____。
6. 使用 _____ 方法可以将一个浮点数转为整数型。
7. 使用 _____ 可以重复输出字符串。
8. 使用 f-string 时，要用 _____ 替换想替换的字段。

二、选择题

1. 以下标识符的命名中,(　　)的命名是正确的。
   A. _variable　　B. 12Data　　C. Number1!　　D. break
2. 以下(　　)不是 Python 语言的保留字。
   A. async　　B. with　　C. false　　D. global
3. 以下(　　)不是 Python 语言支持的运算符。
   A. 关系运算符　　　　　　B. 成员运算符
   C. 布尔运算符　　　　　　D. 身份运算符
4. 在 Python 语言中的以下运算符,(　　)是优先级别最高的。
   A. +,-　　B. x[index]　　C. and　　D. &

5. 以下有关数据类型的说法，错误的是（　　）。
   A. 使用 type() 方法可以获得某个数值的类型
   B. 整型与浮点型可以互相转换
   C. 创建字符串时，字符串内容可用单引号括起来表示，也可用双引号括起来表示
   D. 若要截取字符串 "这是一个字符串。" 中的 "字符串"，其索引值的范围应是 [5:7]
6. 以下有关输入输出函数的说法，正确的是（　　）。
   A. 使用 print() 输出多个对象时，应用 "+" 分隔
   B. 已知 num1 = 12，num2 = 25，则 print(num1 - num2) 语句将会输出 -13
   C. input() 函数值的返回形式会根据输入的内容自行转换，例如，输入了一个整数，就会返回整数型
   D. 输出变量 data1 和 data2 的值，并用 "," 分隔的 print 语句可以写成：print("data1", "data2", sep = ",")

三、简答题

1. 简要说明什么是标识符和保留字。对于 Python 语言来说，有哪些标识符和保留字？
2. 简要概述 Python 语言支持的变量类型，并对比各个变量类型的不同点。
3. 简单说明在 Python 各个运算符的用处。

四、编程题

1. 使用运算符、输入输出函数、数字类型、类型检测等内容，完成以下代码的编写：
（1）输入三角形的底和高，输出三角形的面积；
（2）输入球体的半径，输出球体的表面积和体积（球体表面积公式：$S=4\pi r^2$，体积公式：$V=\frac{4}{3}\pi r^3$）；
（3）设计一个算法，能根据输入输出来计算一个家庭的恩格尔系数（恩格尔系数是用来衡量家庭支出中食品支出占比的指标，计算公式为：恩格尔系数＝食品支出总额／家庭支出总额 × 100%）；
（4）输入一个复数，分别输出该复数的实部和虚部。
2. 使用运算符、输入输出函数、字符串、f-string 等内容，完成以下代码的编写：
（1）先后输入两个字符串，将字符串按照 "第二个" ＋ "第一个" 的顺序组合输出；
（2）先后输入三个不小于 5 个字母的英语单词字符串，分别输出每个单词中的第 2 个、第 3 个、第 4 个字母是什么；
（3）分别使用字符串求和与 f-string 两种方式，输入任意姓名，得到输出我的名字是 ×× （例如，输入李华，得到输出：我的名字是李华）。
3. 使用本章所讲知识，完成以下代码的编写：
（1）输入三个浮点数，表示某城市三年的 GDP（例如，输入 101.1、105.7、112.9，得到输出：某城市三年 GDP 分别为：101.1、105.7、112.9）；
（2）根据上一小题内容，输出某城市这三年的平均 GDP；
（3）根据第（1）小题内容，输出每两年之间的 GDP 变化。

第 3 章
程序流程控制

学习目标

知识目标:
◎掌握 Python 语言的程序流程控制方式。
◎掌握 Python 语言的顺序结构。
◎掌握 Python 语言的选择结构。
◎掌握 Python 语言的循环结构。
◎掌握 Python 语言的控制流语句。

能力目标:
能够熟练应用 Python 语言中的程序流程控制方式,理解并使用 Python 语言的顺序结构、选择结构、循环结构,根据实际情况撰写不同的程序流程结构,执行需要的代码块。能够使用循环语句对可迭代对象进行遍历,并对每个元素执行相应操作。能够使用控制流语句改变程序的执行流程,例如,跳出循环或跳过当前循环的剩余代码。

素养目标:
学习 Python 程序流程控制时,应有清晰的逻辑思维,能够分析问题并设计合适的流程控制结构。同时,通过实际情况选择不同的程序流程结构,培养代码书写规范的素养,写出易读、易维护的程序,实现复杂的程序逻辑,进一步提升解决实际问题的能力。

知识框架

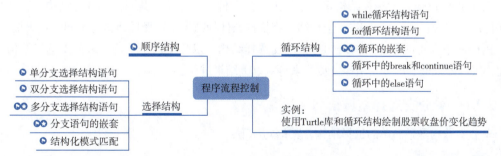

问题导入

在之前的内容中,已经学习如何使用 random 库生成股票价格的波动变化,但在实际情况下,相较于查阅股票价格数值,按照图形显示来查看变化趋势是更常用的方式。

在 Python 语言中，使用 Turtle 库可以在图形窗口中创建各种形状和图案。那么，如何通过程序流程控制，使用 Turtle 库绘制股票价格的波动变化曲线呢？

程序流程控制是指通过条件语句和循环语句来控制程序的执行流程，对于不同的语言来说，其程序控制流程会有很大不同。本章将对 Python 语言中的程序流程控制进行概述，简要介绍 Python 语言常用的流程控制语句，之后将详细介绍 Python 语言中程序流程控制的三种结构：顺序结构、选择结构、循环结构，最后通过 Turtle 库的应用对 Python 语言中的程序流程控制进行巩固。

3.1 顺序结构

顺序结构是程序流程控制中最简单的一种结构，也是最基本的一种结构。对于 Python 语言来说，顺序结构就是让程序按照从头到尾的顺序依次执行每行 Python 代码，期间不重复执行任何代码，同时也不跳过任何代码，除非遇到代码错误。

顺序结构主要有两个特点：

（1）全覆盖：顺序结构中的代码按照从上到下的顺序依次执行，覆盖整个执行程序，每一条语句都会被执行且只执行一次；

（2）无条件：顺序结构中的代码没有条件判断或循环控制，每条语句都会无条件按照固定的顺序执行。

顺序结构的主要功能是按照特定的顺序执行代码，逐步完成任务。它适用于那些不需要条件判断或循环的简单任务，如输出信息、变量赋值、函数调用等。一般来说，没有其他语句控制的情况下，Python 代码都默认按照顺序结构执行。读者前面所了解的内容，几乎所有代码和实例都是顺序结构。

3.2 选择结构

在前面的内容中，已经了解到，缩进是 Python 语言体现代码逻辑关系的重要方式，同一个代码块必须保证相同的缩进量，特别是在嵌套的分支结构中，缩进量显得格外重要。

对于 Python 语言的选择结构来说，需要通过条件语句与缩进共同控制选择结构。选择结构的条件语句包含：if、elif、else，选择结构将根据条件的结果来选择性地执行不同的代码块。

Python 中常见的选择结构语句有单分支选择结构、双分支选择结构、多分支选择结构、结构化模式匹配及嵌套的分支结构。接下来将对以上结果进行逐一解释。

3.2.1 单分支选择结构语句

单分支结构是最简单的选择结构，其语句如下：

```
if(condition):
        # 条件满足时执行的代码
......
```

参数说明：

condition：判断条件，对于 if 语句来说，满足 condition 的条件就会执行下面的代码块，不满足则不执行。

不难看出，单分支结构仅有一个 if 语句，相当于仅进行一个判断，代码如下：

```
num = 6

if(num == 6):
    print("这个数字是6")
```

运行结果如下：

```
这个数字是6
```

以上实例进行了一个判断，判断数字是否为 6，可以看出，变量 num 满足 if 的判断条件，因此会执行 if 下面的语句。

如果条件不满足，则不会执行 if，代码如下：

```
num = 8

if(num == 6):
    print("这个数字是6")
    print("我在判断语句代码块内")
print("我在判断语句代码块外")
```

运行结果如下：

```
我在判断语句代码块外
```

可以看出，以上代码并不满足判断条件，因此不会执行里面的语句，只执行了判断语句结束后的内容。

知识拓展

对于 Python 语言的流程控制语句来说，括号不是必要的，以上代码也可以写成：if condition:，但是要在 if 后加上一个空格。下面要讲述的其他语句类似。

这里需要再次强调，任何判断语句后要执行的代码（包括下面要讲述的其他结构），都要通过缩进来控制判断语句下代码块的执行，且同一个判断语句下的内容要保持相同的缩进，如果该判断语句对应的代码已经结束，就要将缩进调整为上一级代码的缩进，否则就会出错。

3.2.2 双分支选择结构语句

双分支结构语句如下：

```
if(condition):
    # 条件满足时执行的代码
else:
    # 条件不满足时执行的代码
    ……
```

参数说明：

condition：判断条件，对于 if 语句来说，满足 condition 的条件就会执行下面的代码块，不满足则不执行。

相比于单分支结构，双分支结构多了一个 else 语句，相当于从 if 和 else 两个语句中选择一个符合条件的执行，如果代码不符合 if 的条件，就会按照 else 执行，代码如下：

```
num = 8

if(num == 6):
    print("这个数字是6")
else:
    print("这个数字不是6")
```

运行结果如下：

```
这个数字不是6
```

3.2.3 多分支选择结构语句

多分支结构语句如下：

```
if(condition1):
    # 条件1满足时执行的代码
    ……
elif(condition2):
    # 条件2满足时执行的代码
    ……
else:
    # 以上条件均不满足时执行的代码
```

参数说明：

condition1：判断条件 1，对于 if 语句来说，满足 condition1 的条件就会执行下面的代码块，不满足则不执行。

condition2：判断条件 2，对于 elif 语句来说，满足 condition2 的条件就会执行下面的代码块，不满足则不执行。

事实上 elif 是 else if 的缩写，相当于从 if 或 elif 中，按照顺序匹配条件，选择一个符合条件的执行，如果都不符合，就会按照 else 执行。

当然，对于多分支选择结构语句来说，elif 可以写不止一个，读者可以根据实际需要，写任意数量的 elif 语句，来处理尽可能多的判断情况。但是，不论写多少 elif，对于同一个多分支选择结构语句来说，最后能执行出来的结果只有一个，如果中间有多个条件都满足判断，则按照顺序执行第一个符合要求的判断对应的代码块，代码如下：

```
num = 6

if(num == 6):
    print("这个数字是6")
```

```
    elif(num == 6):
        print("这个数字还是 6")
    elif(num == 6):
        print("这个数字又是 6")
    else:
        print("这个数字不是 6")
```

运行结果如下:

```
这个数字是 6
```

可以看出,以上语句仅执行了第一个符合要求的结果,后续的结果虽然也符合要求,但是均未输出。

3.2.4 分支语句的嵌套

分支语句的嵌套结构如下:

```
if(condition1):
    if(condition2):
        elif(condition3):
            ……
        else:
    elif(condition4):
        ……
else:
……
```

可以看出,if 语句是可以多层嵌套的,嵌套结构将按照先后顺序依次匹配并执行,代码如下:

```
num = 10

if(num > 0):
    print("这个数字大于 0")
    if(num > 5):
        print("这个数字大于 5")
else:
    print("这个数字小于等于 0")

print("——————————")

num = -1

if(num > 0):
    print("这个数字大于 0")
    if(num > 5):
        print("这个数字大于 5")
else:
    print("这个数字小于等于 0")
```

运行结果如下:

```
这个数字大于 0
这个数字大于 5
————————————
这个数字小于等于 0
```

3.2.5 结构化模式匹配

结构化模式匹配（structural pattern matching）是 Python 3.10 中引入的一个新特性，它提供了一种便利的方式来对数据结构进行匹配和提取其中的内容。这个特性类似于其他语言中的模式匹配功能，可以帮助开发者更清晰、简洁地处理复杂的数据结构。

以下是一个简单的示例来说明结构模式匹配的用法：

```python
# 初始化一个字典内容，包含名字与版本
data = {'name': 'Python', 'ver': 3.11}

match data:
    # 满足 ver 小于 3.10
    case {'name': name, 'ver': ver} if ver < 3.10:
        print(f"你正在使用 {name} 语言的 {ver} 版本，这个版本比较旧。")
    # 满足 ver 大于等于 3.10
    case {'name': name, 'ver': ver} if ver >= 3.10:
        print(f"你正在使用 {name} 语言的 {ver} 版本，这个版本比较新！")
    # 条件均不满足
    case _:
        print("不满足以上任何一个条件")
```

运行结果如下：

```
你正在使用 Python 语言的 3.11 版本，这个版本比较新！
```

在这个示例中，使用了两个 case 子句来处理不同的情况。第一个 case 子句匹配了初始化的字典结构，并提取出了名称与版本信息，且版本值小于 3.10 时才执行。第二个 case 子句则是当版本值大于等于 3.10 时才执行。case _: 则是负责所有不匹配的情况，执行相应的操作，该操作类似于一个 else 语句。

以上匹配适用于从复杂的字典中提取特定字段的值，并进行相应的处理，比如解析 API 返回的数据或者处理配置信息等。对于列表、元组等数据类型，也可以使用类似的 match+case 语句，完成结构化的选择。

3.3 循环结构

与大多数编程语言相似，Python 也有自己的循环结构，主要包含 for 循环和 while 循环，同时可以通过 break 和 continue 语句进行循环控制，当然，循环结构也可以嵌套。接下来将对嵌套语句逐一进行讲解。

3.3.1 while 循环结构语句

Python 语言中的 while 语句可以用于循环执行程序，具体指：在某条件下，循环执行某段程序，以处理需要重复处理的相同任务。其基本形式如下：

```
while(condition):
    # 条件满足时执行的代码
    ……
```

参数说明：

condition：判断条件，对于 while 语句来说，满足 condition 的条件就会执行下面的代码块，不满足则不执行。判断条件可以是任何表达式，且任何非零、或非空（null）的值均为 True。当判断条件为 False 时，循环结束。

例如，执行以下代码：

```
count = 0
while (count < 6):
    print('计数:', count)
    count = count + 1

print("计数结束")
```

运行结果如下：

```
计数：0
计数：1
计数：2
计数：3
计数：4
计数：5
计数结束
```

注意：while 语句是先判断，后执行，只要判定条件不再匹配，就会直接结束，执行后续的语句。

3.3.2 for 循环结构语句

Python 语言中的 for 循环可以遍历任何序列的项目。for 循环会让程序重复执行指定的代码块，直到循环结束。其基本形式如下：

```
for(element in sequence):
    # 条件满足时执行的代码
```

参数说明：

element：需要循环的子元素。

sequence：需要循环的项目，可以是一个列表或是一个字符串，也可以是字典等其他数据结构。

在每一次循环中，element 变量将被赋值为序列中的每个元素，并执行相应的代码块，代码如下：

```
# 遍历一个字符串
for letter in 'Python':
    print("当前字母：%s" % letter)
# 遍历一个列表
languages = ['Java', 'C++', 'Python']
for language in languages:
    print ('我能学习的语言：%s'% language)
```

运行结果如下：

```
当前字母：P
当前字母：y
当前字母：t
当前字母：h
当前字母：o
当前字母：n
我能学习的语言：Java
我能学习的语言：C++
我能学习的语言：Python
```

另外一种执行 for 循环的遍历方式是通过 range() 函数，range() 函数可以生成一个整数序列，类似于一个索引。其基本形式如下：

```
for element in range(start, stop, step):
    # 条件满足时执行的代码
```

参数说明：

element：需要循环的子元素。

start：序列的起始值。

stop：序列的结束值。

step：序列的步长。

与普通 for 循环类似，在每一次循环中，element 变量将被赋值为序列中的每个元素，并执行相应的代码块，代码如下：

```
# 用 range() 函数遍历
# 初始化列表
languages = ['Java', 'C++', 'Python', 'Kotlin', 'JavaScript', 'HTML', 'MySQL']

# 整个遍历
for i in range(len(languages)):
    print ('我能学习的技术：%s' % languages[i])

print("——————————————")

# 只输出中间三个
```

```
for i in range(2, 5):
    print ('我能学习的技术 : %s' % languages[i])

print("——————————————")

# 间隔一个遍历
for i in range(0, len(languages), 2):
    print ('我能学习的技术 : %s' % languages[i])
```

运行结果如下:

```
我能学习的技术 : Java
我能学习的技术 : C++
我能学习的技术 : Python
我能学习的技术 : Kotlin
我能学习的技术 : JavaScript
我能学习的技术 : HTML
我能学习的技术 : MySQL
——————————————
我能学习的技术 : Python
我能学习的技术 : Kotlin
我能学习的技术 : JavaScript
——————————————
我能学习的技术 : Java
我能学习的技术 : Python
我能学习的技术 : JavaScript
我能学习的技术 : MySQL
```

> **注意**: range() 函数在不指定变量值，且只写入一个值的情况下，将认为是遍历的数量；只写两个值时，认为是遍历的起始点和结束点，且包含起始点，不包含结束点。

3.3.3 循环的嵌套

与选择结构类似的，Python 语言允许在一个循环体里面嵌入另一个循环。基本格式如下:

```
for (element1 in sequence1):
    for (element2 in sequence2):
        ……

while(condition1):
    while(condition2):
        ……
```

可以看出，for 循环和 while 循环都是可以多层嵌套的，嵌套结构将按照先后顺序依次匹配并执行。当然，两者也可以按照实际需要互相嵌套，如以下代码通过嵌套完成了 2~100 之间质数的判断:

```
# 2-100 间的质数判断
i = 2
while(i < 100):
    j = 2
    while(j <= (i / j)):
        if not(i % j):
            break
        j = j + 1
    if (j > i/j) :
        print(i," 是质数 ")
    i = i + 1
```

运行结果如下：

```
2  是质数
3  是质数
5  是质数
7  是质数
11  是质数
13  是质数
17  是质数
19  是质数
23  是质数
29  是质数
31  是质数
37  是质数
41  是质数
43  是质数
47  是质数
53  是质数
59  是质数
61  是质数
67  是质数
71  是质数
73  是质数
79  是质数
83  是质数
89  是质数
97  是质数
```

3.3.4 循环中的 break 和 continue 语句

在循环结构中，除了 for 和 while 语句，还有另外两个重要的命令：continue 和 break。其中 continue 用于跳过该次循环，但循环继续执行，break 则是用于直接退出循环，此外，"判断条件"还可以是非 0 的常数值，表示循环必定成立。

例如，执行以下代码：

```
# 当 i 等于 3 时，立即跳到下一次迭代
for i in range(1, 6):
```

```
    if i == 3:
        continue
    print(i)

print("——————————————")

# 当 i 等于 3 时，终止整个循环
for i in range(1, 6):
    if i == 3:
        break
    print(i)

print("——————————————")

# 当 i 大于 3 时，终止整个循环
# 由于循环判断条件是一个非 0 常数值，因此必定为真
i = 1
while (1):
    print(i)
    i += 1
    if (i > 3):
        break
```

运行结果如下：

```
1
2
4
5
——————————————
1
2
——————————————
1
2
3
```

3.3.5 循环中的 else 语句

循环中也可以使用 else 语句来辅助。for 中的语句和普通 for 没有区别，else 中的语句则会在循环正常执行完（即没有触发 break 语句跳出）的情况下执行，类似地，while ... else 也是一样，代码如下：

```
# for else 用法
for i in range(1, 6):
    print(i)
else:
    print(" 循环结束 ")
```

```
print("——————————————")

# 在i = 3时被break，因此不执行else内容
for i in range(1, 6):
    if (i == 3):
        break
    print(i)
else:
    print("循环结束")

print("——————————————")

# while else用法
i = 1
while (i <= 5):
    print(i)
    i += 1
else:
    print("循环结束")

print("——————————————")

# 在i = 3时被break，因此不执行else内容
i = 1
while (i <= 5):
    if (i == 3):
        break
    print(i)
    i += 1
else:
    print("循环结束")
```

运行结果如下：

```
1
2
3
4
5
循环结束
——————————————
1
2
——————————————
1
2
3
4
5
循环结束
——————————————
```

1
2

> **场景模拟：**
> 投资购买理财产品是普通家庭提高抗风险的常见操作，因此投资收益的计算非常重要。

例3-1 通过循环结构，定义每年收益率不同的投资收益计算。

假设有一笔投资，每年的收益率不同。可以使用嵌套循环来计算投资在每一年的收益，并输出结果。

在 IDLE 中创建一个名称为 demo01_calculate_investment_returns.py 的文件，代码中定义了根据不同收益率计算收益的方法，首先定义了计入本金、年份和收益率的方法，通过输入来实现，由于每年的收益率都可能不同，因此接下来将用 for 循环来循环获得每年的收益率，最后自动计算出每年和最终的本金与利息的变化。

代码如下：

```python
# 收益计算
def calculate_investment_returns(principal, returns):
    total_amount = principal  # 初始本金

    for year, rate in enumerate(returns, start=1):
        interest = total_amount * rate / 100  # 计算每年的利息
        total_amount += interest  # 更新总金额

        print(f"第 {year} 年：本金为 {total_amount:.2f},利息为 {interest:.2f}")

    return total_amount

# 用户输入本金和每年的收益率列表
principal = float(input("请输入本金："))
returns = []
num_of_years = int(input("请输入年数："))

for i in range(num_of_years):
    rate = float(input(f"请输入第 {i+1} 年的收益率（百分比）："))
    returns.append(rate)

final_amount = calculate_investment_returns(principal, returns)
print(f"\n在 {num_of_years} 年后，总金额为 {final_amount:.2f}")
```

运行结果如下：

```
请输入本金：100000
请输入年数：3
请输入第 1 年的收益率（百分比）：5.1
请输入第 2 年的收益率（百分比）：4.2
请输入第 3 年的收益率（百分比）：4.7
第 1 年：本金为 105100.00,利息为 5100.00
```

```
第 2 年：本金为 109514.20，利息为 4414.20
第 3 年：本金为 114661.37，利息为 5147.17

在 3 年后，总金额为 114661.37
```

实例：使用 Turtle 库和循环结构绘制股票收盘价变化趋势

Turtle 库是 Python 语言中用来绘图的标准库，简单且有趣，很多 Python 初学者都愿意将它作为第一个学习对象。

使用 Turtle 库的方式也十分简单，只需要在文件首行导入 Turtle 库即可，代码如下：

```
import turtle
```

Turtle 库的常用方法见表 3.1。

表 3.1 Turtle 库的常用方法

方　　法	说　　明
turtle.Turtle()	创建一个 turtle 画图对象
turtle.setup(x, y) turtle.screensize(x, y)	创建画布，并设置画布的宽高
turtle.title(title)	设置画布的标题
turtle.mainloop()	让画布一直存在，这句话通常放到代码最后
turtle.done()	绘制结束
turtle.pencolor(color)	设置画笔画出的线的颜色
turtle.fillcolor(color)	设置填充的颜色
turtle.begin_fill()	开始填充
turtle.end_fill()	结束填充
turtle.width(width)	设置画笔画出的线宽
turtle.speed(speed)	设置画笔的移动速度
turtle.forward(distance) turtle.fd(distance)	让画笔按照当前方向继续前进一定距离
turtle.backward(distance) turtle.bk(distance)	让画笔按照当前方向的相反方向后退一定距离
turtle.left(angle)	让画笔左转一定角度
turtle.right(angle)	让画笔右转一定角度
turtle.setheading(angle)	让画笔按照绝对值旋转一定角度
turtle.penup() turtle.up()	提起画笔，接下来的轨迹将不会在画布上留下线条
turtle.pendown() turtle.down()	放下画笔，接下来的轨迹将继续在画布上留下线条

续表

方法	说明
turtle.circle(r, angle)	画一个指定角度的圆弧，不指定角度时，将会画一个完整的圆环
turtle.goto(x, y)	将画笔移动到坐标 (x, y) 的位置
turtle.setx(x)	将画笔的横向位置移动到坐标 x
turtle.sety(y)	将画笔的纵向位置移动到坐标 y
turtle.home()	让画笔返回到起点

通过组合和灵活应用这些方法，可以创建各种图形和动画效果。除了表 3.1 给出的方法以外，Turtle 还包含了其他更多的方法可供使用，有兴趣的读者可以查阅 Python 的 Turtle 库官方文档。

接下来将通过实例展示 Turtle 库的用法。

在绘制图形前，首先要导入 Turtle 库，并创造一个画布，代码如下：

```
# 导入 Turtle 库
import turtle

# 设置画布长宽
turtle.setup(400,300)
# 设置画布标题
turtle.title('这是一个新画布')

# 保持画布存在
turtle.mainloop()
```

运行结果如图 3.1 所示。

图 3.1 创建画布

绘图过程中画布上的光标可以看成是一个画笔，在每次绘图前都可以设置画笔的颜色、线的粗细、画笔移动的速度等，代码如下：

```
# 导入 Turtle 库
import turtle
```

```python
# 设置画布长宽
turtle.setup(400,300)
# 设置画布标题
turtle.title('这是一个新画布')

# 设置画笔为黑色
turtle.pencolor("black")
# 画笔宽度为 5
turtle.width(5)# 画笔速度为 4
turtle.speed(4)
# 让画笔按顺序移动到坐标 (30, -30)、(70, 70) 的位置
turtle.goto(30, -30)
turtle.goto(70, 70)

# 保持画布存在
turtle.mainloop()
```

运行结果如图 3.2 所示,可以看出画笔从画布中心出发,分别前往了两个设置的坐标,并留下了黑色的画笔痕迹。

图 3.2 一个简单的对号绘制

画笔对应的光标默认是在画布的中心,方向默认是水平向右。在图片中,线宽和移动速度无法体现,只有在移动笔的时候才可以看到效果,读者可以将代码复制到自己的 Python 环境中进行操作。

除了以上代码以外,还可以利用表 3.1 中的其他方法,与本章所讲述的循环结构组合起来,绘制更加复杂的图像,例如,股票收盘价变化趋势。

在实际场景中,相比于阅读数字,使用折线图来观察股票收盘价的变化更为直观。在 IDLE 中创建一个名称为 demo02_stock_price_line_chart.py 的文件。在该文件中,首先导入了 random 和 Turtle 两个库,之后使用 random 库随机生成了 15 天的股票价格变化,代码与第 1 章的实例类似。接下来,通过 Turtle 库中相关方法绘制图形,包括画布创建、坐标轴绘制、折线图绘制、数据标签绘制。最后将 random 库生成的股票价格,通过循环结构的形式输出,并把数据传递到画笔信息,让画笔绘制股票收盘价变化趋势的折线图。

参考代码如下：

```python
# 导入两个库
import random
import turtle

# 设置初始股票价格和模拟天数，用一个列表保存每天的价格
initial_price = 80.0
number_of_days = 15
price_list = []

# 模拟股票价格的日变化
price = initial_price

# 假设日收益率服从-0.1到0.1之间的均匀分布
for day in range(number_of_days):
    daily_return = random.uniform(-0.1, 0.1)
    price *= (1 + daily_return)
    price_list.append(round(price, 2))

print(price_list)

# 创建 Turtle 对象
t = turtle.Turtle()

# 设置画布大小
turtle.screensize(1800, 600)
turtle.title("股票收盘价变化趋势")

# 绘制坐标轴
t.pencolor("black")
t.penup()
t.goto(-200, -50)
t.pendown()
t.goto(-200, 250)
t.goto(500, 250)

# 绘制折线图，并标注起始价格，起始价格为红色
t.pencolor("red")
price = 80                    # 初始价格为100元
x = -160                      # 折线起点
y = price * 2 - 10  # 折线起点
t.penup()
t.goto(x, y)
t.write(price, font=("宋体", 12, "normal"))
t.pendown()

# 绘制折线与价格变化时画笔为蓝色，遍历收盘价列表并绘制折线
t.pencolor("blue")
for i in range(len(price_list)):  # 涨跌幅度列表
    price = price_list[i]         # 更新价格
```

```
        x += 40                    # 下一个数据点的 x 坐标
        y = price * 2 - 10         # 下一个数据点的 y 坐标
        t.goto(x, y)
        t.write("{}".format(round(price, 2)), font=(" 宋体 ", 12, "normal"))
# 写下标题与最终价格，字体依然是红色
t.pencolor("red")
t.penup()
t.goto(-180, 300)
t.write(" 股票收盘价变化趋势 ", font=(" 宋体 ", 16, "normal"))
t.goto(x + 10, y - 25)
t.write(" 最终为 {} 元 ".format(round(price, 2)), font=(" 宋体 ", 12, "normal"))

# 保持画布存在
turtle.mainloop()
turtle.done()
```

运行结果如图 3.3 所示，可以看到股票收盘价变化趋势的折线图已经被绘制出来。事实上，画笔是按照坐标轴、折线与价格、标题分别绘制的，折线与价格通过 for 循环的形式遍历。但是在图片中，绘制顺序无法体现，读者可以将代码复制到自己的 Python 环境中进行操作来体验其绘制顺序。

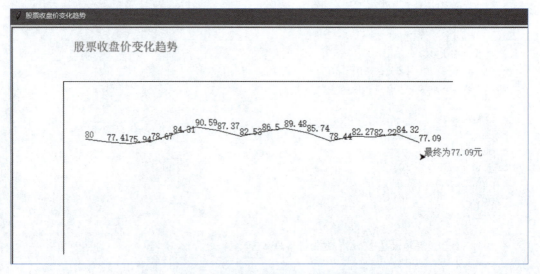

图 3.3　股票收盘价变化趋势折线图

小　结

本章主要介绍了 Python 语言的程序流程控制。首先介绍了 Python 语言的顺序结构，并了解到顺序结构是 Python 语言运行的最基本的结构。接下来分别介绍了 Python 语言的选择结构与循环结构，同时对循环的控制语句 break、continue、else 进行了讲解，之后介绍了 Python 语言的标准库 Turtle 库，这是 Python 语言的绘图库之一。最后将本章讲述的内容与前面所讲述的 random 库结合起来，完成了绘制股票收盘价变化趋势这一应用实例。

本章所述内容是控制 Python 语言执行需要的代码块的基础方法,读者可以根据条件或需要,通过合理运用顺序结构、选择结构、循环结构来控制程序的执行流程,进一步巩固自身的编程能力与逻辑思维能力,为接下来的进阶内容打下基础。

习　题

一、填空题

1. 一般情况下,Python 语言的代码按照 _____ 结构执行。
2. 定义循环结构的两个关键字是 _____ 和 _____。
3. 终止当前循环的语句是 _____。
4. for 循环除了直接遍历以外,还可以通过 _____ 方法按照类似于索引的方法遍历。
5. Turtle 库中创建画布的方法是 _____。

二、选择题

1. 下面(　　)关键字不是 Python 中的程序流程控制语句。
   A. try　　　　B. for　　　　C. break　　　D. while
2. 执行以下 Python 代码,会输出的结果是(　　)。

```
num = 0
while num < 5:
    print(num)
    num += 1
```

   A. 0　　　　B. 0 5　　　　C. 0 1 2 3 4　　　D. 0 1 2 3 4 5
3. 执行以下 Python 代码,会循环输出多个结果,输出的最后一个结果是(　　)。

```
for i in range(4):
    for j in range(3):
        print(i, j)
```

   A. 2 3　　　　B. 3 2　　　　C. 3 4　　　　D. 4 3
4. 执行以下 Python 代码,输出的结果是(　　)。

```
num = 0
while (0):
    num += 1
    if num == 5:
        break
print(num)
```

   A. 0　　　　B. 1　　　　C. 4　　　　D. 5
5. 以下有关 Turtle 库的说法,正确的是(　　)。
   A. 使用 Turtle 库时,不可以改变画笔的形状和颜色
   B. Turtle 库中的 turtle.pendown() 函数用于将海龟抬起画笔
   C. 配置 Turtle 库时,需要在 pip 中进行下载才能导入 Python 环境中

D. 在 Turtle 库中，可以通过 turtle.forward() 函数将画笔向前移动一定距离

三、简答题

1. 简要说明什么是顺序结构、选择结构、循环结构。
2. 简要概述选择结构中各个选择结构的不同点。
3. 简单说明循环结构中，while、for、break、continue、else 的具体用法。
4. 简要说明如何导入 Turtle 库，并说明导入之后如何设置画布和画笔。

四、编程题

1. 使用本章所讲知识，完成以下代码的编写：

（1）假设有一个年利率为 4% 的银行存款，存款本金为 50 000 元，每年将利息和本金一起重新存入，请使用 while 循环计算该存款在 10 年后的总额；

（2）假设某股票的初始单价为 10 元，某人现在共持有该股票 20 000 股，股票的每年涨幅为 8%，投资期限为 5 年，请使用 for 循环计算其 5 年后的投资收益（计算时需去掉本金）；

（3）通过嵌套结构，实现正负数的判断与该数字的绝对值是否大于 10 的判断；

（4）通过结构化模式匹配语句，实现人的年龄段判定（0~12 相当于少年、12~35 相当于青年、35~65 相当于中年、65 以上相当于老年）。

2. 使用 Turtle 库设计一段代码，并能完成以下操作：

（1）创建一个 300×300 的画布；
（2）设置一个绿色（green）的画笔；
（3）绘制一个正方形；
（4）绘制一个半圆形，并用蓝色（blue）填充。

第 4 章
组合数据类型

学习目标

知识目标：
◎了解什么是组合数据类型。
◎掌握 Python 语言中常用的组合数据类型，包括：列表、元组、字典、集合。
◎掌握 Python 语言各个组合数据类型的操作方法。
◎了解 Python 语言中常用的组合数据类型的使用场景。
◎掌握 Python 语言的可变数据类型与不可变数据类型。

能力目标：
能够熟练应用 Python 语言中的组合数据类型，应当能够选择适当的组合数据类型来存储和处理实际问题中的数据，并能使用索引、切片、循环等方法遍历和操作列表与元组，使用键值对的方式访问和修改字典中的数据，使用集合进行去重、交集、并集和差集等操作。

素养目标：
通过组合数据类型的学习，提高抽象思维能力和逻辑思考能力，同时强化问题分析和解决问题的能力，培养实践能力，增强编程的规范性和可读性，提高代码质量和可维护性，进一步提升解决实际应用问题的能力。

知识框架

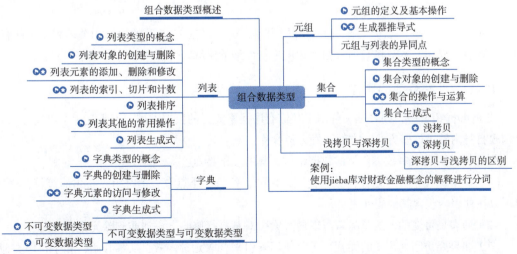

📧 问题导入

jieba 库是 Python 语言中一个强大的中文分词库，主要用于中文文本处理和自然语言处理任务。在实际应用中，使用 jieba 库可以方便地处理中文文本数据，在文本挖掘、信息检索、自然语言处理、数据挖掘等领域均有广泛的应用。例如，财政金融相关的数据挖掘。那么，如何使用 jieba 库来操作存储了财政金融内容的组合数据结构，并进行分词呢？

通过前面章节的学习，已经掌握了整型、浮点型、字符串等单个的数据类型，但是在实际应用中，单一的数据类型并不能满足实际的需要，因此需要使用组合类型的数据。本章将对 Python 语言中的组合数据类型进行概述，包括列表、元组、字典、集合等，并对可变与不可变数据类型进行解析，最后以 jieba 库的使用对 Python 语言中的组合数据类型相关知识进行巩固。

4.1 组合数据类型概述

在 Python 中，组合数据类型包括以下四种：

（1）列表（List）：列表是一种可变序列，它包含有序的元素，可以通过下标访问、添加、删除等操作。列表可以存储任意类型的对象，使用方括号"[]"定义，多个元素之间用逗号隔开；

（2）元组（Tuple）：元组是一种不可变序列，与列表相似，但定义后不可修改，通常用于存储多个值，在 Python 中也可以返回多个值，使用圆括号"()"定义，多个元素之间用逗号隔开；

（3）集合（Set）：集合是一种无序、不重复的数据类型，用于存储非重复元素的集合，支持交、并、差等集合运算，使用花括号"{}"或 set() 构造函数来定义；

（4）字典（Dictionary）：字典是一种键-值对的映射，用于存储具有映射关系的数据，键和值之间用冒号隔开，多个键值对之间用逗号隔开，使用花括号"{}"定义。

接下来将对以上四种组合数据类型进行逐一的讲解和说明。

4.2 列　　表

在前面的章节中，已经了解列表的应用内容，例如，在 3.3.2 节的遍历相关内容中，就有遍历一个列表的操作。本节将对列表相关知识进行详细的讲解。

4.2.1 列表类型的概念

在 Python 语言中，列表是一种用于存储有序元素集合的数据类型，列表是一个可变的序列，且列表自身内置了许多方法，方便开发人员操作。

列表可以实现大多数集合类的数据结构，具有以下特点：

（1）其中的元素可以是任何数据类型，例如，整数、浮点数、字符串、布尔值等等，当然，也可以在列表内包含其他的列表；

（2）列表是可变的，这意味着可以通过索引对其进行修改、添加或删除元素；

（3）如果要访问列表中的元素，可以使用索引来获取元素，索引从零开始，和字符串类似。

（4）可以使用切片来提取子列表，和字符串类似；

列表有很多内置方法，如 append()、insert()、remove()、sort() 等等，可以用于快速地操作列表。对于 Python 语言来说，有很多操作列表的方法与操作字符串类似。

接下来将对列表的操作和特点进行逐一说明。

4.2.2 列表对象的创建与删除

创建一个列表非常简单，与创建一个变量类似，只需要给一个变量赋值，并使用方括号"[]"定义即可，代码如下：

```
# 创建一个空列表
list1 = []
# 创建一个存储初始值的列表
list2 = [1, 2.3456, "Python"]
```

当然，也可以使用自带的 list() 方法来创建，代码如下：

```
# 用 list 自带方法创建一个列表
new_list = list[1, 2.3456, "Python"]
```

不难看出，创建一个列表时，可以直接创建一个空列表，也可以创建有基础数值的列表，而列表中存储的数据也可以是任何种类的，例如，以上代码中创造的列表就包含了整数、浮点数和字符串三种不同类别的数据。

事实上，对于列表来说，其中可放置的元素没有个数限制，可以是 Python 所能支持的任何数据类型，也可以在列表内继续放入其他列表。

如果一个列表不再使用，也可以使用 del() 指令直接删除该列表，代码如下：

```
# 创建一个空列表
list1 = []

# 删除无用的列表
del list1

print(list1)
```

运行结果如下：

```
NameError: name 'list1' is not defined
```

可以发现，系统会直接报错，错误内容为相应的 list1 没有定义，即表示对应的 list1 已经被删除。

4.2.3 列表元素的添加、删除和修改

列表的基本操作包括元素的添加、删除和修改。

1. 添加元素

Python 中有几种专门的方法用来向列表中添加元素：append() 函数、extend() 函数和 insert() 函数。接下来将对以上方法逐一进行说明。

（1）append() 函数。

append() 函数包含了许多种向列表追加内容的方式，而且能追加的内容支持任何符合 Python 规范的数据类型，且会追加到列表的最后。其基本格式如下：

```
list.append(data)
```

参数说明：

list：需要追加内容的列表，按照实际列表名称修改。
data：需要追加的内容。

以下代码演示了 append() 函数支持的追加方式：

```python
# 定义两个列表
list1 = ["a", "b", "c", "d"]
list2 = ["我爱Python", "你呢"]

# 追加单个元素
list1.append(1)
print(list1)

# 追加列表，同理还可追加元组，集合，字典
list1.append(list2)
print(list1)

list1.append((1, 2))
print(list1)

list1.append({6, "我也爱Python"})
print(list1)

list1.append({1: 2, 3: 4})
print(list1)
```

运行结果如下：

```
['a', 'b', 'c', 'd', 1]
['a', 'b', 'c', 'd', 1, ['我爱Python', '你呢']]
['a', 'b', 'c', 'd', 1, ['我爱Python', '你呢'], (1, 2)]
['a', 'b', 'c', 'd', 1, ['我爱Python', '你呢'], (1, 2), {6, '我也爱Python'}]
['a', 'b', 'c', 'd', 1, ['我爱Python', '你呢'], (1, 2), {6, '我也爱Python'}, {1: 2, 3: 4}]
```

（2）extend() 函数。

extend() 函数的基本格式如下：

```
list.extend(data)
```

参数说明：

list：需要追加内容的列表，按照实际列表名称修改。

data：需要追加的内容。

需要注意的是，extend() 函数只能传入序列。append() 函数将传入对象视为一个整体，而 extend() 函数不会把列表或元组视为一个整体，而是把它们包含的元素逐个添加到列表中。所以，如果想像 append() 函数一样使用 extend() 函数直接追加某个元素是不可行的。

例如，执行以下代码：

```
list3 = ['我爱Python', '你呢']
list3.extend(1)
print(list3)
```

运行结果如下：

```
TypeError: 'int' object is not iterable
```

会发现返回了 int 型不可迭代的错误，验证了 extend() 函数只能传入序列，并不能单独追加一个元素。

但是读者可以通过将数据放入列表或元组中，实现单个数据的添加，代码如下：

```
list3 = ['我爱Python', '你呢']

list3.extend([1])
list3.extend([2, 3, 4])
list3.extend(('今天天气不错', 5678))

print(list3)
```

输出结果如下：

```
['我爱Python', '你呢', 1, 2, 3, 4, '今天天气不错', 5678]
```

（3）insert() 函数。

前面讲述的 append() 函数和 extend() 函数，都有一个共同的限制，就是只能在列表的末尾添加数据。

相比于前两者，insert() 函数最大的不同就是可以在列表任意位置插入相关的元素，也可以把插入的元素视为一个整体。其基本格式如下：

```
list.insert(index, data)
```

参数说明：

list：需要追加内容的列表，按照实际列表名称修改。

index：索引，指定追加的位置。

data：需要追加的内容。

以下代码演示了 insert() 函数的添加方式：

```
list4 = ['你好', 'Python', 1, 2, 3]
```

```
list4.insert(0, 'hello')
list4.insert(1, [0, 1])

print(list4)
```

输出结果如下:

```
['hello', [0, 1], '你好', 'Python', 1, 2, 3]
```

可以发现,在 list4 中的第一个位置插入了 hello,第二个位置插入了 [0,1] 这样一个列表。

2. 删除元素

列表删除方法主要也包括三种:del() 函数、remove() 函数和 clear() 函数。接下来将对以上方法逐一进行说明。

(1) del() 函数。

del() 函数主要用来按照索引删除,其基本格式如下:

```
del(list[index])
```

参数说明:

list:需要删除内容的列表,按照实际列表名称修改。

index:索引,指定删除的位置。

在前面的内容中也提到,如果不写索引值的话,该方法也可以用于删除整个列表。

以下代码演示了 del() 函数的操作方式,删除了 list4 中的最后一个元素:

```
list4 = ['你好', 'Python', 1, 2, 3]

del(list4[-1])
print(list4)
```

运行结果如下:

```
['你好', 'Python', 1, 2]
```

可以看到最后一个元素已经被删除了。

(2) remove() 函数。

remove() 函数主要用来按照搜索内容删除,其基本格式如下:

```
list.remove(data)
```

参数说明:

list:需要删除内容的列表,按照实际列表名称修改。

data:需要删除的内容。

与 del() 函数不同,remove() 函数主要是按照先后顺序,匹配第一个对应的元素进行删除,代码如下:

```
list4 = ['你好', 'Python', 1, 2, 3, 'Python', 4, 5, 6]

list4.remove('Python')
print(list4)

list4.remove('Python')
print(list4)
```

运行结果如下：

```
['你好', 1, 2, 3, 'Python', 4, 5, 6]
['你好', 1, 2, 3, 4, 5, 6]
```

可以看到，一次 remove() 方法的操作仅会删除一个对应的元素，且是按照从左到右的先后顺序删除的。

（3）clear() 函数。

clear() 函数会直接将整个列表清空，其基本格式如下：

```
list.clear()
```

参数说明：

list：需要删除内容的列表，按照实际列表名称修改。

不难看出，相比于 del() 函数和 remove() 函数，clear() 函数的使用更加直接，能清空整个列表的内容，且只需要指定相应的列表名称，无须指定其他参数，代码如下：

```
list4 = ['你好', 'Python', 1, 2, 3, 'Python', 4, 5, 6]

list4.clear()
print(list4)
```

运行结果如下：

```
[]
```

可以看到，列表已经被清空。

3. 修改元素

列表的修改则较为简单，通常是根据索引来对相应位置重新赋值，这里以 insert() 方法为例进行操作，代码如下：

```
list5 = ["你好", "Python", 1, 2, 3]

list5[0] = "Hello"
list5[-1] = "Python很好用"

print(list5)
```

运行结果如下：

```
['Hello', 'Python', 1, 2, 'Python很好用']
```

可以看出，两次修改分别修改了列表第一个位置和最后一个位置。

4.2.4 列表的索引、切片和计数

前面介绍了一些有关索引的内容，接下来将对列表的索引、切片和计数进行详细的说明。

1. 索引

与字符串的索引一样，列表的索引值以 0 为开始值，-1 为从末尾的开始位置。加号 + 是列表连接运算符，星号 * 是重复操作。通过索引，列表可以进行截取、组合等操作。

索引可以从头部开始计数，也可以从尾部开始计数，从头部开始时，索引从 0 开始，第二个索引是 1，第三个索引是 2，依此类推。从尾部开始时，最后一个元素的索引为 -1，往前一位为 -2，再往前一位为 -3，以此类推。

以下代码演示了针对列表的基本索引操作：

```python
# 定义一个颜色列表
ColorList = ['red', 'green', 'blue', 'yellow', 'white', 'black']

# 正向索引
print( ColorList[0] )
print( ColorList[2] )
print( ColorList[5] )

# 反向索引
print( ColorList[-1] )
print( ColorList[-2] )
print( ColorList[-4] )
```

运行结果如下：

```
red
blue
black
black
white
blue
```

除了这种直接使用索引的方法，列表也可以使用切片的方式进行访问。

2. 切片

在讲解切片的方式访问前，需要先了解切片访问的语法，其基本格式如下：

```
list[start : end : step]
```

参数说明：

list：需要操作的列表，按照实际列表名称修改。

start：索引的起始值。
end：索引的结束值。
step：索引的步长，不指定则默认步长为 1，如果 step 为负值，则会从最后的元素向前计数。第二个冒号可省略。

需要注意的是，切片起始值和结束值，依然是包含起始值，不包含结束值，如 list[2:3] 时，实际上只能获得索引为 2 位置的内容。对于步长，以下代码演示了以切片方式访问列表数据的操作：

```python
# 定义一个列表
list6 = ["a","b","c","d","e","f"]

# 访问索引 0 到 2 的位置，不包含 2
print(list6[0:2])
# 访问索引 1 到最后的位置
print(list6[1:])
# 访问索引 -2 到最后的位置
print(list6[-2:])
# 访问整个列表
print(list6[:])
# 访问整个列表，步长为 2
print(list6[::2])
# 访问整个列表，倒序访问
print(list6[::-1])
# 访问整个列表，倒序访问且步长为 2
print(list6[::-2])
```

运行结果如下：

```
['a', 'b']
['b', 'c', 'd', 'e', 'f']
['e', 'f']
['a', 'b', 'c', 'd', 'e', 'f']
['a', 'c', 'e']
['f', 'e', 'd', 'c', 'b', 'a']
['f', 'd', 'b']
```

3. 计数

对于列表的计数，可以使用 list.count(obj) 方法来统计某个元素出现在某个列表中的次数，其基本格式如下：

```
list.count(data)
```

参数说明：

list：需要操作的列表，按照实际列表名称修改。
data：需要统计次数的元素。

以下代码演示了针对列表某元素的计数操作：

```
# 定义一个列表
list7 = ["a","b","c","c","c","e","f"]

print(list7.count("a"))
print(list7.count("b"))
print(list7.count("c"))
print(list7.count("d"))
print(list7.count("e"))
print(list7.count("f"))
```

运行结果如下:

```
1
1
3
0
1
1
```

4.2.5 列表排序

在操作列表时,对于没有顺序要求的列表,通常会使用 list.sort() 方法对其进行排序再操作,这样更加方便,其基本格式如下:

```
list.sort(key=None, reverse=False)
```

参数说明:

list:需要操作的列表,按照实际列表名称修改。

key:用于比较的元素,非必填。

reverse:是否倒序排序,该排序方法默认正序排序,即从小到大的顺序,且此值默认为 False,非必填。如果需要倒序排序,可以将其赋值为 True。

一般情况下,使用 sort() 方法不需要定义相关变量,直接使用 list.sort() 方法即可。

以下代码演示了列表排序的操作:

```
# 定义一个列表
list8 = ['Java', 'C++', 'Python', 'Kotlin', 'PHP', 'AJAX']

# 正序排列
list8.sort()
print(list8)

# 倒序排列
list8.sort(reverse=True)
print(list8)
```

运行结果如下:

```
['AJAX', 'C++', 'Java', 'Kotlin', 'PHP', 'Python']
['Python', 'PHP', 'Kotlin', 'Java', 'C++', 'AJAX']
```

4.2.6 列表其他的常用操作

除了前面讲解的方法，列表还自带了很多的内置函数供使用，具体见表 4.1。

表 4.1 列表的其他内置函数

方 法	说 明
list.index(data)	从列表中找出指定 data 第一个匹配项的索引位置
len(list)	返回列表元素的个数
max(list)	返回列表元素的最大值
min(list)	返回列表元素的最小值
list.reverse()	反转列表的元素
list.copy()	复制列表

4.2.7 列表生成式

Python 中的列表生成式（list comprehension）可以以一种简洁、高效的方式来生成新的列表。它可以在一个语句中创建一个新的列表，并且能通过简洁的语法来筛选、转换或操作已有的列表。列表生成式的基本格式如下：

```
new_list = [expression for item in iterable if condition]
```

参数说明：

expression：表达式，用于对 item 进行操作，生成新的元素，这是列表生成式必须要有的部分。

item：在 iterable 中的元素，可以是列表、元组、字符串、集合、字典等可迭代对象。

iterable：可迭代对象，可以是列表、元组、字符串、集合、字典等。

condition：可选条件，用于筛选 item，只有满足条件的 item 才会被加入到新列表中。

一般情况下，想要按照需要生成一个新的列表，需要写好各个元素的要求之后，再通过遍历的方式逐个操作，最终得到一个新列表，但通过以上方法，可以以简洁直观的方式生成新的列表，而不需要逐个操作，就像直接操作一个数学表达式一般。

以下代码演示了一个简单的列表生成式的操作，将列表内每个元素进行了三次方操作：

```
# 定义一个列表
numbers = [1, 2, 3, 4, 5, 6, 7, 8, 9]

# 将每个数三次方运算
new_list1 = [num ** 3 for num in numbers]
print(new_list1)
```

运行结果如下：

```
[1, 8, 27, 64, 125, 216, 343, 512, 729]
```

除此以外，列表生成式还可以包含条件表达式，用于筛选原列表中的元素。例如，以下代码能生成一个新的列表，但是只包含原列表中 3 的倍数：

```
# 定义一个列表
numbers = [1, 2, 3, 4, 5, 6, 7, 8, 9]

# 筛选其中 3 的倍数
new_list2 = [num for num in numbers if num % 3 == 0]
print(new_list2)
```

运行结果如下：

```
[3, 6, 9]
```

当然，列表生成式也可以像一般的程序流程结构一样嵌套生成，代码如下：

```
# 生成一个矩阵
matrix = [[i+j for j in range(3)] for i in range(4)]
print(matrix)
```

运行结果如下：

```
[[0, 1, 2], [1, 2, 3], [2, 3, 4], [3, 4, 5]]
```

以上代码中，便将两个 for 循环进行了嵌套。其中，外层循环是 for i in range(4)，内层循环是 for j in range(3)。在内层循环中，我们使用了 i 和 j，并且计算了它们的和作为生成的元素，即 i+j。最终，通过列表生成式生成了一个 4 行 3 列的嵌套列表。

除了使用条件表达式与程序流程结构以外，列表生成式也可以自己定义函数来生成，使用函数来处理可以让列表生成式更加灵活和强大，更能根据实际需求对元素进行自定义的操作和处理。

4.3 元　　组

元组是 Python 语言中另一种内置的存储有序数据的结构。元组与列表类似，也是由一系列按特定顺序排列的元素组成，可存储不同类型的数据，如字符串、数字甚至元组。

然而，与列表不同的是，元组创建完成之后是不可改变的，即元组创建完成后，不能再对元组内的数据进行任何修改操作。

接下来将对元组的定义、操作进行详细讲解。

4.3.1　元组的定义及基本操作

元组的创建很简单，只需要在圆括号"()"中添加元素，并使用逗号隔开即可，代码如下：

```
# 创建一个空元组
tuple1 = ()
```

```
# 创建一个存储了内容的元组
tuple2 = (1, 2.3456, "Python")
```

当然，也可以使用自带的 tuple() 方法来创建，代码如下：

```
# 用 tuple 自带方法创建一个列表
new_tuple = tuple([1, 2.3456, "Python"])
```

需要注意的是，如果创建的元组只包含了一个元素，则必须在后面添加一个逗号，否则会被认为是一个运算符，代码如下：

```
tup1 = (50)
print(type(tup1))

tup2 = (50,)
print(type(tup2))
```

运行结果如下：

```
<class 'int'>
<class 'tuple'>
```

不难看出，tup1 和 tup2 是两种不同的数据类型。

与列表类似，元组也可以使用下标索引和切片的方式来访问元组中的元素值，代码如下：

```
# 定义两个元组
tup1 = ('Python', '我爱 Python', 9999, 8888)
tup2 = (1, 2, 3, 4, 5, 6, 7)

print (tup1[1])
print (tup2[2:5])
```

运行结果如下：

```
我爱 Python
(3, 4, 5)
```

但是需要注意的是，虽然元组创建完成后，不能再对元组内的数据进行任何修改操作，但是依然可以对不同的元组进行连接组合，从而得到新的元组，代码如下：

```
# 定义两个元组
tup1 = ('Python', '我爱 Python', 9999, 8888)
tup2 = (1, 2, 3, 4, 5, 6, 7)

# 拼接两个元组
tup3 = tup1 + tup2

print (tup3)
```

运行结果如下:

```
('Python', '我爱Python', 9999, 8888, 1, 2, 3, 4, 5, 6, 7)
```

> **注意**:由于元组创建完成后不能被修改,因此元组内的数值也不可以被删除,只可以使用 del() 方法删除整个元组,实际运行结果与列表类似,会返回未定义错误,此处不再赘述。

4.3.2 生成器推导式

生成器推导式,也叫元组推导式。事实上,元组推导式与列表推导式的用法完全相同,只是元组推导式是用圆括号"()"将各部分括起来,而列表推导式用的是方括号"[]",另外元组推导式返回的结果是一个生成器对象。

例如以下代码,演示了生成一个包含数字 1~9 的元组:

```
tuple4 = (a for a in range(1,10))
print(tuple(tuple4))
```

运行结果如下:

```
('Python', '我爱Python', 9999, 8888, 1, 2, 3, 4, 5, 6, 7)
```

> **注意**:使用 tuple() 函数,可以直接将生成器对象转换成元组,直接输出元组名称不会返回元组内的数值。

4.3.3 元组与列表的异同点

元组与列表主要有以下相同点:

(1)都能存储多个元素:元组和列表都可以用来存储多个元素,可以是相同类型的元素也可以是不同类型的元素;

(2)都能以索引的方式和切片方式进行访问:元组和列表都支持使用索引来访问其中的元素,也可以通过切片来获取其中的子集;

(3)都是可迭代的:元组和列表都是可迭代对象,可以用循环来遍历其中的元素;

(4)都有存储顺序:元组和列表都是有序的数据结构,其中的元素按照插入的先后顺序进行排列。

不同点主要如下:

(1)定义方式不同:元组使用圆括号"()",列表使用方括号"[]";

(2)可变性不同:列表是动态数组,它们可变且可以重设长度(改变其内部元素的个数)。而元组是静态数组,它们不可变,且其内部数据一旦创建便无法改变;

(3)性能不同:元组缓存于 Python 运行时环境,这意味着我们每次使用元组时无须访问内

核去分配内存,而且由于元组不可变的特性,导致其操作速度比列表更快,迭代速度也比列表稍快一些;

(4)包含方法不同:两者比较而言,由于列表的可变性,自身附带有丰富的操作方法,而元组由于自身创建完成后便无法修改,因此自身包含的方法非常有限。

4.4 集　　合

在数学领域中,集合是由确定的、互异的对象组成的。集合中的每个对象称为该集合的元素。集合可以用各种方式表示,常见的表示方法包括列举法、描述法和图示法。

在集合论中,集合可以进行交集、并集、补集等操作,作为数学领域的一个重要分支,在各个领域都有广泛的应用。

与数学相似的,在 Python 语言中,集合也是一个无序的不重复元素序列,在处理数据的过程中有许多应用,接下来将详细讲解集合的内容。

4.4.1 集合类型的概念

相比于前面小节所讲述的列表和元组来说,集合有很大的不同。具体可表现为以下几个特点:

(1)集合中的元素不会重复,因此集合中的元素各不相同,如果对集合添加重复的元素,会被自动去重;

(2)集合中的元素没有顺序,因此集合并不能通过索引或是切片的方式来进行数据访问,但是集合可以像数学概念中的集合一样,进行交集、并集、差集等常见的操作;

(3)集合中的元素是可变的,可以添加、删除、修改元素,这点与列表类似。

4.4.2 集合对象的创建与删除

与列表和集合类似,创建一个集合非常简单,只需要给一个变量赋值,并使用花括号"{}"定义即可,代码如下:

```
# 创建一个存储初始值的集合
set1 = {1, 2.3456, "Python"}
```

当然,也可以使用自带的 set() 方法来创建,代码如下:

```
# 用 set 自带方法创建一个空集合
new_set1 = set()
# 用 set 自带方法创建一个有数据的集合
new_set2 = set([1, 2.3456, "Python"])
```

> **注意:** Python 支持创建空集合,但是不能像列表和元组一样直接使用对应的括号括起来表示。要创建一个空的集合,只能像上述代码一样,使用自带的 set() 方法来创建,否则创建出来的数据类型就是一个字典类型,字典类型的具体内容将在下一节中讲述。

同样的，集合对象也可以用 del() 方法删除，这里不再赘述。

4.4.3 集合的操作与运算

集合的操作与运算方法与列表有许多相似之处，例如都可以添加、删除、修改某个集合的元素等，但也有一些不同之处，例如，本身无顺序、不能按照索引或切片来取值、包含了数学概念的集合运算等。其主要方法见表 4.2。

表 4.2 集合的操作与运算

方　　法	说　　明
add()	为集合添加元素
clear()	移除集合中的所有元素
copy()	拷贝一个集合
difference()	返回多个集合的差集
difference_update()	移除集合中的元素，该元素在指定的集合也存在
discard()	删除集合中指定的元素
intersection()	返回集合的交集
intersection_update()	返回集合的交集，并更新集合
isdisjoint()	判断两个集合是否包含相同的元素，如果没有相同的元素，返回 True，否则返回 False
issubset()	判断指定集合是否为该方法参数集合的子集
issuperset()	判断该方法的参数集合是否为指定集合的子集
pop()	随机移除元素
remove()	移除指定元素
symmetric_difference()	返回两个集合中不重复的元素集合
symmetric_difference_update()	移除当前集合中与另外一个指定集合相同的元素，并将另外一个指定集合中不同的元素插入到当前集合中
union()	返回两个集合的并集
update()	给集合添加元素
len()	计算集合元素个数

以下代码演示了集合的相关操作，主要针对集合特有的操作进行演示：

```
# 定义两个集合
set1 = {1, 2, 3}
set2 = {3, 4, 5}

# 取并集
union_set = set1.union(set2)
print(union_set)

# 取交集
intersection_set = set1.intersection(set2)
print(intersection_set)
```

```python
# 取差集
difference_set = set1.difference(set2)
print(difference_set)

# 判断集合是否有相同元素
# 注意，有相同元素时返回 False
print(set1.isdisjoint(set2))

# 返回两集合中不重复的元素
print(set1.symmetric_difference(set2))
```

运行结果如下：

```
{1, 2, 3, 4, 5}
{3}
{1, 2}
False
{1, 2, 4, 5}
```

4.4.4 集合生成式

集合生成式的用法与列表生成式完全相同，只是集合生成式是用花括号"{}"将各部分括起来，而列表集合生成式用的是方括号"[]"。

以下代码通过集合生成式，演示了如何找出单词中的元音字母：

```python
# 找出单词中包含的元音字母
vowels = {'a', 'e', 'i', 'o', 'u'}
word = 'Language'
vowel_set = {i for i in word if i in vowels}
print(vowel_set)
```

运行结果如下：

```
{'e', 'a', 'u'}
```

4.5 字　　典

字典一词本身指的是一种工具书，可以为字词提供音韵、意思解释、例句、用法等等。

Python 语言的字典与列表类似，是一种可变的组合数据类型，且可存储任意类型对象，如字符串、数字、元组等其他数据类，但是又和列表有很大不同，接下来将对 Python 语言字典的概念与使用方法进行讲解。

4.5.1 字典类型的概念

相比于前面所讲述的组合数据类型来说，它最大的不同是，自身存储的内容并不是一个单一的数据元素，而是键-值对的集合，其中键代表了关键字，每个键都唯一且不可变，而值可以是任意类型的对象。

字典的特点如下：

（1）键-值对没有顺序，这点与集合类似，并不能通过索引或是切片的方式来进行数据访问；

（2）字典的键必须是不可变且唯一的，因此通常使用字符串、数字或元组作为键，列表等可变类型不能作为键；

（3）字典中的值是可变的，可以添加、删除、修改相关值，这点与列表类似；

（4）操作字典的内存消耗较大，由于字典是动态的数据结构，而且存储的不是单一的元素，而是键-值对的集合，因此它需要额外的内存来存储键和值之间的映射关系。

4.5.2 字典的创建与删除

相比于列表、元组、集合来说，由于字典存储的是键-值对集合，因此其定义方式稍有不同。定义字典时需要使用花括号"{}"将字典括起来，字典中的每个键-值对用冒号":"分隔，且必须是冒号左侧为键，冒号右侧为值，每个键-值对之间用逗号","分隔，基本格式如下所示：

```python
# 创建一个空字典
dict1 = {}
# 创建一个存储了内容的字典
# 键值分别为：英语全称、中文全称
dict2 = {"Gross Domestic Product": "国内生产总值",
         "Consumer Price Index": "消费者价格指数",
         "Inflation": "通货膨胀"}
```

当然，也可以使用自带的dict()方法来创建，代码如下：

```python
# 用dict自带方法创建一个字典
new_dict = dict([("Gross Domestic Product", "国内生产总值"),
                 ("Consumer Price Index", "消费者价格指数"),
                 ("Inflation", "通货膨胀")])
```

需要注意的是，使用dict()方法创建字典时，不能直接使用冒号描述键-值对关系，而是像列表一样，用逗号分开表示键-值对关系，一个键值对还要单独用一个括号括起来。

同样的，字典也可以用del()方法删除，这里不再赘述。

4.5.3 字典元素的访问与修改

由于字典无序且由键-值对形式来保存的特点，直接使用索引或切片是无法访问字典的，需要按照键来进行访问，代码如下：

```python
# 定义一个字典
# 键值分别为：英语简称、中文全称
dict3 = {"GDP": "国内生产总值",
         "CPI": "消费者价格指数",
         "Inflation": "通货膨胀"}
# 访问字典中是否有这个键，如果有，则返回对应值，没有找到则报错
print(dict3["CPI"])
```

运行结果如下：

消费者价格指数

注意：在 Python 中，字典是通过键来进行检索和访问的，而不是通过值。这意味着，如果有一个值想要找到对应的键时，只能通过遍历字典再匹配的方式来查找。

场景模拟：学习财政金融相关知识时，有些时候需要同时学习其名词的中文与英文形式。

4-1 通过字典结构，对需要学习的财政金融相关名词与英语格式进行管理。

可以定义一个字典，进行财政金融相关名词的学习，如果有新的词汇需要学习，就在字典中追加相关内容，如果学习的内容有错，可以通过修改方法进行修改，如果已经学会，不需要继续保留在字典中，则可以将对应的键 - 值对删除。

在 IDLE 中创建一个名称为 demo01_dict.py 的文件。对于字典来说，向字典添加新内容时，直接给对应的字典写入新的键 - 值对即可，修改已有键 - 值对时，可以在前面字典访问的基础上直接重新赋值，删除已有键 - 值对则使用 del() 方法。

代码如下：

```python
# 定义一个字典
# 键值分别为：英语简称、中文全称
dict4 = {"GDP": "国内生产总值",
         "CPI": "消费者价格指数",
         "Inflation": "通货膨胀"}
print(dict4)
# 添加新的键 - 值对，例如，通货紧缩
dict4["Deflation"] = "通货紧缩"
print(dict4)
# 修改已有键 - 值对，例如，换一个中文名称
dict4["CPI"] = "消费物价指数"
print(dict4)
# 删除已有键 - 值对，使用 del() 方法，例如，删除通货膨胀，没有找到要删除的键则报错
del(dict4["Inflation"])
print(dict4)
```

运行结果如下：

{'GDP': '国内生产总值', 'CPI': '消费者价格指数', 'Inflation': '通货膨胀'}
{'GDP': '国内生产总值', 'CPI': '消费者价格指数', 'Inflation': '通货膨胀', 'Deflation': '通货紧缩'}
{'GDP': '国内生产总值', 'CPI': '消费物价指数', 'Inflation': '通货膨胀', 'Deflation': '通货紧缩'}
{'GDP': '国内生产总值', 'CPI': '消费物价指数', 'Deflation': '通货紧缩'}

> **知识拓展**
>
> 除了 del() 方法以外，还可以使用 dict.pop() 方法删除指定键的元素，该方法提供了两个参数，分别为 key 和 default_value，key 值为要删除的键，default_value 则是避免没找到这个键时报错。

4.5.4 字典生成式

与前面所讲述的组合数据类型类似，字典也可以使用生成式来表达，使用方法与列表生成式完全相同，只是字典生成式是用花括号"{}"将各部分括起来，而列表生成式用的是方括号"[]"。

以下代码以列表中的各字符串值为键，各字符串的长度为值，组成了键-值对：

```python
# 定义一个列表
old_list = ['Java','C++', 'Python']

# 将列表中各字符串值为键，各字符串的长度为值，组成键值对
new_dict = {key:len(key) for key in old_list}
print(new_dict)
```

运行结果如下：

```
{'Java': 4, 'C++': 3, 'Python': 6}
```

4.6 不可变数据类型与可变数据类型

Python 语言的数据类型可以分为可变类型和不可变类型。这两者最本质的区别在于内存中存储的地址所指向的值是否可以被修改。

对于可变数据类型来说，它允许在创建后修改其值。如果变量存储的内存地址所指向的值发生了改变，内存地址不发生变化；对于不可变数据类型来说，它在创建后不允许修改其值。如果变量存储的内存地址所指向的值发生了改变，内存地址发生变化。

不可变与可变的区分对于理解 Python 语言的数据模型和编程习惯非常重要，在编写代码时需要根据数据类型的特性，来选择合适的数据类型和操作方式。

4.6.1 不可变数据类型

定义并初始化 temp_var_one 变量，并利用 temp_var_one 定义和初始化 temp_var_two，两者引用相同，则说明指向的是同一个内存空间。

1. 数字

事实上所有的数值类型都是不可变数据类型，这里以整数为例进行验证，

用以下代码验证（id() 方法可以获得变量对应的内存空间，下同）：

```python
# 验证数字的数值类型
temp_var_one = 3
temp_var_two = temp_var_one
```

```
print(id(temp_var_one))
print(id(temp_var_two))
temp_var_two = 2
print(id(temp_var_one))
print(id(temp_var_two))
```

运行结果如下：

```
140713849951080
140713849951080
140713849951080
140713849951048
```

不难看出，当变量所指向的值都为 2 时，对应的内存空间一致，但将其中一个改为 3 时，对应的内容空间发生了改变，因此数字类型均为不可变数据类型。

当然，对于不同的计算机来说，实际对应的 id 各有不同，但是其一致性相同，下面的演示同理。其他数值类型可以用类似的方式验证，这里不再赘述。

2. 字符串

字符串用以下代码验证：

```
# 验证字符串的可变类型和不可变类型
temp_var_one = "Python"
temp_var_two = temp_var_one
print(id(temp_var_one))
print(id(temp_var_two))
temp_var_two = "Python很好用"
print(id(temp_var_one))
print(id(temp_var_two))
```

运行结果如下：

```
140713848693584
140713848693584
140713848693584
2252198925056
```

不难看出，当变量所指向的值都为"Python"时，对应的内存空间一致，但将其中一个改为"Python很好用"时，对应的内容空间发生了改变，因此字符串类型为不可变数据类型。

3. 元组

元组可以当做是没有类型的数据，不可以改变，因为在前面的内容中已经了解到，元组生成后，内部的元素就不可以再改变了，除非被赋值成为了一个新的元组。

元组用以下代码验证：

```
# 验证元组的可变类型和不可变类型
temp_var_one = (1, 2, 3)
temp_var_two = temp_var_one
print(id(temp_var_one))
```

```
print(id(temp_var_two))
temp_var_two += (4,)
print(id(temp_var_one))
print(id(temp_var_two))
```

运行结果如下:

```
2252196932736
2252196932736
2252196932736
2252197534016
```

不难看出,当变量所指向的值都为 (1, 2, 3) 时,对应的内存空间一致,但将其中一个改为 (4,) 时,对应的内容空间发生了改变,因此元组类型为不可变数据类型。

4.6.2 可变数据类型

除了上一节所讲述的三种数据类型以外,Python 中剩下的数据类型均为可变数据类型。包括字典、列表、集合。接下来将用类似的方式一一验证。

字典用以下代码验证:

```
# 验证字典的可变类型和不可变类型
temp_var_one = {"a": 1, "b": 2, "c": 3}
temp_var_two = temp_var_one
print(id(temp_var_one))
print(id(temp_var_two))
temp_var_two.update({"d": 4})
print(id(temp_var_one))
print(id(temp_var_two))
```

运行结果如下:

```
2252197409856
2252197409856
2252197409856
2252197409856
```

列表用以下代码验证:

```
# 验证列表的可变类型和不可变类型
temp_var_one = [1, 2, 3]
temp_var_two = temp_var_one
print(id(temp_var_one))
print(id(temp_var_two))
temp_var_two.append(4)
print(id(temp_var_one))
print(id(temp_var_two))
```

运行结果如下:

```
2252199010688
2252199010688
2252199010688
2252199010688
```

集合用以下代码验证:

```
# 验证集合的可变类型和不可变类型
temp_var_one = {1, 2, 3}
temp_var_two = temp_var_one
print(id(temp_var_one))
print(id(temp_var_two))
temp_var_two.add(4)
print(id(temp_var_one))
print(id(temp_var_two))
```

运行结果如下:

```
2252197835072
2252197835072
2252197835072
2252197835072
```

从以上三个演示不难看出,当字典、列表、集合所指向的值一直都是一致的,即使覆盖了新的字典、列表、集合,对应的内存空间也完全一致,因此字典、列表、集合类型均为可变数据类型。

4.7 浅拷贝与深拷贝

在前面的章节中已经了解到,可以使用赋值运算符"="来创建对应对象的副本。这看似是创建一个新对象,其实不然,它只是创建一个共享引用原始对象的新变量。

在Python语言中有两种复制对象的方式,称为深拷贝(deep copy)和浅拷贝(shallow copy),两种复制对象的方式原理不同。接下来,将对浅拷贝与深拷贝进行详细区分。

4.7.1 浅拷贝

浅拷贝是创建一个新的对象,该对象与原始对象具有相同的值。但是,如果原始对象包含其他可变对象(如列表、字典等),则浅拷贝将只复制这些对象的引用而不是创建它们的副本。这意味着修改原始对象中的可变对象会影响到浅拷贝后的对象。

Python提供了多种浅拷贝方法:

(1)切片操作法,使用[:]对列表进行浅拷贝;

(2)列表的copy()方法;

(3)字典的copy()方法。

先看一个简单的例子:

```
import copy
a = [1, 2, [3, 4]]
b = copy.copy(a)

print(id(a))
print(id(b))

print(id(a[2]))
print(id(b[2]))
```

运行结果如下：

```
2252197583104
2252197754688
2252197793920
2252197793920
```

根据前面所学的知识，不难看出，以上代码首先定义了一个列表 a，然后通过 copy() 方法进行了复制，赋值给了列表 b，最后访问了列表 a、b 和其中索引为 2 的内存空间。

这里需要注意的是：

（1）b 通过浅拷贝 a 之后，a 和 b 对象的 id 不同；

（2）分别取 a 和 b 索引为 2 的元素的 id。索引为 2，也就第 3 个元素，第三个元素是一个列表。这时发现 a 和 b 的第 3 个元素的 id 值相同。说明并没有拷贝元素的 id，也就是说 a 和 b 内部的元素 id 是相同的。

既然对象 a 和 b 内部的元素 id 都是相同的，那就意味着 a、b 对象内部的元素，其实是指同一个东西。但这并不代表浅拷贝下修改了 a 内元素的值，b 元素内元素的值一定会发生变化，还要看被修改的值是否是可变对象。

例如，以下两种情况：

（1）如果是修改的元素是可变对象，那么修改了 a 内元素，b 内元素会发生变化，该元素的在 a、b 内的 id 不会发生变化；

（2）如果修改的元素是不可变对象，那么修改了 a 内元素，b 内元素不会发生变化，该元素在 a、b 内的 id 会发生变化。

4.7.2 深拷贝

相比与浅拷贝，深拷贝是创建一个完全独立的新对象，该对象与原始对象具有相同的值，包括所有嵌套的对象。即使原始对象包含其他可变对象，深拷贝也会递归地复制这些对象，而不是仅复制引用。

Python 提供了 deepcopy() 作为深拷贝方法，代码如下：

```
import copy
a = [1, 2, [3, 4]]
b = copy.deepcopy(a)
```

```
print(id(a))
print(id(b))

print(id(a[2]))
print(id(b[2]))
```

运行结果如下:

```
2252197639424
2252197357056
2252198708096
2252197754880
```

不难看出,以上代码与上一小节所演示的浅拷贝例子基本相同,但是它是通过 deepcopy() 方法赋值给列表 b 的。

这里需要注意的是:

(1)b 通过浅拷贝 a 之后,a 和 b 对象的 id 不同;

(2)分别取 a 和 b 索引为 2 的元素的 id。索引为 2,也就第 3 个元素,第三个元素是一个列表。这时发现 a 和 b 的第 3 个元素的 id 值不同。说明 a 拷贝了元素 b,也就是说 a 和 b 内部的元素 id 都是不同的个体。

可以发现,对象 a 和 b 虽然数值看似相同,但内部的元素 id 并不相同,那就意味着 a、b 实际上并不是一个东西,只是外观上相同而已。

当然,深拷贝也分为两种情况:

(1)如果是修改的元素是可变对象,那么修改了 a 内元素,b 内元素不会发生变化,该元素的在 a、b 内的 id 会发生变化;

(2)如果修改的元素是不可变对象,那么修改了 a 内元素,b 内元素不会发生变化,该元素在 a、b 内的 id 会发生变化。

4.7.3 深拷贝与浅拷贝的区别

深拷贝与浅拷贝主要有以下区别:

1. 拷贝对象不同

当原始对象有子对象时,浅拷贝会使用子对象的引用,而深拷贝会复制子对象。深拷贝一般用于复杂数据结构的拷贝,浅拷贝用于一些简单数据结构的拷贝。

2. 对拷贝对象的处理方式不同

在浅拷贝中,如果修改被引用的对象,则原始对象和浅拷贝对象的子对象都将发生变化。而在深拷贝中,即使修改被引用的对象,深拷贝对象和原始对象的子对象之间也没有任何联系。

3. 应用场景不同

深拷贝通常比浅拷贝效率更低,但在复制大型数据集时,深拷贝的优势更加明显。此外,深拷贝不仅可以用于复制对象,还可以用于将对象存储在内存中,例如,在使用多个线程或多个进程时。

实例：使用 jieba 库对财政金融概念的解释进行分词

jieba 是目前表现较为不错的 Python 中文分词组件，是中文分词的第三方库，使用前需要使用 pip 来安装。主要有以下特性：

（1）中文文本需要通过分词获得单个的词语；

（2）jieba 不是 Python 自带的标准库，需要额外安装；

（3）jieba 库提供三种分词模式。

jieba 库的分词原理是：利用一个中文词库，确定汉字之间的关联概率，汉字间概率大的组成词组，形成分词结果。除了分词，用户还可以添加自定义的词组。

jieba 库支持四种分词模式：精确模式、全模式、搜索引擎模式、paddle 模式，并且支持繁体分词，以及自定义词典。每个模式具体的思路如下：

（1）精确模式，试图将句子最精确地切开，适合文本分析；

（2）全模式，把句子中所有的可以成词的词语都扫描出来，速度非常快，但是不能解决歧义；

（3）搜索引擎模式，在精确模式的基础上，对长词再次切分，提高召回率，适合用于搜索引擎分词。

在算法层面，jieba 库能基于前缀词典实现高效的词图扫描，生成句子中汉字所有可能成词情况所构成的有向无环图（DAG）。

同时，采用了动态规划查找最大概率路径，找出基于词频的最大切分组合；而对于未登录词，采用了基于汉字成词能力的 HMM 模型，使用了 Viterbi 算法。

三种模式的具体语句如下：

（1）精确模式：jieba.cut(s)；

（2）全模式：jieba.lcut(s,cut_all=True)；

（3）搜索引擎模式：jieba.lcut_for_search(s)。

以下代码演示了三种模式的操作：

```python
import jieba

# 精确模式
text1 = "我正在使用jieba库"
seg_list1 = jieba.cut(text1)
print(" ".join(seg_list1))

# 全模式
text2 = "jieba库非常好用"
seg_list2 = jieba.cut(text2, cut_all=True)
print(" ".join(seg_list2))

# 搜索引擎模式
text3 = "你不来试试jieba库吗？"
seg_list3 = jieba.cut_for_search(text3)
print(" ".join(seg_list3))
```

运行结果如下:

```
我 正在 使用 jieba 库
jieba 库 非常 好用
你 不来 试试 jieba 库 吗?
```

如果需要将 jieba 分词后的对象生成一个列表的话,可以直接使用 jieba.lcut() 方法进行分词并赋值给变量即可。

使用 jieba 库进行分词,可以帮助读者更准确地获得财政金融相关概念中最重要的词汇。

在 IDLE 中创建一个名称为 demo01_jieba.py 的文件。在该文件中,首先导入了 jieba 库,之后给出了两个财政金融概念的相关解释,然后对其进行了分词,并提取了其中的关键字各五个,输出相关结果。最后通过集合操作,将列表转为集合并对两个集合取交集,进行概念比对。

参考代码如下:

```python
# 导入 jieba 库
import jieba
import jieba.analyse

# 对文本 1 进行分词和关键词提取
text1 = "财政收入是指政府通过征税、非税收入和其他收入等途径所获得的资金。财政支出是指政府用于满足公共需求的开支和投资。"
seg_list1 = jieba.lcut(text1)
keywords1 = jieba.analyse.extract_tags(text1, topK=5)
print(seg_list1)
print(keywords1)

# 对文本 2 进行分词和关键词提取
text2 = "财务泛指财务活动和财务关系,企业财务是指企业再生产过程中的资金运动,它体现着企业和各方面的经济关系。"
seg_list2 = jieba.lcut(text2)
keywords2 = jieba.analyse.extract_tags(text2, topK=5)
print(seg_list2)
print(keywords2)

# 对两个分词列表进行集合操作
set1 = set(seg_list1)
set2 = set(seg_list2)
set_final = set1.intersection(set2)
print(set_final)
```

运行结果如下:

```
['财政收入', '是', '指', '政府', '通过', '征税', '、', '非税', '收入', '和', '其他', '收入', '等', '途径', '所', '获得', '的', '资金', '。', '财政支出', '是', '指', '政府', '用于', '满足', '公共', '需求', '的', '开支', '和', '投资', '。']
['非税', '收入', '财政支出', '政府', '征税']
['财务', '泛指', '财务', '活动', '和', '财务', '关系', ',', '企业财务',
```

```
'是', '指', '企业', '再生产', '过程', '中', '的', '资金', '运动', ',',
'它', '体现', '着', '企业', '和', '各', '方面', '的', '经济', '关系', '。']
['财务', '企业财务', '关系', '泛指', '企业']
{'。', '和', '指', '是', '的', '资金'}
```

小　　结

本章主要介绍了 Python 语言的组合数据类型。Python 语言的组合数据类型主要包括列表、元组、集合、字典，每种组合数据类型均有自己的特点，而且每种组合数据类型都能按照自己的生成式来生成。接下来分别介绍了 Python 语言的可变和不可变数据类型，并对它们进行了分类，同时对 Python 语言的深拷贝与浅拷贝机制进行了讲解。最后通过 jieba 库的操作演示，对财政金融概念的解释进行了分词，完成了应用实例。

本章所述内容是对 Python 基础的数据类型的补充，从单一的数据类型拓展到组合数据类型的过程中，读者可以进一步根据条件或需要来选择更合适的数据类型，巩固自身的编程能力与逻辑思维能力，为接下来的内容打下基础。

习　　题

一、填空题

1. Python 支持的四种组合数据类型分别是 _____、_____、_____ 和 _____。
2. 组合数据类型的生成式除了表达式与条件表达式以外，还可以是 _____，也可以是 _____。
3. 可变数据类型包含 _____、_____ 和 _____。
4. 不可变数据类型包含 _____、_____ 和 _____。
5. 深拷贝时可使用方法为 _____，浅拷贝时可使用方法为 _____。

二、选择题

1. 使用中括号定义的组合数据类型是（　　）。
   A. 元组　　　B. 列表　　　C. 集合　　　D. 字典
2. 有关元组的说法，错误的是（　　）。
   A. 元组内的元素不得重复
   B. 元组创建完成后不得修改
   C. 可以通过拼接的方式生成新元组
   D. 创建只有一个元素的元组时，需补充一个逗号
3. 有关集合的说法，错误的是（　　）。
   A. 集合内的元素不得重复
   B. 取交集的方法可以是 intersection()
   C. 取并集的方法是 union()
   D. 使用 isdisjoint() 方法时，返回 True 说明两个集合有相同元素

4. 有关字典的说法，错误的是（　　）。
   A. 字典的键不能重复
   B. 空字典可以直接使用花括号定义 {}
   C. 对字典的某个值进行修改时，只需要按照键匹配后重新赋值即可
   D. 访问字典时除了可以按照键访问，也可以按照值访问

5. 以下 Python 代码是有关深拷贝与浅拷贝的内容：

```
import copy

list1 = [1, 2, [3, 4]]
list2 = copy.deepcopy(list1)
list3 = copy.copy(list1)

list1[2].append(5)
print(list2 == list1, list3 == list1)
```

那么以上代码的输出结果是（　　）。
   A. True True   B. False True
   C. True False   D. False False

三、简答题

1. 简要对比组合类型数据的相同点和不同点。
2. 简单说明各个组合类型生成式的具体用法。
3. 简要说明不可变数据类型和可变数据类型的区别，并自己使用 Python 代码验证其正确性。
4. 简要说明深拷贝与浅拷贝的用法与区别。
5. 简要说明 jieba 库的三种分词方法。

四、编程题

1. 使用本章所讲知识，完成以下代码的编写：

（1）已知两个列表分别为 [1,9,5,4]、[2,6,8,3]，将这两个列表进行合并，并进行升序排序；

（2）使用之前 random 库的内容，随机生成十个 1 到 5 的整数，将数据保存到列表中，并自动统计每个整数出现的频次；

（3）使用字典内容，制作一个金融行业常用数据库的字典，需包含中文名称、英文名称、数据出处、数据类别。

2. 使用 jieba 库完成以下操作：

（1）使用全模式，完成以下句子的分词：金融市场是指资金供应者和资金需求者双方通过金融工具进行交易的场所；

（2）使用搜索引擎模式，完成以下句子的分词：再投资风险是指由于利率下降，使购买短期债券的投资者于债券到期时，找不到获利较高的投资机会而发生的风险。

第 5 章 函 数

学习目标

知识目标：
◎ 了解函数的概念和优势。
◎ 了解函数定义、封装代码的基本思想。
◎ 掌握函数的定义和调用方法。

能力目标：
理解函数定义的基本语法，掌握函数参数的传递方式和函数返回值，理解局部变量和全局变量的特点，能够编写函数来执行特定的任务，如计算、数据处理或逻辑判断等。能够将函数应用到实际编程问题中，如数据处理、算法实现、Web 开发等，同时学会使用 Python 标准库中的函数。

素养目标：
在使用函数过程中，能够熟练掌握使用函数实现封装代码功能的技巧，并且能在实际项目中灵活运用，不断提高自身创新能力。

知识框架

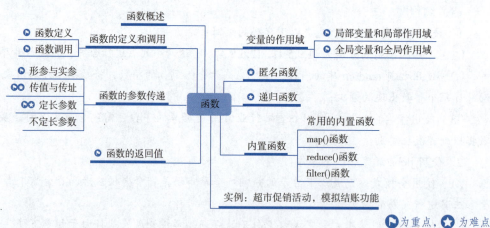

问题导入

在日常生活中，经常会遇到各类商家在店庆活动、年终活动、各种节假日活动上，进行促销打折来刺激消费者消费，在打折活动中，通常都是满一定实付金额时，打某折扣，实付金额越多，折扣越多。那么，如何来进行模拟一个打折结账的功能呢？

随着程序功能的不断完善，程序代码的复杂度也越来越高，这将不利于程序后期的管理和维护。为了解决该问题，本章引入函数的概念，函数是一种常用的代码封装方式，是组织好的、可重复使用的、用来实现单一或相关联功能的代码段。通过使用函数，可以提高代码的复用性、更好地组织代码模块和逻辑。Python 提供了许多内置函数，比如 print()、input() 等。同时，也可以自己创建函数，自己创建函数被称为用户自定义函数。本章将详细介绍如何使用函数实现代码封装功能的技巧，并且能够在项目中灵活运用。

5.1 函数概述

在程序设计中，函数是组织好的、可重复使用的、用来实现单一或相关联功能的代码段。Python 语言对函数具有良好的支持，提供了灵活的函数定义及调用方式，函数的使用能够提高程序的模块化水平及编码效率。在前面的章节中我们已经接触过一些函数，例如，可以打印语句的 print() 函数以及可以接收用户输入的 input() 函数等。

正确使用函数将会在很大程度上提升代码的复用性和可维护性。

（1）提升复用性：当一些代码的功能是相同的，操作是一样的，只不过针对的数据不一样时，可以将这种功能写成一个函数，要使用此功能时只需要调用这个函数就可以了，不需要再重复地编写同样的代码，实现了代码的复用。代码复用可以解决大量同类型的问题，避免重复性操作，提高编程效率；

（2）提升可维护性：当某个功能需要核查或修改时，只需要核查或修改功能对应的函数就可以了。对功能的修改可以使调用对应函数的所有模块同时生效，极大提升了代码的可维护性。

为了更方便理解函数带来的好处，下面分别使用非函数形式和函数形式来打印 5、10、20 的阶乘。首先是使用非函数形式，代码如下：

```
n = 5
result =1
for i in range(1,n+1):  # 计算 5 的阶乘
    result*=i
print(result)

n = 10
result =1
for i in range(1,n+1):  # 计算 10 的阶乘
    result*=i
print(result)

n = 20
result =1
for i in range(1,n+1):  # 计算 20 的阶乘
    result*=i
print(result)
```

然后是使用函数形式，代码如下：

```
def factorial(n):
    result = 1
```

```
        for i in range(1,n+1):
            result *= i
        return res

print(factorial(5))     # 计算 5 的阶乘
print(factorial(10))    # 计算 10 的阶乘
print(factorial(20))    # 计算 20 的阶乘
```

对比上面两种形式，显然使用函数的程序结构更加清晰、精简。若此时，需要计算 15 的阶乘时，对于非函数形式，仍然需要将常量修改为 15，并且再写一遍 for 语句；而对于函数形式，只需要再次调用函数 factorial(n) 即可。因此，使用函数来编程可使程序模块化，既减少了冗余代码，又让程序结构更为清晰；既能提高开发人员的编程效率，又方便后期的维护和扩展。

5.2 函数的定义和调用

在 Python 中，函数通常由函数名、参数列表以及通过一系列语句组成的函数体构成。函数在定义完成后不会立刻执行，直到被程序调用时才会执行。

5.2.1 函数的定义

在前面所使用的 print() 函数和 input() 函数都是 Python 语言已经定义好的内置函数，因此，开发人员可以直接使用。同时，开发人员也可以根据自己的需求定义函数。Python 中使用 def 关键字来定义函数，其基本语法格式如下：

```
def functionname([parameterlist]):
    [functionbody]
    [return[expression]]
```

参数说明：

functionname：函数的唯一标示，遵循标示符命名规则。

parameterlist：可选参数，负责接收传入函数中的数据，可以包含一个或多个参数，也可以为空，如果有多个参数，各参数间使用逗号分隔。

functionbody：该函数被调用后，要执行的功能代码。

expression：函数返回值的表达式，不带表达式的 return 相当于返回 None。

> 💡 **注意**：函数代码块以 def 关键词开头，后接函数标识符名称和圆括号()，即使函数没有参数，也必须保留一对空的"()"，否则将显示图 5.1 所示的错误提示对话框。冒号是函数体的开始标志，函数体是实现函数功能的语句块，return 是函数的结束标志，将函数的处理结果返回给调用方。

图 5.1 错误提示对话框

> **场景模拟：**
> 计算利润率是财经类应用中十分常见的操作，现在想要通过利润和成本这两个数据来计算出利润率。

例 5-1 定义一个计算利润率的函数。

在 IDLE 中创建一个名称为 demo01_calculate_profitrate.py 的文件，定义计算利润率的函数 calculate_profitrate()，由于利润率＝利润÷成本，计算利润率需要通过两个参数 profit（利润）和 cost（成本），因此该函数是一个有参函数。此外，按照逻辑来说，利润和成本需要大于 0（暂不考虑赔本情况），代码如下：

```python
def calculate_profitrate(profit, cost):
    if profit < 0 or cost < 0:
        return " Profit and cost must be positive numbers. "
    else:
        profit_rate = profit / cost
        return profit_rate * 100      # 返回利润率，以百分比形式
```

知识拓展

函数在定义时，可以在其内部嵌套定义另外一个函数，此时嵌套的函数称为外层函数，被嵌套的函数称为内层函数。例如，在 calculate_profitrate() 函数中定义 internal() 函数，代码如下：

```python
def cp_in(profit, cost):
    def internal():
        print("我是内层函数")
    if profit < 0 or cost < 0:
        return " Profit and cost must be positive numbers. "
    else:
        profit_rate = profit / cost
        return profit_rate * 100      # 返回利润率，以百分比形式
```

5.2.2 函数的调用

在定义函数阶段，只是给了函数一个名称，指定了函数里包含的参数和功能代码块结构。函数在完成定义之后，并不会自动执行，需要用户通过函数名来调用函数，其基本语法格式如下：

```
functionname([parameterlist])
```

参数说明：

functionname： 函数的唯一标示，遵循标示符命名规则。

parameterlist： 可选参数，负责接收传入函数中的数据，可以包含一个或多个参数，也可以为空，如果有多个参数，各参数间使用逗号分隔。

例如，假设现在利润为 100，成本为 200，此时调用刚才定义的计算利润率的函数 calculate_profitrate()，代码如下：

```
calculate_profitrate(100, 200)       # 假设利润为 100, 成本为 200
```

运行该代码时,实际上程序共经历了以下四个步骤:
(1)程序在调用函数的位置上暂停执行;
(2)将参数 100、200 传递到函数中;
(3)执行函数体中的语句;
(4)返回结果并回到暂停处继续执行。
整个调用函数过程如图 5.2 所示。

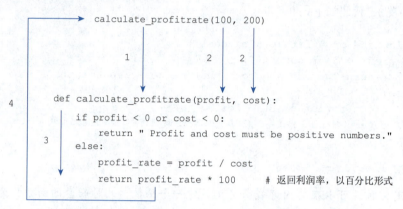

图 5.2 程序执行函数 calculate_profitrate() 的过程

calculate_profitrate() 函数执行后,并没有输出任何内容,因为函数体内本就没有写关于输出的语句,只是将函数的处理结果返回给了调用方。此时,如果想要看到结果,可以采用 print() 函数对 calculate_profitrate() 函数进行输出,也就是函数内部也可以调用其他函数,这一过程也被称为函数的嵌套调用。print() 函数输出 calculate_profitrate() 函数的执行结果,代码如下:

```
print(calculate_profitrate(100, 200))     # 假设利润为 100, 成本为 200
```

运行结果如下:

```
50.0
```

知识拓展

当我们执行嵌套函数 cp_in() 时,程序并没有执行内层函数 internal()。这里需要注意的是,函数外部无法直接调用内层函数,只能在外层函数中调用内层函数。此时,如果想要执行内层函数 internal(),则需要将 cp_in() 进行修改,修改后并执行 cp_in(),代码如下:

```
def cp_in(profit, cost):
    def internal():
        print("我是内层函数")
    internal()
    if profit < 0 or cost < 0:
        return " Profit and cost must be positive numbers."
    else:
```

```
        profit_rate = profit / cost
        return profit_rate * 100    # 返回利润率,以百分比形式

cp_in(100,200)
```

运行结果如下:

```
我是内层函数
```

5.3 函数的参数传递

函数的参数传递是指将实参传递给形参的过程,通常称函数定义时使用的是形参,调用时使用的是实参。例如,calculate_profitrate(profit, cost) 中的 profit 和 cost 为形参,calculate_profitrate(100, 200) 中的 100 和 200 为实参。

5.3.1 形参和实参

函数的参数分为形参和实参两种。

形参(parameter):全称为形式参数,不是实际存在的变量,又称虚拟变量。形参是在定义函数名和函数体的时候使用的参数,目的是用来接收调用函数时传入的参数。形参变量只有在被调用时才分配内存单元,在调用结束时,即刻释放分配的内存单元。因此,形参出现在函数定义中,只在整个函数体内使用,离开函数则不能使用。根据实际需要,可以设置一个或多个形参。当没有形参时,函数名后的圆括号不能省略。

实参(argument):全称为实际参数,是在调用时传递给函数的参数。实参可以是常量、变量、表达式、函数等。无论实参是何种类型的,在进行函数调用时,都必须具有确定的值,以便把这些值传送给形参。实参一般出现在主调函数中,并采用赋值、输入等办法获取确定值。进入被调函数后,实参变量也不能使用。

当发生函数调用时,主调函数把实参的值传送给被调函数的形参,从而实现主调函数向被调函数的数据传送。另外,函数调用时发生的数据传送是单向的,只能把实参的值传送给形参,而不能把形参的值反向传送给实参。在调用函数时,实参将赋值给形参,必须注意实参的个数、类型应与形参一一对应,并且实参必须有确定的值。形参的作用域一般仅限函数体内部,而实参的作用域根据实际设置而定。

5.3.2 传址和传值

将实参传递给形参有两种方式:传址和传值。传址就是传入一个参数的地址,也就是内存的地址,传值就是传入一个参数的值。它们的区别是在函数内对传值参数赋值是不会改变函数外变量的值的,而用传址传入就会改变函数外变量的值。

传址还是传值是根据传入参数的类型来选择的,如果函数收到的是一个可变对象(如字典或列表等)的引用,就选择传址方式。如果函数收到的是一个不可变对象(如数字或字符串等)的引用,就选择传值方式。

例如，通过传址方式传递参数，代码如下：

```
list = [1,2]
def add1(x):
    x[0] = x[0]+x[1]
    return x[0]
add1(list)
print(list[0])
```

运行结果如下：

```
3
```

其中，因为参数 list 的类型是列表，所以这里使用的是传址方式，函数外 list[0] 的值会发生改变。

通过传值方式传递参数，代码如下：

```
a=1;b=2
def add2(x,y):
    x = x+y
    return x
add2(a,b)
print(a)
```

运行结果如下：

```
1
```

其中，因为参数 a 的类型是数值型，所以这里使用的是传值方式，函数外 a 的值不会发生改变。

5.3.3 定长参数

定长参数包括位置参数、关键字参数和默认参数，接下来将分别对这三种参数详细介绍。

1. 位置参数

位置参数也称必备参数，要求必须以正确的顺序和数量传入函数，即调用函数时的顺序和数量必须与声明函数时的一致。例如，调用函数 calculate_profitrate()，只给一个参数 100，即 calculate_profitrate(100)，此时，会抛出如下异常：

```
Traceback (most recent call last):
  File "E:\Python_Workspace\chapter05\test.py", line 7, in <module>
    calculate_profitrate(100)
TypeError: calculate_profitrate() missing 1 required positional argument: 'cost'
```

而正确地分别给出两个参数 calculate_profitrate(100,200) 时，第一个实参 100 将会赋值给第一个形参 profit，第二个实参 200 将会赋值给第二个形参 cost。

2. 关键字参数

关键字参数也称参数名参数，若函数的参数数量较多，导致很难记住每个参数的作用。因此,按照位置传参是不可取的。此时,可以使用关键字参数的方式传参,关键字参数的传递是通过 "形参 = 实参" 的格式将实参与形参相关联,将实参按照相应的关键字传递给形参。使用关键字参数允许函数调用时参数的顺序与声明时不一致,因为 Python 解释器能够用参数名匹配参数值。例如,定义一个财务系统的登录函数 login(),参数为账号和密码,调用 login() 函数,按照关键字参数的方式进行传递,代码如下:

```
def login(account,password):
    print(f"账号 {account} 密码 {password} 登录成功 ")
login(password="123456",account="administrator")   # 关键字参数
```

运行结果如下:

```
账号 administrator 密码 123456 登录成功
```

3. 默认参数

调用函数时,如果缺少某些指定参数将会抛出异常,为了解决这个问题,我们可以为参数设置默认值,即在定义函数时,直接指定形式参数的默认值。此时,若没有给带有默认值的形参传值,则该形参直接使用默认值。例如,对上述登录函数 login() 代码修改,给形参 password 一个默认值 123456,按照默认参数的方式进行传递,代码如下:

```
def login(account,password="123456"):
    print(f"账号 {account} 密码 {password} 登录成功 ")
login("administrator")    #默认参数
```

运行结果如下:

```
账号 administrator 密码 123456 登录成功
```

5.3.4 不定长参数

在定义函数时,不定长参数主要有两种形式,分别是:"*parameter" 和 "**parameter"。"*parameter" 用来接收任意多个实参并将其放在一个元组中;"**parameter" 接收类似于关键字参数一样形式的实参,并将其放在字典中。

> **场景模拟**:
> 计算某日营收是财经类应用中十分常见的操作,但某日究竟来了多少位顾客不确定。

例 5-2 定义一个计算商店某日营收的函数。

在 IDLE 中创建一个名称为 demo02_calculate_revenue.py 的文件,定义计算营收的函数 calculate_revenue (),假设当日营收 = 每位顾客消费金额之和,但每日进店消费的顾客人数并不一定相同,代码如下:

```
def calculate_revenue(*args):
    sum = 0
    for x in args:
```

```
        sum += x
    return sum
"第一天共 5 位顾客分别消费 23.4、54、98.4、8.5、11 元"
print(calculate_revenue(23.4,54,98.4,8.5,11))
"第二天共 4 位顾客分别消费 45.6、9.4、5.5、70.3 元"
print(calculate_revenue(45.6,9.4,5.5,70.3))
"第三天共 3 位顾客分别消费 50、100、200 元"
print(calculate_revenue(50,100,200))
```

运行结果如下:

```
195.3
130.8
350
```

> **注意**：位置参数、关键字参数、默认参数和不定长参数尽量只在必要时使用，否则会使代码的可读性变差。

> **场景模拟**：
> 计算某日营收是财经类应用中十分常见的操作，而商店并非是每天都稳赚不赔的。

例 5-3 定义一个记录商店某日经营情况的函数。

在 IDLE 中创建一个名称为 demo03_record_revenue.py 的文件，定义记录营收情况的函数 record_revenue()，假设商店有赚有赔，代码如下：

```
def record_revenue(**args):
    for x,value in args.items():
        print(x+" 商店: "+ value)
"第一天商店亏损了"
record_revenue(第一天="亏损")
"第二天商店盈利了"
record_revenue(第二天="盈利")
"第三天商店盈亏平衡"
record_revenue(第三天="盈亏平衡")
```

运行结果如下：

```
第一天商店：亏损
第二天商店：盈利
第三天商店：盈亏平衡
```

5.4 函数的返回值

函数不仅可以直接显示输出（函数内部嵌套 print() 函数），还可以处理一些数据，并返回一个或一组值。函数返回的值称为返回值。在函数中可以使用 return 语句将值返回到调用函数的那行代码。返回值让你能够将程序的大部分繁重工作移到函数中完成，从而简化主程序。

函数的返回值是指函数执行完毕后，返回给调用者的结果。在 Python 中，函数通过使用 return 语句来返回值。return 语句将结果返回给调用者，并结束函数的执行。如果没有 return 语句，或者 return 语句没有指定返回值，函数将默认返回 None。

return 语句后面可以跟任何类型的值，包括数字、字符串、列表、字典等，并且无论 return 语句出现在函数的什么位置，只要得到执行，就会直接结束函数的执行。其基本语法格式如下：

```
return [value]
```

参数说明：

value：可选参数，用于指定要返回的值，可以返回一个值，也可返回多个值。

例如，定义一个过滤敏感词的函数，"债务风险"被设置为敏感词，当某家公司存在债务风险时，将敏感词过滤为 "***"，代码如下：

```
def filter_words(str):
    if "债务风险" in str:
        newstr = str.replace("债务风险","***")
        return newstr
print(filter_words("公司 A 存在债务风险"))
```

运行结果如下：

```
公司 A 存在 ***
```

上述例子只有一个返回值，如果函数使用 return 语句返回了多个值，这些多个值将会被保存到一个元组中。

例如，定义一个 add_sub() 函数，实现同时返回两个数之和与两个数之差，代码如下：

```
def add_sub(a,b):
    add=a+b
    sub=a-b
    return add,sub
print(add_sub(10,2))
```

运行结果如下：

```
(12, 8)
```

5.5　变量的作用域

一个程序中的变量并不是在哪个位置都可以访问的，访问权限决定于这个变量是在哪里赋值的，变量的有效范围被称为变量的作用域。根据作用域的不同，变量可以分为局部变量和全局变量。

5.5.1 局部变量和局部作用域

通常情况下,在函数体内定义的变量被称为局部变量。当调用某函数时,所有在该函数内声明的变量都将被加入到作用域中。局部只在函数内部能够被访问或使用,一旦函数执行结束,变量便会被释放掉导致无法访问或使用。

例如,在 test1() 函数中定义一个局部变量,并分别在函数内和函数外访问该变量,代码如下:

```
def test1():
    temp=1
    temp += 1
    return temp
print(temp)
```

运行结果如下:

```
Traceback (most recent call last):
  File "E:\Python_Workspace\chapter05\test.py", line 5, in <module>
    print(temp)
NameError: name 'temp' is not defined
```

上述异常表明,程序在 test1() 函数内使用 temp 变量时没有问题,而在函数外访问了局部变量 temp 时,会出现变量 temp 未被定义的情况,说明函数外部无法访问函数内部定义的局部变量。

不同的函数内部可以使用同名的局部变量,这些局部变量的关系类似于不同目录下同名文件的关系。此外,当局部变量与全局变量重名时,对函数体内的变量进行赋值后,不影响函数体外的变量。

例如,分别在 test1() 函数、test2() 函数以及函数体外分别定义三个同名的变量,代码如下:

```
def test1():
    temp=1
    temp += 1
    print("我是test1的局部变量temp",temp)
test1()
def test2():
    temp=2
    temp += 2
    print("我是test2的局部变量temp",temp)
test2()
temp=3
temp += 3
print("我是全局变量temp",temp)
```

运行结果如下:

```
我是test1的局部变量temp 2
我是test2的局部变量temp 4
我是全局变量temp 6
```

5.5.2　全局变量和全局作用域

通常情况下，在函数外定义的变量被称为全局变量。全局变量可以在整个程序的范围内起作用，并不会受函数范围的影响，其常用于在程序的多个部分之间共享数据。全局作用域是程序代码中定义所有全局变量的地方。在 Python 中，全局作用域就是包含在一个函数之外的所有代码。

例如，在 test1() 函数外定义一个全局变量，分别在函数内外访问该全局变量，代码如下：

```
temp = 10
def test1():
    print(temp)
test1()
print(temp)
```

运行结果如下：

```
10
10
```

上述代码表明，程序在 test1() 函数内访问 temp 全局变量并且成功打印了 temp 的值，程序在 test1() 函数外也访问了全局变量 temp，并且成功打印了 temp 的值，说明全局变量在函数内外均可以被访问。

除上述在函数外定义全局变量外，其实在函数内，也可以定义全局变量。在函数内使用 global 关键字来定义的变量就是全局变量，当函数运行结束后，该变量仍然存在，且能够被访问或使用。

使用 global 关键字在函数内定义一个全局变量时，应该注意下列情况：

（1）如果函数外没有定义该全局变量，那么当调用该函数时，将会创建该全局变量；

（2）如果函数外已经定义了该全局变量，那么相当于关键字 global 明确了函数内该变量就是函数外已经定义了的全局变量，函数内对该变量的操作结果，将被反映到函数外；

（3）如果函数内只引用了某个变量的值而没有为其赋新值，则该变量被称为函数外变量，如果函数内为某个变量赋新值，该变量就被认为是局部变量。

例如，使用 global 关键字，创建一个全局变量，以及对全局变量和局部变量的理解，代码如下：

```
sum1 = 0  # 在函数外定义全局变量 sum1
sum2 = 0  # 在函数外定义全局变量 sum2
def test(a,b):
    '''global 声明全局变量 sum2、sum3
        sum2 是已定义的同名全局变量
        sum3 创建新的全局变量'''
    global sum2,sum3
    sum = a + b              # sum 局部变量
    sum1 = sum               # sum1 局部变量
    sum2 = sum               # sum2 全局变量
    sum3 = sum1 + sum2       # sum3 执行函数创建的全局变量
```

```
test(3,5)
print(sum1)
print(sum2)
print(sum3)
```

执行上面的代码将显示以下结果：

```
0
8
16
```

5.6 匿名函数

匿名函数也被称为 lambda() 函数，在 Python 中，匿名函数是一种没有显式命名的函数。它们通常用于需要一个简单函数的地方，而不需要定义一个完整的函数。

使用 lambda 表达式创建匿名函数，其语法格式如下：

```
result = lambda [arg1 [,arg2,......,argn]]:expression
```

参数说明：

result：用于调用 lambda 表达式。

[arg1 [,arg2,......,argn]]：可选参数，用于指定要传递的参数列表，多个参数间使用逗号","分隔。

expression：必选参数，用于指定一个实现具体功能的表达式。如果有参数，那么在该表达式中将应用这些参数。

> **注意**：使用 lambda 表达式时，参数可以有多个，用逗号","分隔，但是表达式只能有一个，即只能返回一个值，而且也不能出现其他非表达式语句（如 for 或 while 等）。

定义好的匿名函数最好不要直接使用，而是用一个变量保存它，以便后期可以随时使用这个函数，匿名函数与普通函数主要有以下区别：

（1）普通函数在定义时有名称，而匿名函数没有名称；

（2）普通函数的函数体中包含多条语句，而匿名函数的函数体只能是一个表达式；

（3）普通函数可以实现比较复杂的功能，而匿名函数可实现的功能比较简单；

（4）普通函数能被其他程序使用，而匿名函数不能被其他程序使用。

例如，现在要定义一个计算正方形面积的函数，常规代码如下：

```
def square(a):
    result = a * a
    return result
a = 4   # 正方形的边长
print('边长为 ', a,' 的正方形面积为 :',square(a))
```

运行结果如下:

```
边长为 4 的正方形面积为: 16
```

使用 lambda 表达式的代码如下:

```
a = 4      # 正方形的边长
result = lambda a: a * a    # 计算正方形面积的 lambda 表达式
print('边长为 ', a,'的正方形面积为:',result(a))
```

运行结果如下:

```
边长为 4 的正方形面积为: 16
```

匿名函数的主体是表达式而不是代码块,一般只封装有限的逻辑。匿名函数拥有自己的命名空间,并且不能访问自己参数列表之外或全局命名空间里的参数。虽然匿名函数看起来只能写一行,但却不等同于 C 或 C++ 的内联函数。C 或 C++ 的内联函数把函数体中的机器指令直接在需要的地方复制一遍,目的是希望调用函数时不占用栈内存,从而提高运行效率。Python 属于解释性语言,运行由环境决定,匿名函数的作用主要是为了减少编码中不必要的中间变量出现。

例如,某书店举办秒杀活动,商品信息保存在某列表中,现需要按照秒杀金额进行升序排序,如果秒杀金额相同,则再按照折扣比例降序排序。采用匿名函数,代码如下:

```
bookinfo = [('《Python 编程基础与应用》',32.5,88.6),
            ('《大数据管理与应用》',30.8,63.5),
            ('《商业智能和数据挖掘》', 26.4, 65.0),
            ('《数据可视化管理技术》', 30.8, 55.8)]
print('爬取到的商品信息:\n', bookinfo, '\n')
bookinfo.sort(key=lambda x: (x[1], x[1] / x[2]))    # 按指定规则进行排序
print('排序后的商品信息:\n', bookinfo)
```

运行结果如下:

```
爬取到的商品信息:
 [('《Python 编程基础与应用》', 32.5, 88.6), ('《大数据管理与应用》', 30.8, 63.5),
  ('《商业智能和数据挖掘》', 26.4, 65.0), ('《数据可视化管理技术》', 30.8, 55.8)]

排序后的商品信息:
 [('《商业智能和数据挖掘》', 26.4, 65.0), ('《大数据管理与应用》', 30.8, 63.5),
  ('《数据可视化管理技术》', 30.8, 55.8), ('《Python 编程基础与应用》', 32.5, 88.6)]
```

5.7 递归函数

递归是将一个复杂的大型问题转化为与原问题结构相似的、规模较小的若干子问题,之后对最小化的子问题求解,从而得到原问题的解。函数在定义时可以直接或间接地调用其他函数,若函数内部调用了自身,则这个函数被称为递归函数。递归函数通常用于解决结构相似的问题,递归在形式上就是函数的自我调用。

递归函数在定义时需要满足两个基本条件：一个是递归公式，另一个是边界条件。其中，递归公式是求解原问题或相似的子问题的结构；边界条件是最小化的子问题，也是递归终止的条件。

递归函数的执行可以分为以下两个阶段：

（1）递推：递归本次的执行都基于上一次的运算结果；

（2）回溯：遇到终止条件时，则沿着递推往回一级一级地把值返回来。

使用递归函数的语法格式如下：

```
def functionname([parameterlist]):
    if condition:
        return result
    else:
        return recursion_formula
```

参数说明：

functionname：函数的唯一标示，遵循标示符命名规则。

parameterlist：可选参数，负责接收传入函数中的数据，可以包含一个或多个参数，也可以为空，如果有多个参数，各参数间使用逗号分隔。

condition：满足该条件后，可以跳出递归函数。

result：执行整个递归函数后返回的结果。

recursion_formula：递归公式。

谈到递归，最经典的例子就是利用递归求阶乘 $n!$，例如，求 6 的阶乘 6!，代码如下：

```
def factorial(n):
    if n == 0:
        return 1
    else:
        return n * factorial(n - 1)
print(factorial(6))
```

运行结果如下：

```
720
```

5.8 内置函数

在 Python 中，函数分为内置函数和自定义函数，内置函数和自定义函数都属于 Python 语言中的常见函数，定义和调用方式也是完全相同的。内置函数是系统已经定义好的函数，开发者可以直接调用但不能修改。而自定义函数是开发者自己定义的函数，可以自己修改和调用。

5.8.1 常用的内置函数

Python 中有许多内置函数，这些函数是 Python 解释器的一部分，可以直接在代码中使用而无须导入任何外部库，以下是部分内置函数及其作用：

（1）print()：用于输出信息到控制台；

（2）len()：返回一个对象（如字符串、列表、元组等）的长度；

（3）type()：返回一个对象的类型；

（4）input()：从标准输入读取一行并返回字符串；

（5）int()、float()、str()：用于转换数据类型；

（6）range()：返回一个整数序列；

（7）sum()：返回序列中所有元素的总和；

（8）sorted()：对序列进行排序并返回排序后的列表；

（9）list()、dict()、set()：用于创建列表、字典和集合；

（10）enumerate()：返回一个枚举对象，使您可以在循环中同时迭代索引和值；

（11）zip()：将多个可迭代对象中的元素组合成对，返回一个元组列表；

（12）map()：对序列的每个元素应用函数并返回结果列表；

（13）reduce()：对一个可迭代对象中的所有元素进行累积计算；

（14）filter()：对序列进行过滤，返回由符合条件的元素组成的列表；

（15）abs()：返回数字的绝对值；

（16）round()：对浮点数进行四舍五入；

（17）sorted()：对序列进行排序并返回排序后的列表；

（18）all()、any()：用于判断可迭代对象中是否所有或任一元素为 True；

（19）sum()：返回序列中所有元素的总和；

（20）min()、max()：返回可迭代对象中的最小值或最大值；

（21）eval()、exec()：用于执行字符串形式的 Python 代码。

以上仅列出了部分的内置函数及其作用，Python 还提供了许多其他内置函数，通过 dir（__builtins__）指令查看内置函数，Python 中常用的内置函数见表 5.1。

表 5.1 Python 中常用的内置函数

abs()	delattr()	globals()	locals()	property()	str()
all()	dict()	hasattr()	long()	range()	sum()
any()	dir()	hash()	map()	raw_input()	super()
basestring()	divmod()	help()	max()	reduce()	tuple()
bin()	enumerate()	hex()	memoryview()	reload()	type()
bool()	eval()	id()	min()	repr()	unichr()
bytearray()	execfile()	input()	next()	reverse()	unicode()
callable()	file()	int()	object()	round()	vars()
chr()	filter()	isinstance()	oct()	set()	xrange()
classmethod()	float()	issubclass()	open()	setattr()	zip()
cmp()	format()	iter()	ord()	slice()	__import__()
compile()	frozenset()	len()	pow()	sorted()	…
complex()	getattr()	list()	print()	staticmethod()	

5.8.2　map() 函数

在 Python 中，map() 函数是一个内置的高阶函数，它用于对可迭代对象中的元素应用指定的函数，并返回一个迭代器，该迭代器包含应用函数后的结果。

使用 map() 函数，其语法格式如下：

```
map(function, iterable1, ...)
```

参数说明：

function：一个函数。

iterable1：一个可迭代对象，可以传入多个可迭代对象。

map() 函数会将 function() 函数依次应用于 iterable1、iterable2 等等中的每个元素，并返回一个迭代器，其中包含应用函数后的结果。

例如，定义一个函数 square()，用于将数字进行平方处理，定义了一个包含数字的列表，将该列表中的全部数字都应用函数 square() 进行平方处理，代码如下：

```python
def square(x):
    return x ** 2
numbers = [1, 2, 3, 4, 5]
# 使用map()函数将square()函数应用到numbers列表中的每个元素
result = map(square, numbers)
print(list(result))
```

运行结果如下：

```
[1, 4, 9, 16, 25]
```

除了使用自定义函数作为参数外，我们还可以将内置函数传递给 map() 函数，以便对可迭代对象中的元素进行自定义处理。

5.8.3　reduce() 函数

reduce() 函数是 Python 的内置函数之一，属于 functools 模块。reduce() 函数用于对一个可迭代对象中的所有元素进行累积计算，通过连续地应用一个函数来"缩减"可迭代对象到单一的输出值。

使用 reduce() 函数，其语法格式如下：

```
functools.reduce(function, iterable[, initializer])
```

参数说明：

function：一个接受两个参数的函数，用于对可迭代对象中的元素进行累积计算。

iterable：一个可迭代对象，如列表、元组等。

initializer：可选参数，一个可选的初始值，用于第一次调用 function，如果使用该参数，initializer 必须是一个单独的值，而不是可迭代对象。

reduce() 函数首先会将可迭代对象的第一个元素作为初始值（如果提供了 initializer），然后与第二个元素一起传递给 function() 函数。接下来，每次迭代都会将上一次调用的结果和下一个元素作为参数传递给 function() 函数，直到处理完所有元素。最终，reduce() 函数返回一个单一的结果。

例如，定义一个 multiply() 函数，用于将两个数字相乘，定义一个包含数字的列表，使用 reduce() 函数将 multiply() 函数应用于列表中的所有数字，并将结果存储在一个变量中，代码如下：

```python
from functools import reduce
def multiply(x, y):
    return x * y
numbers = [1, 2, 3, 4, 5]
# 使用 reduce() 函数将列表中的所有数字相乘
result = reduce(multiply, numbers)
print(result)
```

运行结果如下：

```
120
```

reduce() 函数在处理大型数据集时可能并不高效，因为它需要多次调用提供的函数来累积计算结果。如果需要处理大型数据集，可以考虑使用其他优化方法或并行计算技术来提高性能。

5.8.4　filter() 函数

filter() 函数是 Python 的内置函数之一，用于对可迭代对象中的元素进行过滤，返回由符合指定条件的元素组成的迭代器。

使用 filter() 函数，其语法格式如下：

```
filter(function, iterable)
```

参数说明：

function：一个返回值为布尔值的函数，用于对可迭代对象中的元素进行条件判断。
iterable：一个可迭代对象，如列表、元组等。

filter() 函数对于可迭代对象的每个元素，都会将其作为参数传递给函数 function() 进行条件判断。只有当函数 function() 返回 True 时，该元素才会被包含在返回的迭代器中。如果函数 function() 返回 False，则该元素会被忽略。

例如，定义一个 is_even() 函数，用于判断一个数字是否为偶数，定义一个包含数字的列表，使用 filter() 函数将 is_even() 函数应用于列表中的每个元素，并将结果存储在一个变量中，代码如下：

```python
def is_even(n):
    return n % 2 == 0
numbers = [1, 2, 3, 4, 5, 6, 7, 8, 9]
# 使用 filter() 函数过滤出列表中的偶数
even_numbers = filter(is_even, numbers)
print(list(even_numbers))
```

执行上面的代码后，将显示以下内容：

```
[2, 4, 6, 8]
```

filter() 函数返回的是一个迭代器，而不是列表或其他可迭代对象。如果需要将结果转换为列表或其他数据结构，可以使用内置的 list() 函数或其他方法进行转换。

实例：超市促销活动，模拟结账功能

某超市进行促销活动，折扣如下：满 300 可享受 9 折优惠、满 500 可享受 8 折优惠、满 1 000 可享受 7 折优惠、满 2 000 可享受 6 折优惠。根据上述商场促销活动，计算优惠后的实付金额，模拟结账功能，计算实付金额。

在 IDLE 中创建一个名称为 demo04_market_checkout.py 的文件，然后在该文件中定义一个名称为 checkout 的函数，该函数包括一个列表类型的参数，用于保存输入的金额，在该函数中计算合计金额和相应的折扣，并将计算结果返回，最后在函数体外通过循环输入多个金额保存到列表中，并且将该列表作为 checkout() 函数的参数调用，代码如下：

```python
def checkout(money):
    ''' 功能：计算商品合计金额并进行折扣处理
        money：保存商品金额的列表
        返回商品的合计金额和折扣后的金额 '''
    money_old = sum(money)                              # 计算合计金额
    money_new = money_old
    if 300 <= money_old < 500:                          # 满 300 可享受 9 折优惠
        money_new = '{:.2f}'.format(money_old * 0.9)
    elif 500 <= money_old < 1000:                       # 满 500 可享受 8 折优惠
        money_new = '{:.2f}'.format(money_old * 0.8)
    elif 1000 <= money_old < 2000:                      # 满 1 000 可享受 7 折优惠
        money_new = '{:.2f}'.format(money_old * 0.7)
    elif money_old >= 2000:                             # 满 2 000 可享受 6 折优惠
        money_new = '{:.2f}'.format(money_old *0.6)
    return money_old, money_new                         # 返回总金额和折扣后的金额
# ************* ***** 调用函数 ***** *****************
print("\n 开始结算 \n")
list_money = []                                         # 定义保存商品金额的列表
while True:
    # 请不要输入非法的金额，否则将抛出异常
    inmoney = float(input(" 输入商品金额（输入 0 表示输入完毕）:"))
    if int(inmoney) == 0:
        break                                           # 退出循环
    else:
        list_money.append(inmoney)                      # 将金额添加到金额列表中
money = checkout(list_money)                            # 调用函数
print(" 合计金额:",money[0]," 应付金额:",money[1])       # 显示应付金额
```

某顾客在超市购买了 5 件商品，价格分别为 90.80、77.22、230.00、328.40、65.62，执行上面的代码后，运行结果如下：

```
开始结算
输入商品金额（输入 0 表示输入完毕）:90.80
输入商品金额（输入 0 表示输入完毕）:77.22
输入商品金额（输入 0 表示输入完毕）:230.00
输入商品金额（输入 0 表示输入完毕）:328.40
输入商品金额（输入 0 表示输入完毕）:65.62
输入商品金额（输入 0 表示输入完毕）:0
合计金额： 792.04  应付金额： 633.63
```

小 结

函数作为封装代码的重要手段，在 C 语言、C++、Java 等各种编程语言中都占据着重要地位。本章首先对函数部分进行了概述，然后重点介绍了函数的定义和调用、函数的参数传递、函数的返回值、变量的作用域、匿名函数、递归函数，以及一些常用的内置函数，并在最后采用一个实例模拟了超市促销活动的结账功能。通过本章的学习，不仅要掌握 Python 语言中定义和使用函数的相关流程，还要逐步培养在实际项目中抽象和封装函数的能力。

通过学习本章的内容，读者应能深刻体会到函数的便捷之处，在实际开发中能熟练地应用函数。

习 题

一、填空题

1. Python 中函数定义使用关键字 _____，后面跟函数名和参数列表，然后是冒号。
2. 在 Python 中，函数可以通过 _____ 语句返回一个值。
3. 函数中要声明一个全局变量，可以通过关键字 _____ 进行声明。
4. 函数参数有位置参数、_____、默认参数和不定长参数等几种类型。
5. 函数在定义完成后，需要 _____ 操作，函数才能够执行。
6. 匿名函数是一类无须定义 _____ 的函数。
7. 计算 bx+c=0 方程根的 lambda 表达式：_____。
8. 一个函数内部调用了自身，则该函数称为 _____。
9. 如果函数接收的参数类型是一个列表，那么此时的传参方式是 _____。
10. 如果一个函数没有写 return 语句，或者 return 语句中没有指定返回值，那么函数将默认返回 _____。

二、选择题

1. 关于函数的描述，错误的是（　　）。
    A. Python 使用 define 关键字定义一个函数
    B. 函数是一段具有特定功能的、可重用的语句组
    C. 使用函数的主要目的是降低编程难度和代码重用
    D. 函数能完成特定的功能，对函数的使用不需要了解函数内部实现原理，只要了解函数的输入输出方式即可

2. 关于函数的描述,错误的是(　　)。
    A. 函数定义是使用函数的第一步
    B. 函数在定义完成后会立刻执行
    C. 函数执行结束后,程序执行流程会自动返回到函数被调用的语句之后
    D. 函数需要被调用后才能执行
3. 关于函数的描述,错误的是(　　)。
    A. 函数是一种功能抽象
    B. 使用函数的目的只是为了增加代码复用
    C. 函数名可以是任何有效的 Python 标识符
    D. 使用函数后,降低了代码的维护难度
4. 以下程序的输出结果是(　　)。

```
def test(b = 2,a = 4):
    global z
    z += a * b
    return z
z = 10
print(z)
```

    A. 18   B. None   C. 8   D. 10
5. Python 中使用下列哪一个关键字来定义匿名函数(　　)。
    A. fun   B. def   C. lambda   D. define
6. 关于递归函数的描述,以下选项中正确的是(　　)。
    A. 函数比较复杂   B. 包含一个循环结构
    C. 函数不可以有返回值   D. 函数内部包含对本函数的再次调用
7. 以下有关函数中参数的说法,错误的是(　　)。
    A. 参数是列表类型时,改变实参的值
    B. 参数是整数类型时,不改变实参的值
    C. 参数的值是否改变与函数中对变量的操作有关,与参数类型无关
    D. 参数是组合类型(可变对象)时,改变实参的值
8. 以下有关函数中全局变量和局部变量的说法,错误的是(　　)。
    A. Python 程序中,变量包含两类:全局变量和局部变量
    B. 全局变量一般没有缩进(在函数外定义)
    C. 多个函数内的局部变量不能重名
    D. 全局变量在程序执行的全过程有效

三、简答题

1. 请简述 Python 中函数的参数传递方式有哪些。
2. 请简述 Python 中局部变量和全局变量的区别。
3. 请简述 Python 中的递归函数有什么特点。

四、编程题

1. 编写一个函数，计算一个列表中所有偶数的和。

2. 编写一个函数，判断一个数是否为质数。

3. 使用递归函数，实现斐波那契数列（斐波那契数列，又称黄金分割数列，这个数列可以从非常简单的起始条件开始描述：前两个数字是1，接下来的每个数字都是其前两个数字的和。在数学上，这个关系可以递推定义：F(0)=0，F(1)=1，F(n)=F(n - 1)+F(n - 2)，其中 n≥2 且 n 为自然数）

第 6 章
文件及目录操作

学习目标

知识目标：
◎了解计算机中文件与目录的概念。
◎掌握文件与目录的区别和联系。
◎掌握对文件和目录的基本操作。

能力目标：
能够使用文件与目录操作语句，熟练管理文件与目录。

素养目标：
在处理文件和目录过程中，保持科学严谨的态度，不断探索和尝试，提高逻辑思维能力以及解决问题能力。

知识框架

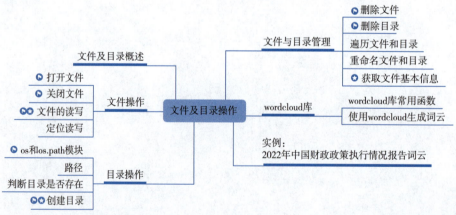

▶为重点，★为难点

问题导入

2022年中国财政政策执行情况报告存放在txt文件中，为了快速的掌握报告的重点，需要读取这个文件，并利用wordcloud生成词云。那么如何读取目录与文件，并生成词云呢？

程序中使用变量保存运行时产生的临时数据将在程序结束后随之消失，为了能够持久保存程序中的数据，需要将程序中的数据保存到磁盘文件中。Python提供了内置的文件对象和对文件、目录进行操作的内置模块，通过这些技术可以将数据保存到文件中，从而持久保存数据。

本章将详细介绍如何使用 Python 进行文件、目录和词云等相关操作,最后通过 2022 年中国财政政策执行情况报告词云案例进行巩固。

6.1 文件及目录概述

文件是能够持久保存数据并允许反复使用和修改的数据序列,同时也是数据交换的重要载体,其在计算机中被广泛应用。计算机中的文件通常以硬盘等介质为载体,例如,程序、图片、视频、音频和文本文档等都是文件。

为了便于识别和引用文件,计算机中的每个文件都有唯一确定的标识。文件标识包括三部分,分别是路径、文件名主干和扩展,Windows 操作系统中一个文件的完整标识如图 6.1 所示。

E:\Python_Workspace\HelloWord.py
路径　　　　　　文件名主干　扩展名

图 6.1　Windows 操作系统中一个文件的完整标识

操作系统以文件为单位来管理数据,若想找到存放在外部介质上的数据,必须先按照文件标识找到指定的文件,再从文件中读取数据。

程序设计中经常会用到文件操作,因此 Python 语言提供了大量方法进行文件处理。在 Python 程序中,对磁盘文件的操作功能本质上都是由操作系统提供的,而不允许普通用户程序直接操作磁盘,因此读写文件本质上是请求操作系统打开文件对象,然后通过操作系统提供的接口实现文件数据的读取或写入。

目录,也称文件夹,主要用于在系统内分层保存文件。通过目录,我们可以分门别类地存放文件,也可以通过目录快速找到想要的文件。在 Python 中,并没有提供直接操作目录的函数或者对象,而是需要使用内置的 os 和 os.path 模块实现。

> **注意**:os 和 os.path 模块具有不同的功能,os 模块主要是用来执行诸如文件操作、目录操作、进程管理等任务,而 os.path 模块则主要提供了关于文件路径操作的函数,用于处理文件路径的字符串。

6.2 文件操作

在 Python 中,内置了文件(file)对象。在使用文件对象时,首先需要通过内置的 open() 方法创建一个文件对象,然后通过该对象提供的方法进行一些基本文件操作。例如,可以使用文件对象的 write() 方法向文件中写入内容,以及使用 close() 方法关闭文件等。下面将介绍如何应用 Python 的文件对象进行文件操作。

6.2.1　打开文件

在 Python 中,想要操作文件需要先创建文件对象,可以通过内置的 open() 函数实现。通过 open() 函数打开文件的基本语法格式如下:

```
open(file, mode='r', encoding=None)
```

参数说明:

file：代表需要打开的文件名，需要使用单引号或双引号括起来。如果要打开的文件和当前文件在同一个目录下，那么直接写文件名即可，否则需要指定完整路径。

mode：用于设置文件的打开模式，mode 参数的可选选项比较多，见表 6.1，默认的打开模式为只读（即 'r'）。

encoding：用于指定文件的编码方式，其默认值通常为 None。

表 6.1　mode 参数的参数值说明

值	说　明
r	以只读模式打开文件，文件的指针将会放在文件的开头，是默认打开模式
rb	以二进制格式打开文件，并且采用只读模式。文件的指针将会放在文件的开头，一般用于非文本文件，如图片、声音等
r+	以读写方式打开文件，可以读取文件内容，也可以写入新的内容覆盖原有内容（从文件开头进行覆盖）
rb+	以二进制格式打开文件，并且采用读写模式。文件的指针将会放在文件的开头。一般用于非文本文件，如图片、声音等
w	以只写模式打开文件，如果文件已存在，则从开头开始写入，原有内容会被删除。如果文件不存在，则创建新文件并开始写入
wb	以二进制格式打开文件，并且采用只写模式。一般用于非文本文件，如图片、声音等
w+	打开文件后，先清空原有内容，使其变为一个空的文件，对这个空文件有读写权限
wb+	以二进制格式打开文件，并且采用读写模式。一般用于非文本文件，如图片、声音等
a	以追加模式打开一个文件。如果该文件已经存在，文件指针将放在文件的末尾（即新内容会被写入到已有内容之后），否则，创建新文件用于写入
ab	以二进制格式打开文件，并且采用追加模式。如果该文件已经存在，文件指针将放在文件的末尾（即新内容会被写入到已有内容之后），否则，创建新文件用于写入
a+	以读写模式打开文件。如果该文件已经存在，文件指针将放在文件的末尾（即新内容会被写入到已有内容之后），否则，创建新文件用于读写
ab+	以二进制格式打开文件，并且采用追加模式。如果该文件已经存在，文件指针将放在文件的末尾（即新内容会被写入到已有内容之后），否则，创建新文件用于读写

注意：模式 r 和 r+、w 和 w+ 以及 a 和 a+ 的区别，如果使用 +，则表示可以读写，否则表示以只读或只写模式打开文件。配合模式 b 使用，表示以二进制方式打开文件。

若使用 open() 函数调用成功，则会返回一个文件对象。若打开一个不存在的文件时，程序会抛出异常。例如，打开一个不存在的 test.txt 文件，代码如下：

```
open('E:\Python_Workspace\chapter06\test.txt')
```

则抛出下列异常信息：

```
Traceback (most recent call last):
  File "E:\Python_Workspace\chapter06\test.py", line 1, in <module>
```

```
    open('E:\Python_Workspace\chapter06\test.txt')
OSError: [Errno 22] Invalid argument: 'E:\\Python_Workspace\\chapter06\\test.txt'
```

对于上述异常，主要有以下两种解决方法：

（1）在目录下创建 test.txt 文件；

（2）调用 open() 函数时，指定 mode 的参数值为 w、w+、a、a+。此时，如果文件不存在，就会创建一个这样的文件。

> **场景模拟：**
> 在财经新闻的动态栏目中记录着近期发生的财经新闻。现在想要创建一个文本文件保存这些新闻。

例 6-1 创建并打开记录财经新闻动态的文件。

在 IDLE 中创建一个名称为 demo01_creorop_file.py 的文件，打开一个不存在的 news.txt 文件，设置 mode 的参数值为 w，用于创建并打开记录财经新闻动态，代码如下：

```python
print("\n", "=" * 10, "财经新闻动态", "=" * 10)
file = open('news.txt', 'w')   # 创建或打开财经新闻动态信息的文件
print("\n 即将显示 \n")
```

运行 demo01_creorop_file.py，输出结果，如图 6.2 所示。同时，会在当前目录下创建一个新的 news.txt 文件，如图 6.3 所示。此文件没有任何内容，大小为 0 KB。这是因为现在只是创建了一个文件，并没有向文件中写入任何内容，在 6.2.3 小节将介绍如何对文件进行读写操作。

图 6.2 运行 demo01.py 的输出结果

图 6.3 创建的记录财经新闻动态的文件

open() 函数除了打开文本文件外，而且还可以通过二进制形式打开非文本文件，如音频文件、图片文件和视频文件等。

6.2.2 关闭文件

处理完文件后，需要调用 close() 方法来关闭文件并释放系统资源，close() 方法的语法格式如下：

```
file.close()
```

其中，file 为已打开的对象。

> **说明**：及时主动关闭文件是一种很好的编程习惯，这样不仅可以释放文件资源并终止程序对外部文件的连接，而且更能保障程序的稳定性。虽然程序执行完毕后，系统会自动关闭由该程序打开的文件，但计算机中可打开的文件数量是有限的，若打开的文件过多，会降低系统性能；当文件以缓冲方式打开时，磁盘文件与内存间的读写并非即时的，若程序因异常关闭，可能产生数据丢失。

当打开和关闭文件操作较多时，经常会忘记关闭文件，从而带来意想不到的问题。为了更好地避免此类问题发生，可以使用 Python 提供的 with 语句，从而实现在处理文件时，预定义清理操作，实现文件的自动关闭，保证及时关闭已经打开的文件，而且代码更加简洁。

以打开和关闭文件 news.txt 为例，代码如下：

```python
print("\n", "=" * 10, "财经新闻动态", "=" * 10)
with open('news.txt', 'w') as file:   # 创建或打开财经新闻动态信息的文件
    pass
print("\n 即将显示....\n")
```

代码中 as 后的变量 file 用于接收 with 语句打开的文件对象。程序不需要再调用 close() 方法关闭文件，with 语句会在该文件对象使用完毕后自动关闭文件。

6.2.3 文件的读写

Python 提供了 read() 和 write() 方法来实现文件数据的基本读写，除此之外，还提供了 readline()、readlines() 以及 writelines() 方法按行读写文件，从而提高读写效率。下面按照读取文件和写入文件分别介绍上述方法。

1. 读取文件

（1）读取指定字符。read() 方法读取指定个数的字符，语法格式如下：

```
file.read([size])
```

参数说明：

file：打开的文件对象。

size：可选参数，用于指定要读取的字符个数，如果省略，则一次性读取所有内容。

> **注意**：在调用 read() 方法读取文件内容的前提是在打开文件时，指定的打开模式为 r（只读）或者 r+（读写），否则，将抛出没有读取权限的异常。

例如，打开 news.txt 文件时，设置模式为 w，则抛出下列异常信息：

```
Traceback (most recent call last):
  File "E:\Python_Workspace\chapter06\test.py", line 2, in <module>
    file.read()
io.UnsupportedOperation: not readable
```

例如，读取 news.txt 文件中的前 10 个字符，代码如下：

```
with open('news.txt', 'r', encoding='utf-8') as file:   # 打开文件
    string = file.read(10)       # 读取前10个字符
    print(string)
```

如果 news.txt 的文件内容为：

修身敬业，勤学善思，严谨治学，经世济民

那么执行上面的代码将显示以下结果：

修身敬业，勤学善思，

（2）读取一行。在使用 read() 方法读取文件时，如果文件很大，一次读取全部内容到内存，容易造成内存不足，所以通常会采用逐行读取。文件对象提供了 readline() 方法用于每次读取一行数据。readline() 方法的语法格式如下：

```
file.readline()
```

其中，file 为打开的文件对象，同 read() 方法一样，打开文件时，也需要指定打开模式为 r（只读）或者 r+（读写）。

> **场景模拟：**
> 在财经新闻的动态栏目中记录着近期发生的财经新闻。现在想要显示近期发生的财经新闻。

例 6-2 逐行显示财经新闻的动态。

在 IDLE 中创建一个名称为 demo02_show_file.py 的文件，然后在该文件中，首先应用 open() 函数以只读方式打开一个文件，然后应用 while 语句创建循环，在该循环中调用 readline() 方法读取一条动态信息并输出，另外还需要判断内容是否已经读取完毕，如果读取完毕应用 break 语句跳出循环，代码如下：

```
print("\n", "=" * 25, "财经新闻动态", "=" * 25, "\n")
# 打开保存财经新闻动态信息的文件
with open('news.txt', 'r', encoding='utf-8') as file:
    number = 0                              # 记录行号
    while True:
        number += 1
        line = file.readline()
        if line == '':
            break                           # 跳出循环
        print(number, line, end="\n")       # 输出一行内容
print("\n", "=" * 29, "over", "=" * 29, "\n")
```

如果 news.txt 的文件内容为：

重磅！消费金融公司将迎新规！涉及优化准入政策等
国家发展改革委：经济运行延续回升向好态势

```
《非银行支付机构监督管理条例》出台
中央财政增发 1 万亿元国债  首批国债资金预算 2 379 亿元已下达
高质量发展看投资 "三大工程" 建设大幕拉开
```

那么执行上面的代码将显示以下结果:

```
============================== 财经新闻动态 ==============================
1 重磅!消费金融公司将迎新规!涉及优化准入政策等
2 国家发展改革委:经济运行延续回升向好态势
3 《非银行支付机构监督管理条例》出台
4 中央财政增发 1 万亿元国债  首批国债资金预算 2 379 亿元已下达
5 高质量发展看投资 "三大工程" 建设大幕拉开
============================== over ==============================
```

(3) 读取全部行。读取全部行的作用同调用 read() 方法时不指定 size 类似,只不过读取全部行时,返回的是一个字符串列表,每个元素为文件的一行内容。读取全部行,使用的是文件对象的 readlines() 方法,其语法格式如下:

```
file.readlines()
```

其中,file 为打开的文件对象。同 read() 方法一样,打开文件时,也需要指定打开模式为 r (只读) 或者 r+ (读写)。

例如,通过 readlines() 方法读取【例 6-2】中的 news.txt 文件,并输出读取结果,代码如下:

```python
print("\n", "=" * 25, "财经新闻动态", "=" * 25, "\n")
# 打开保存财经新闻动态信息的文件
with open('news.txt', 'r', encoding='utf-8') as file:
    news = file.readlines()      # 读取全部动态信息
    print(news)                  # 输出动态信息
    print("\n", "=" * 29, "Over", "=" * 29, "\n")
```

运行结果如下:

```
============================== 财经新闻动态 ==============================
['重磅!消费金融公司将迎新规!涉及优化准入政策等 \n', '国家发展改革委:经济运行延续回升向好态势 \n', '《非银行支付机构监督管理条例》出台 \n', '中央财政增发 1 万亿元国债  首批债资金预算 2 379 亿元已下达 \n', '高质量发展看投资 "三大工程" 建设大幕拉开 ']
============================== over ==============================
```

从该运行结果中可以看出 readlines() 方法的返回值为一个字符串列表。在这个字符串列表中,每个元素记录一行内容。如果文件比较大时,采用这种方法输出读取的文件内容会很慢,这时可以将列表的内容逐行输出,代码如下:

```python
print("\n", "=" * 25, "财经新闻动态", "=" * 25, "\n")
# 打开保存财经新闻动态信息的文件
with open('news.txt', 'r', encoding='utf-8') as file:
    news = file.readlines()      # 读取全部动态信息
    for mess in news:
```

```
print(mess)                           # 输出动态信息
print("\n", "=" * 29, "Over", "=" * 29, "\n")
```

那么执行上面的代码将显示以下结果：

```
============================== 财经新闻动态 ==============================
重磅！消费金融公司将迎新规！涉及优化准入政策等
国家发展改革委：经济运行延续回升向好态势
《非银行支付机构监督管理条例》出台
中央财政增发 1 万亿元国债 首批国债资金预算 2 379 亿元已下达
高质量发展看投资 " 三大工程 " 建设大幕拉开

============================== over ==============================
```

2. 写入文件

在【例 6-1】中，虽然创建并打开一个文件，但是该文件中并没有任何内容，它的大小是 0 KB。Python 的文件对象提供了 write() 和 writelines() 方法，可以向文件中写入内容。

（1）写入指定字符串。

write() 方法写入指定字符串，语法格式如下：

```
file.write (data)
```

参数说明：

file：打开的文件对象。

data：要写入的字符串。

> **注意**：在调用 write() 方法向文件中写入内容的前提是在打开文件时，指定的打开模式为 w(可写) 或者 a(追加)，否则，将抛出没有写入权限的异常。例如，打开 news.txt 文件时，设置模式为 r，则抛出下列异常信息。
>
> ```
> Traceback (most recent call last):
>   File "E:\Python_Workspace\chapter06\test.py", line 2, in <module>
>     news = file.write(' 测试 ')
> io.UnsupportedOperation: not writable
> ```

> **场景模拟：**
> 在财经新闻的动态栏目中记录着近期发生的财经新闻。现在想要在财经新闻的动态栏目中写入一条动态。

例 6-3 向财经新闻的动态栏目中写入一条动态。

在 IDLE 中创建一个名称为 demo03_write_file.py 的文件，然后在该文件中，首先应用 open() 函数以写方式打开一个文件，然后再调用 write() 方法向该文件中写入一条动态信息，再调用 close() 方法关闭文件，代码如下：

```
print("\n", "=" * 25, "财经新闻动态", "=" * 25, "\n")
# 创建或打开保存财经新闻动态信息的文件
file = open('news_w.txt', 'w' ,encoding='utf-8')
```

```
# 写入一条动态信息
file.write(" 高质量发展看投资 \n")
print("\n 写入了一条动态 ......\n")
file.close()    # 关闭文件对象
```

运行结果如下：

```
============================ 财经新闻动态 ============================
写入了一条动态 ......
```

同时在 demo03.py 文件所在的目录下创建一个名称为 news_w.txt 的文件，并且在该文件中写入了文字"高质量发展看投资"，如图 6.4、图 6.5 所示。

图 6.4　新创建一个名称为 news_w.txt 的文件

图 6.5　在 news_w.txt 文件中写入文字

> **注意**：在写入文件后，一定要调用 close() 方法关闭文件，否则写入的内容不会保存到文件中。这是因为当我们在写入文件内容时，操作系统不会立刻把数据写入磁盘，而是先缓存起来，只有调用 close() 方法时，操作系统才会保证把没有写入的数据全部写入磁盘。

知识拓展

向文件中写入内容后，如果不想马上关闭文件，也可以调用文件对象提供的 flush() 方法，把缓冲区的内容写入文件，这样也能保证数据全部写入磁盘。

向文件中写入内容时，如果打开文件采用 w（写入）模式，则先清空原文件中的内容，再写入新的内容；而如果打开文件采用 a（追加）模式，则不覆盖原有文件的内容，只是在文件的结尾处增加新的内容。例如，实现在原动态信息的基础上再添加一条动态信息，代码如下：

```
print("\n", "=" * 25, " 财经新闻动态 ", "=" * 25, "\n")
# 创建或打开保存财经新闻动态信息的文件
file = open('news_w.txt', 'a' ,encoding='utf-8')
file.write(" 扎实推进高质量发展 精准发力助投资 \n")    # 追加一条动态信息
print("\n 追加了一条动态 ......\n")
file.close()                                        # 关闭文件对象
```

执行上面的代码后，打开 news_w.txt 文件，将显示图 6.6 所示的结果。

图 6.6 在 news_w.txt 文件中追加文字

（2）写入行列表。

writelines() 方法写入行列表，语法格式如下：

```
file.writelines(lines)
```

参数说明：

file：打开的文件对象。

lines：要写入文件中的数据。该参数可以是一个字符串列表，也可以是一个字符串。需要说明的是，若写入文件的数据在文件中需要换行，应显式指定换行符 "\n"。

例如，使用 writelines() 方法向 news_w.txt 文件中写入数据，代码如下：

```
print("\n", "=" * 25, "财经新闻动态", "=" * 25, "\n")
file = open('news_w.txt', 'w' ,encoding='utf-8')
# 创建或打开保存财经新闻动态信息的文件
string = "重磅！消费金融公司将迎新规！涉及优化准入政策等 \n" \
        "国家发展改革委：经济运行延续回升向好态势 \n" \
        "《非银行支付机构监督管理条例》出台 \n" \
        "中央财政增发 1 万亿元国债 首批国债资金预算 2379 亿元已下达 \n" \
        "高质量发展看投资 " 三大工程 " 建设大幕拉开 \n"
# 写入多条动态信息
file.writelines(string)
print("\n 写入了多条动态……\n")
file.close()   # 关闭文件对象
```

执行上面的代码后，打开 news_w.txt 文件，将显示如图 6.7 所示的结果。

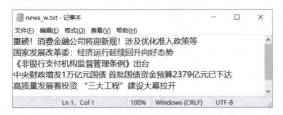

图 6.7 使用 writelines() 方法向文件中写入数据

6.2.4 定位读写

操作文件时，当文件的内容较多时，文件的定位读写相当重要。在 Python 语言中，支持使用文件指针的形式定位文件的读写位置，这主要通过 tell() 和 seek() 方法来实现。使用 tell() 方法时会返回一个整数，它表示自文件开头到指针处的比特数。如果需要改变文件指针，可以使用 seek() 方法来控制文件的读写位置，实现文件的随机读写。seek() 方法的基本语法格式如下：

```
file.seek(offset[, whence])
```

参数说明：

file：已经打开的文件对象。

offset：用于指定移动的字节个数，其具体位置与 whence 参数有关。

whence：用于指定从什么位置开始计算，默认为 0。值为 0 表示从文件头开始计算，值为 1 表示从当前位置开始计算，值为 2 表示从文件尾开始计算。

例如，seek(x,0) 表示从文件起始处开始移动 x 个字节；seek(x,1) 表示从当前位置往后移动 x 个字节；seek(-x,2) 表示从文件结尾往前移动 x 个字节。

使用 seek() 方法可以控制文件的读写位置，实现文件的随机读写。例如，想要从 news_w.txt 文件的第 6 个字节开始，读取 12 个字符，代码如下：

```python
with open('news_w.txt', 'r' ,encoding='utf-8') as file:    # 打开文件
    file.seek(6)                   # 移动文件指针到新的位置
    string = file.read(12)         # 读取 12 个字符
    print(string)
```

那么执行上面的代码将显示以下结果：

```
！消费金融公司将迎新规！
```

6.3 目录操作

常用的目录操作主要有：判断目录是否存在、创建目录、删除目录和遍历目录等，本节将详细介绍目录及相关操作功能。

> **说明：** 本章的内容都是以 Windows 操作系统为例进行介绍的，所以代码的执行结果也都是在 Windows 操作系统下显示的。

6.3.1 os 和 os.path 模块

在 Python 中，内置了 os 模块及其子模块 os.path 用于对目录或文件进行操作。

与使用其他模块类似，在使用 os 模块或者 os.path 模块时，需要先应用 import 语句将其导入，然后才可以应用它们提供的函数或者变量。

导入 os 模块可以使用以下代码：

```python
import os
```

> **说明：** 导入 os 模块后，也可以使用其子模块 os.path。

导入 os 模块后，可以使用该模块提供的通用变量获取与系统有关的信息。常用的方法有以下几个：

1. os.name

os.name 方法用于获取操作系统类型。

例如，想在 Windows 操作系统下输出 os.name，可以执行以下代码：

```
import os
os.name
```

运行结果如下：

```
'nt'
```

如果 os.name 的输出结果为 nt，则表示正在使用的是 Windows 操作系统；如果是 posix，则表示是 Linux、Unix 或 Mac OS 操作系统。

2. os.linesep

os.linesep 方法用于获取当前操作系统上的换行符。

例如，想在 Windows 操作系统下输出 os.linesep，可以执行以下代码：

```
import os
os.linesep
```

运行结果如下：

```
'\r\n'
```

对于 Windows 系统来说，会出现 '\r\n' 的结果，对于 Linux 系统来说，则会出现 '\n'，而 Mac 则出现 '\r'。

3. os.sep

os.sep 方法用于获取当前操作系统所使用的路径分隔符。

例如，想在 Windows 操作系统下输出 os.sep，可以执行以下代码：

```
import os
os.sep
```

运行结果如下：

```
'\\'
```

在 Windows 系统中，文件的路径分隔符是 '\\'，在 Linux 和 Mac 上则是 '/'。

除了以上方法，os 模块还提供了更多操作目录的函数，见表 6.2。

表 6.2　os 模块内操作目录的函数

函　　数	说　　明
getcwd()	返回当前的工作目录
listdir(path)	返回指定路径下的文件和目录信息
mkdir(path[,mode])	创建目录

续表

函 数	说 明
makedirs(path1/path2……[,mode])	创建多级目录
mdir(path)	删除目录
removedirs(path1/path2……)	删除多级目录
chdir(path)	把 path 设置为当前工作目录
walk(top[,topdown[,onerror]])	遍历目录树，该方法返回一个元组，包括所有路径名、所有目录列表和文件列表 3 个元素

除了 os 模块本身以外，os.path 模块也提供了一些操作目录的函数，见表 6.3。

表 6.3　os.path 模块提供的与目录相关的函数

函 数	说 明
abspath(path)	用于获取文件或目录的绝对路径
exists(path)	用于判断目录或者文件是否存在，如果存在则返回 True，否则返回 False
join(path,name)	将目录与目录或者文件名拼接起来
splitext()	分离文件名和扩展名
basename(path)	从一个目录中提取文件名
diname(path)	从一个路径中提取文件路径，不包括文件名
chdir(path)	把 path 设置为当前工作目录
isdir(path)	用于判断是否为有效路径

6.3.2　路径

如图 6.1 所示，用于定位一个文件或者目录的字符串被称为一个路径。在程序开发时，通常涉及两种路径，一种是相对路径，另一种是绝对路径。

1. 相对路径

在学习相对路径之前，需要先了解什么是当前工作目录。当前工作目录指的是当前文件所在的目录。一般来说，任何不以根文件夹开头的文件名或路径都假定在当前工作目录。在 Python 中，可以通过 os 模块提供的 getcwd() 函数获取当前工作目录。

例如，我们想知道 Python 自带的 IDLE 默认在哪个目录下进行工作，就可以执行以下代码：

```
import os
print(os.getcwd())        # 输出当前目录
```

运行结果如下：

```
C:\Users\Admin\AppData\Local\Programs\Python
```

从以上结果可以看出，Python 是安装在 C 盘的某目录下。对于不同的用户来说，安装 Python 的路径也各不相同，因此这里显示的工作目录与安装 Python 的路径有关。

相对路径是依赖于当前工作目录的。假设在当前工作目录下，有一个名称为 text_data.txt 的文件，那么在打开这个文件时，就可以直接写上文件名，这时采用的就是相对路径，而 text_ data.txt 文件的实际路径就是当前工作目录 "C:\Users\Admin\AppData\Local\Programs\Python" 与相对路径 "text_data.txt" 的拼接，即 "C:\Users\Admin\AppData\Local\Programs\Python\text_data.txt"。

如果在当前工作目录下，有一个子目录 demo，并且在该子目录下保存着文件 text_data.txt，那么在打开这个文件时就可以写上 "demo/text_data.txt"，代码如下：

```
with open("demo/text_data.txt") as file:      # 通过相对路径打开文件
    pass
```

说明：在 Python 中，指定文件路径时需要对路径分隔符 "\" 进行转义，即将路径中的 "\" 替换为 "\\"。例如，对于相对路径 "demo\text_data.txt"，需要使用 "demo\\ text_data.txt" 代替。另外，也可以将路径分隔符 "\" 采用 "/" 代替。

知识拓展

在指定文件路径时，也可以在表示路径的字符串前面加上字母 r（或 R），那么该字符串将原样输出，这时路径中的分隔符就不需要再转义了。例如，上面的代码也可以修改如下：

```
with open(r"demo\text_data.txt") as file:     # 添加 r 后输出的分隔符无须转义
    pass
```

2. 绝对路径

绝对路径，就是指在使用文件时指定文件的实际路径。绝对路径与相对路径最大的区别在于，它不依赖于当前工作目录。

在 Python 中，可以通过 os.path 模块提供的 abspath() 函数获取一个文件的绝对路径。abspath() 函数的基本语法格式如下：

```
os.path.abspath(path)
```

参数说明：

path：用于指定要获取绝对路径的相对路径，可以是文件也可以是目录。

例如，要获取相对路径 "demo\text_data.txt" 的绝对路径，可以使用以下代码：

```
import os
print(os.path.abspath("demo\\text_data.txt"))      # 获取绝对路径
```

如果当前工作目录为 "C:\Users\Admin\AppData\Local\Programs\Python"，那么将得到以下执行结果：

```
C:\Users\Admin\AppData\Local\Programs\Python\demo\text_data.txt
```

3. 拼接路径

如果想要将两个或者多个路径拼接到一起组成一个新的路径，可以使用 os.path 模块提供的 join() 函数实现。join() 函数基本语法格式如下：

```
os.path.join(path1[, path2[,……]])
```

参数说明：

path1、path2：用于代表要拼接的文件路径，这些路径间使用逗号进行分隔。如果在要拼接的路径中没有绝对路径，那么最后拼接出来的将是一个相对路径。

拼接路径时，可以使用相对路径与相对路径的拼接方式，也可以使用绝对路径与相对路径的拼接方式。例如，如果需要将"demo"和"text_data.txt"两部分相对路径拼接为一个相对路径"demo\text_data.txt"时，可以使用以下代码：

```python
import os
print(os.path.join("demo","text_data.txt"))        # 相对路径之间拼接
```

运行结果如下：

```
demo\text_data.txt
```

对于绝对路径与相对路径的拼接方式，使用方法与上述代码类似。例如，如果需要将绝对路径"C:\Users\Admin\AppData\Local\Programs\Python"和相对路径"demo\message.txt"拼接到一起，可以使用以下代码：

```python
import os
print(os.path.join("C:\\Users\\Admin\\AppData\\Local\\Programs\\Python",
"demo\\text_data.txt"))                          # 绝对路径与相对路径拼接
```

运行结果如下：

```
C:\Users\Admin\AppData\Local\Programs\Python\demo\text_data.txt
```

注意：使用 os.path.join() 函数拼接路径时，并不会检测该路径是否真实存在。

说明：在使用 join() 函数时，如果要拼接的路径中，存在多个绝对路径，那么方法将以从左到右为序最后一次出现的路径为准，并且该路径之前的参数都将被忽略，代码如下：

```python
import os
print(os.path.join("E:\\code", "E:\\python\\mr", "Code", "D:\\", "demo"))
      # 多个绝对路径与相对路径拼接
```

运行结果如下：

```
D:\demo
```

不难发现，拼接后得到路径为"D:\demo"，前面的"E:\\code"、"E:\\python\\mr"、"Code"等路径均被忽略。

注意：把两个路径拼接为一个路径时，不要直接使用字符串拼接，而是使用 os.path.join() 函数，这样可以正确处理不同操作系统的路径分隔符。

6.3.3 判断目录是否存在

在 Python 中,很多时候都需要事先判断给定的目录是否存在,然后再对目录进行操作,这时可以使用 os.path 模块提供的 exists() 函数实现。

exists() 函数的基本语法格式如下:

```
os.path.exists(path)
```

参数说明:

path:用于指定要判断的目录,可以采用绝对路径,也可以采用相对路径。

如果给定的路径存在,则返回 True,否则返回 False。

例如,要判断绝对路径 "C:\demo" 是否存在,可以使用下面的代码:

```
import os
print(os.path.exists("C:\\demo"))        # 判断目录是否存在
```

执行上面的代码,如果在 C 盘根目录下没有 demo 这一子目录,则会返回 False,否则返回 True。

> **说明:** os.path.exists() 函数除了可以判断目录是否存在,也可以判断文件是否存在。例如,如果将上面代码中的 "C:\\demo" 替换为 "C:\\demo\\text_data.txt",则可用于判断 C:\demo\text_data.txt 文件是否存在。

6.3.4 创建目录

在 Python 中,os 模块提供了两个创建目录的函数,一个用于创建一级目录,另一个用于创建多级目录。

1. 创建一级目录

创建一级目录是指一次只能创建一级目录。在 Python 中,可以使用 os 模块提供的 mkdir() 函数实现。通过该函数只能创建指定路径中的最后一级目录,如果该目录的上一级不存在,则抛出 FileNotFoundError 异常。

mkdir() 函数的基本语法格式如下:

```
os.mkdir(path, mode = 0o777)
```

参数说明:

path:用于指定要创建的目录,可以采用相对路径,也可以采用绝对路径。

mode:用于指定数值模式,默认值为 0o777,这表示所有用户都有读、写和执行的权限。该参数在非 Unix 系统上无效或被忽略。

例如,在 Windows 系统上创建一个 D:\demo 的目录,可以使用下面的代码:

```
import os
os.mkdir("D:\\demo")        # 创建 D:\demo 目录
```

执行下面的代码后,可以在 D 盘的根目录下创建一个 demo 目录,结果如图 6.8 所示。

图 6.8　创建 D:\demo 目录成功

如果在创建路径时，对应的目录已经存在，将抛出 FileExistsError 异常，即路径已存在异常。例如，将上面创建一个"D:\demo"目录的代码再执行一次，会抛出如下异常：

```
Traceback (most recent call last):
  File "<pyshell#12>", line 1, in <module>
    os.mkdir("D:\\demo")
FileExistsError: [WinError 183] 当文件已存在时，无法创建该文件。: 'D:\\demo'
```

要解决上面的问题，可以在创建目录前，先判断指定的目录是否存在，只有当目录不存在时才创建。具体代码如下：

```
import os
path = "D:\\demo"                  # 指定要创建的目录
if not os.path.exists(path):       # 判断目录是否存在
    os.mkdir(path)                 # 不存在时再创建目录
    print(" 目录创建成功 ")         # 给出创建成功提示
else:
    # 存在时给出创建失败提示
    print(" 目录创建失败，该目录已经存在 ")
```

在前面创建一个 D:\demo 目录执行成功的基础上，再执行以上代码，会获得"目录创建失败，该目录已经存在"的结果：

```
目录创建失败，该目录已经存在
```

2. 创建多级目录

前面所使用的 mkdir() 函数只能用于创建一级目录，但在实际的使用场景中，只创建一级目录难以满足目录的使用需要，这时便需要创建多级目录。

如果想创建多级目录，可以使用 os 模块提供的 makedirs() 函数，该函数用于采用递归的方式创建目录。

makedirs() 函数的基本语法格式如下：

```
os.makedirs(name, mode = 0o777)
```

参数说明：

name：用于指定要创建的目录，可以使用绝对路径，也可以使用相对路径。

mode：用于指定数值模式，默认值为 0o777，这表示所有用户都有读、写和执行的权限。该参数在非 Unix 系统上无效或被忽略。

例如，在 Windows 系统中，需要在刚刚创建的 D:\demo 目录下，再创建一个多级的子目录 path1\path2\path3（对应目录为：D:\demo\path1\path2\path3），可以使用下面的代码：

```
import os
os.makedirs("D:\\demo\\path1\\path2\\path3")
```

执行以上代码后，将会在 D:\demo 目录下创建子目录 path1，并且在 path1 目录下再创建子目录 path2，在 path2 目录下再创建子目录 path3。创建后的目录结构如图 6.9 所示。

图 6.9　创建多级目录成功

6.4　文件与目录管理

在用户看来，文件和目录是两种不同的形式，但对于计算机而言，目录的本质也是一种文件，是目录形式的文件。除 Python 的内置方法外，os 模块中也定义了一些针对文件的高级操作，利用 os 模块中提供的函数还可以实现文件和目录的删除、遍历与重命名等操作，常用的函数见表 6.4，本节将对 os 模块中的常用高级文件操作进行讲解。

表 6.4　os 模块提供的与文件相关的函数

函　　数	说　　明
access(path,accessmode)	获取对文件是否有指定的访问权限（读取/写入/执行权限）。accessmode 的值是 R_OK（读取）、W_OK（写入）、X_OK（执行）或 F_OK（存在）。如果有指定的权限，则返回 1，否则返回 0
chmod(path,mode)	修改 path 指定文件的访问权限
remove(path)	删除 path 指定的文件路径
rename(src，dst)	将文件或目录 src 重命名为 dst
stat(path)	返回 path 指定文件的信息
startfile(path[, operation])	使用关联的应用程序打开 path 指定的文件

6.4.1　删除文件

Python 没有内置删除文件的函数，但是在内置的 os 模块中提供了删除文件的函数 remove()，该函数的基本语法格式如下：

```
os.remove(path)
```

参数说明：

path：要删除的文件路径。这里的路径可以使用相对路径，也可以使用绝对路径。

例如，要删除之前创建的目录 E:\Python_Workspace\chapter06 下的 news.txt 文件，代码如下：

```
import os
# 删除 E:\Python_Workspace\chapter06 目录下的 news.txt 文件
os.remove("news.txt")
```

执行上面的代码后，进入当前目录中，可发现 news.txt 已经被删除。如果在当前工作目录下不存在 news.txt 文件，例如再次运行一遍上述代码，将抛出下列异常信息：

```
Traceback (most recent call last):
  File "E:\Python_Workspace\chapter06\test.py", line 3, in <module>
    os.remove("news.txt")
FileNotFoundError: [WinError 2] 系统找不到指定的文件。: 'news.txt'
```

为了屏蔽以上异常，可以在删除文件时，先判断文件是否存在，只有存在时才执行删除操作，代码如下：

```
import os                              # 导入 os 模块
path = "news.txt"                      # 要删除的文件
if os.path.exists(path):               # 判断文件是否存在
    os.remove(path)                    # 删除文件
    print("文件删除完毕！")
else:
    print("文件不存在！")
```

6.4.2 删除目录

对目录进行管理时，除了创建目录，有时还需要删除无用的目录。删除目录可以通过使用 os 模块提供的 rmdir() 函数实现。

rmdir() 函数的基本语法格式如下：

```
os.rmdir(path)
```

参数说明：

path：指定要删除的目录。这里的路径可以使用相对路径，也可以使用绝对路径。删除的目录为路径中的最后一级目录。

例如，要删除前面 6.3.4 小节中创建的 "D:\demo\path1\path2\path3" 目录，可以使用下面的代码：

```
import os
os.rmdir("D:\\demo\\path1\\path2\\path3")
```

执行代码后，将删除 "D:\demo\path1\path2" 目录下的 path3 目录，如图 6.10 所示。

图 6.10　删除目录成功

> **注意：**
>
> （1）通过 rmdir() 函数删除目录时，只有当要删除的目录为空时才起作用。假设刚才新建的目录中包含了一个 text_data.txt 文件，使用删除方法时会抛出 "OSError: [WinError 145] 目录不是空的"异常：
>
> ```
> Traceback (most recent call last):
>   File "<pyshell#1>", line 1, in <module>
>     os.rmdir("D:\\demo\\path1\\path2\\path3")
> OSError: [WinError 145] 目录不是空的。: 'D:\\demo\\path1\\path2\\\path3'
> ```
>
> （2）如果要删除的目录不存在，那么将抛出 "FileNotFoundError:[WinError 2] 系统找不到指定的文件"异常。因此，在执行 os.rmdir() 函数前，建议先判断该路径是否存在，可以使用 os.path.exists() 函数判断。具体代码如下：
>
> ```python
> import os
> path = "D:\\demo\\path1\\path2\\path3"    # 指定要删除的目录
> if os.path.exists(path):                   # 判断目录是否存在
>     os.rmdir(path)                         # 删除目录
>     print(" 目录删除成功 !")
> else:
>     print(" 目录不存在 ")
> ```

知识拓展

使用 rmdir() 函数只能删除空的目录，如果想要删除非空目录，则需要使用 Python 内置的标准模块 shutil 中的 rmtree() 函数实现。

例如，要删除不为空的 "D:\demo\path1\path2\path3" 目录时，可以使用下面的代码：

```python
import shutil
shutil.rmtree("D:\\demo\\path1\\path2\\path3")
```

6.4.3 遍历文件和目录

遍历在汉语中的意思为普遍游历，在数据结构术语中表示沿着某条搜索路线，依次对树（或图）中的每个节点均做一次访问。

而对于 Python 来说，遍历是将指定的目录下的全部文件及目录（包括子目录）访问一遍。在 Python 中，os 模块的 walk() 函数用于实现遍历目录的功能。

walk() 函数的基本语法格式如下。

```
os.walk(top[, topdown][, onerror][, followlinks])
```

参数说明：

top：用于指定要遍历内容的根目录。

topdown：可选参数，用于指定遍历的顺序，如果值为 True，表示自上而下遍历（即先遍历根目录）；如果值为 False，表示自下而上遍历（即先遍历最后一级子目录）。默认值为 True。

onerror：可选参数，用于指定错误处理方式，默认为忽略，如果不想忽略也可以指定一个错误处理函数。通常情况下采用默认设置。

followlinks：可选参数，默认情况下，walk() 函数不会向下转换成解析到目录的符号链接，将该参数值设置为 True，表示用于指定在支持的系统上访问由符号链接指向的目录。

返回值：返回一个包括 3 个元素（dirpath，dirnames，filenames）的元组生成器对象。其中，dirpath 表示当前遍历的路径，是一个字符串；dirnames 表示当前路径下包含的子目录，是一个列表；filenames 表示当前路径下包含的文件，也是一个列表。

假设在刚才创建的多级目录"D:\demo\path1\path2\path3"中，在 path2 层级创建一个 text_data_1.txt 文件，在 path3 层级创建两个 txt 文件，分别命名为 text_data_2.txt、text_data_3.txt，现需要遍历 D:\demo 目录，可以使用下面的代码。

```
import os
tuples = os.walk("D:\\demo")
for tuple1 in tuples:                    # 通过 for 循环输出遍历结果
    print(tuple1, "\n")
```

运行结果如下：

```
('D:\\demo', ['path1'], [])

('D:\\demo\\path1', ['path2'], [])

('D:\\demo\\path1\\path2', ['path3'], ['text_data_1.txt'])

('D:\\demo\\path1\\path2\\path3', [], ['text_data_2.txt', 'text_data_3.txt'])
```

> **注意**：walk() 函数只在 Unix 系统和 Windows 系统中有效。

当然，直接通过元组方式得到的输出结果比较混乱，下面通过一个具体的实例演示实现遍历目录时，输出目录或文件的完整路径。

> **场景模拟**：
> 　　财经新闻的动态栏目中记录着多种不同类别的财经新闻，通过目录来区分财经新闻的类别，文件名则是各个财经新闻的标题。现在想要通过遍历函数了解目前所有新闻的类别和标题。

例 6-4 遍历保存多条不同种类的财经新闻文本的目录。

在 IDLE 中创建一个名称为 demo04_traversal_path.py 的文件，首先在该文件中导入 os 模块，并定义要遍历的根目录，然后应用 for 循环遍历该目录，最后循环输出遍历到文件和子目录，并根据目录和文件来区分新闻类别与新闻标题。具体代码如下：

```
import os
path = "E:\\Python_Workspace\\chapter06\\财经新闻"    # 指定要遍历的根目录
print("[", path, "] 目录下包括的文件和目录：")
for root, dirs, files in os.walk(path, topdown=True):  # 遍历指定目录
```

```
    print("当前类别为: ", root)                    # 输出新闻类别
    print("当前类别的标题: ", files)                # 输出新闻标题
    print("-"*20)                                  # 输出分割线，便于阅读
```

运行结果如下：

```
[ E:\Python_Workspace\chapter06\ 财经新闻 ] 目录下包括的文件和目录：
当前类别为：  E:\Python_Workspace\chapter06\ 财经新闻
当前类别的标题：  []
--------------------
当前类别为：  E:\Python_Workspace\chapter06\ 财经新闻 \（1）金融要闻
当前类别的标题：  ['2024 年 1 月 1 日起我国调整部分商品进出口关税 .txt', '2024 年宏观政策展望 .txt', ' 国家外汇管理局扩大跨境贸易投资高水平开放试点 .txt']
--------------------
当前类别为：  E:\Python_Workspace\chapter06\ 财经新闻 \（2）金融观察
当前类别的标题：  ['"不看砖头看专利 " 银行 " 看得懂 " 助力科创企业 " 跑得快 ".txt', ' 多家金融机构就地方金融发展进行研讨 .txt', ' 数字金融赋能 " 三农 " 高质量发展 .txt']
--------------------
当前类别为：  E:\Python_Workspace\chapter06\ 财经新闻 \（3）金融管理
当前类别的标题：  ['1 至 11 月全国吸收外资 1.04 万亿元 .txt', ' 证监会修订发布两项财务信息披露规则 .txt']
--------------------
```

6.4.4 重命名文件和目录

os 模块提供了重命名文件和目录的函数 rename()，rename() 函数的基本语法格式如下：

```
os.rename(src, dst)
```

参数说明：

src：用于指定要进行重命名的目录或文件。
dst：用于指定重命名后的目录或文件。

如果指定的路径是文件的，则重命名文件，如果指定的路径是目录，则重命名目录。同删除文件类似，在进行文件或目录重命名时，如果指定的目录或文件不存在，也将抛出 FileNotFoundError 异常，所以在进行文件或目录重命名时，也建议先判断文件或目录是否存在，只有存在时才进行重命名操作。

例如，想要将当前目录 E:\Python_Workspace\chapter06 下的 news_w.txt 文件重命名为 news.txt，代码如下：

```
import os                                          # 导入 os 模块
src = "news_w.txt"                                 # 要重命名的文件
dst = "news.txt"                                   # 重命名后的文件
os.rename(src, dst)                                # 重命名文件
if os.path.exists(src):                            # 判断文件是否存在
```

使用 rename() 函数重命名目录的方法与重命名文件基本相同，只要把原来的文件路径替换为目录即可。例如，想要将目录 E:\Python_Workspace\chapter06 下的 rename 文件夹重命名为

test，代码如下：

```python
import os
src = "E:\\Python_Workspace\\chapter06\\rename"    # 重命名 rename
dst = "E:\\Python_Workspace\\chapter06\\test"      # 重命名为 test
if os.path.exists(src):                             # 判断目录是否存在
    os.rename(src, dst)                             # 重命名目录
    print(" 目录重命名完毕 ")
else:
    print(" 目录不存在！")
```

> **注意：** 在使用 rename() 函数重命名目录时，不论是使用相对路径还是绝对路径，都只能修改最后一级的目录名称。

6.4.5 获取文件基本信息

在计算机上创建文件后，该文件本身就会包含一些信息。例如，文件的最后一次访问时间、最后一次修改时间、文件大小等基本信息。通过 os 模块的 stat() 函数可以获取到文件的这些基本信息。stat() 函数的基本语法如下：

```
os.stat(path)
```

参数说明：

path：要获取文件基本信息的文件路径，可以是相对路径，也可以是绝对路径。

stat() 函数的返回值是一个对象，该对象包含表 6.5 所示的属性，通过访问这些属性可以获取文件的基本信息。

表 6.5 stat() 函数返回的对象的常用属性

属　　性	说　　明	属　　性	说　　明
st_mode	保护模式	st_dev	设备名
st_ino	索引号	st_uid	用户 ID
st_nlink	硬链接号（被链接数目）	st_gid	组 ID
st_size	文件大小，单位为字节	st_atime	最后一次访问时间
st_mtime	最后一次修改时间	st_ctime	最后一次状态变化的时间

例如，调用 os 模块的 stat() 函数获取文件的基本信息，最后输出文件的基本信息，代码如下：

```python
import os                                              # 导入 os 模块
fileinfo = os.stat("picture.png")                      # 获取文件的基本信息
# 获取文件的完整数路径
print(" 文件完整路径：",os.path.abspath("picture.png"))
# 输出文件的基本信息
print(" 索引号：", fileinfo.st_ino)
print(" 设备名：", fileinfo.st_dev)
```

```
print(" 文件大小 :", fileinfo.st_size, " 字节 ")
print(" 最后一次访问时间 :", fileinfo.st_atime)
print(" 最后一次修改时间 :", fileinfo.st_mtime)
print(" 最后一次状态变化时间 : ",fileinfo.st_ctime)
```

运行结果如下：

```
文件完整路径：E:\Python_Workspace\chapter06\picture.png
索引号：14355223812447288
设备名：2023682669
文件大小：150396 字节
最后一次访问时间：1703220478.8180244
最后一次修改时间：1702971478.3134277
最后一次状态变化时间：1702971480.6461353
```

由于上面的结果中的时间和字节数都是一长串的整数，是计算机中的表示方法，因此，为了让显示更加直观，还可以将这样的数值进行格式化。这里主要编写两个函数，一个用于格式化时间，另一个用于格式化代表文件大小的字节数。修改后的代码如下：

```
import os   # 导入 os 模块
def formatTime(longtime):
    ''' 格式化日期时间的函数
    longtime: 要格式化的时间 '''
    import time   # 导入时间模块
    return time.strftime('%Y-%m-%d %H:%M:%S',time.localtime(longtime))
def formatByte(number):
    ''' 格式化文件大小的函数
    number: 要格式化的字节数 '''
    for (scale, label) in [(1024 * 1024 * 1024, "GB"), (1024 * 1024, "MB"), (1024, "KB")]:
        if number >= scale:    # 如果文件大小大于或等于 1 KB
            return "%.2f %s" % (number * 1.0 / scale, label)
        elif number == 1:    # 如果文件大小为 1 字节
            return "1 字节 "
        else:    # 处理小于 1 KB 的情况
            byte = "%.2f" % (number or 0)
    # 去掉结尾的 .00，并且加上单位 " 字节 "
    return (byte[:-3] if byte.endswith('.00') else byte) + " 字节 "
if __name__ == '__main__':
    fileinfo = os.stat("picture.png")    # 获取文件的基本信息
    # 获取文件的完整数路径
    print(" 文件完整路径:",os.path.abspath("picture.png"))
    print(" 索引号:", fileinfo.st_ino)
    print(" 设备名:", fileinfo.st_dev)
    print(" 文件大小 : ", formatByte(fileinfo.st_size))
    print(" 最后一次访问时间 :", formatTime(fileinfo.st_atime))
    print(" 最后一次修改时间 :", formatTime(fileinfo.st_mtime))
```

运行结果如下：

```
文件完整路径：E:\Python_Workspace\chapter06\picture.png
索引号：143552238122447288
设备名：2023682669
文件大小： 146.87 KB
最后一次访问时间：2023-12-22 12:47:58
最后一次修改时间：2023-12-19 15:37:58
```

6.5　wordcloud 库

数据展示的方式多种多样，对于长文本来说，读者希望可以快速获取关键信息。

词云（word cloud）以词语为基本单元，根据文本内容关键词出现的频率，将关键字以不同大小、颜色展示。词云中出现频率较高的词会以较大的形式呈现出来，出现频率较低的词会以较小的形式呈现。词云以视觉上吸引人的方式呈现关键词，让读者直观地了解文本数据的主题和关键词，并进一步进行分析和解读。

wordcloud 是一个专门用于生成词云的 Python 第三方库，它提供了丰富的基于 Python 的词云实现方式，可以根据需要定制不通过的词云样式对内容进行可视化的汇总。

因 wordcloud 库不是 Python 内置库，在使用前需要安装。Windows 操作系统可以通过按【Win+R】组合键，打开 cmd，然后在 cmd 中输入如下命令：

```
pip install wordcloud
```

之后等待安装完成即可。

> **说明**：关于 wordcloud 库最详细的使用教程，可参考 wordcloud 官方文档，地址为 https://amueller.github.io/word_cloud/index.html。

6.5.1　wordcloud 库常用函数

wordcloud 库的核心是 WordCloud 类，所有的功能都封装在 WordCloud 类中。使用时需要实例化一个 WordCloud 类的对象，并调用其 generate(text) 方法将 text 文本转化为词云。

WordCloud 类在创建时有一系列可选参数，用于配置词云图片，参数如下：

```
class wordcloud.WordCloud(font_path=None,width=400,height=200, margin=2,
ranks_only=None, prefer_horizontal=0.9, mask=None, scale=1, color_func=None,
max_words=200, min_font_size=4, stopwords=None, random_state=None,
background_color='black', max_font_size=None, font_step=1, mode='RGB',
relative_scaling='auto', regexp=None, collocations=True, colormap=None,
normalize_plurals=True, contour_width=0, contour_color='black', repeat=False,
include_numbers=False, min_word_length=0, collocation_threshold=30)
```

参数说明：

width：指定生成词云图片的宽度，如果该参数不指定，默认为 400 像素。

height：指定生成词云图片的高度，如果该参数不指定，默认为 200 像素。

min_font-size：指定词云字体中的最小字号，如果该参数不指定，默认为 4 号。

max_font_size：指定词云字体中的最大字号，如果该参数不指定，则会根据词云图片的高度自动调节。

font_step：指定词云字体字号之间的间隔，如果该参数不指定，默认为 1。

font_path：指定字体文件的路径，生成中文词云需要设置中文字体路径。

max_words：指定词云显示的最大单词数量，默认为 200。

stopwords：指定词云的排除词（停用词）列表，列入到排除词列表中的单词不会被词云显示。

mask：蒙版，指定生成词云图片的形状，如果需要非默认形状，需要使用 imread() 函数引图片。

background_color：指定词云图片的背景颜色，默认为黑色，可以使用 white、black 等字符串。

在创建对象时，我们还可以根据要求设置函数中的参数，以便更好的生成符合我们需要的词云。通过 WordCloud 类生成的对象，参见表 6.6 的常用方法。

表 6.6　WordCloud 对象的常用方法

方　　法	描　　述
generate(text)	将传入的文本数据按照词频进行分析，并生成一个可视化的词云图
to_array()	转换为 NumPy 数组
to_file(filename)	将词云图片保存为名为 filename 的文件

6.5.2　使用 wordcloud 绘制词云

使用 wordcloud 生成词云的步骤如下：

1. 读取文件，分词整理

生成词云时，wordcloud 默认会以空格或标点为分隔符对目标文本进行分词处理。对于中文文本，分词处理常用 jieba 库来完成，一般步骤是先将文本分词处理，然后以空格拼接，再调用 wordcloud 库函数。处理中文时还需要指定中文字体存放路径解决乱码问题。

2. 配置对象参数，加载词文本，生成词云

使用 WordCloud() 生成词云对象，使用 generate() 方法生成词云。

3. 词云保存为图像文件及展示

使用 to_file() 方法输出到图像文件并加以保存，或利用其他库（如 matplotlib）展示图像。

> **场景模拟：**
> "Finance is an economic activity of a country or government. Finance is the allocation behavior of a country (government). Therefore, the main body of financial activities is the state or government." 为财政的英文名词解释，现在想要创建一个词云展示其关键信息。

例 6-5 生成英文财政名词解释的词云。

在 IDLE 中创建一个名称为 demo05_english_explanation.py 的文件，在该文件中，首先创建一个字符串 'text'，赋值为上述的英文名词解释，然后创建一个词云对象 w，使用 w.generate() 方

法生成词云，调用 w.to_file() 方法将词云以图片形式保存到指定存储路径。代码如下：

```
import wordcloud
# 财政名词解释的英文文本
text = 'Finance is an economic activity of a country or government. Finance is the allocation behavior of a country (government). Therefore, the main body of financial activities is the state or government.'
# 创建 WordCloud 对象，设置背景色为白色
w = wordcloud.WordCloud(background_color='white')
w.generate(text)                    # 加载 text 文本，生成词云
w.to_file("finance.jpg")            # 将生成的词云保存为图片
```

运行后会在当前目录下生成词云图片"finance.jpg"，如图 6.11 所示。

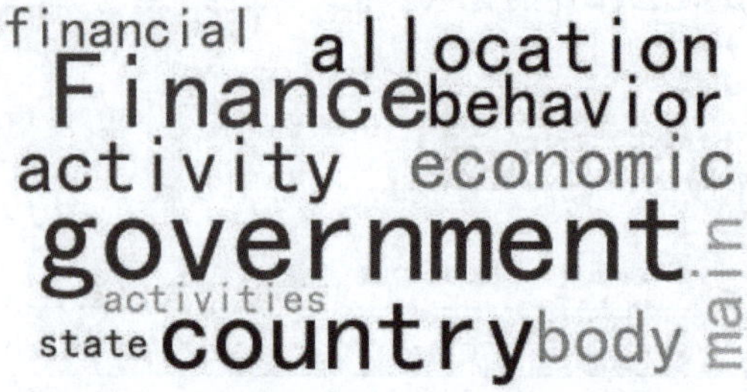

图 6.11 财政名词解释英文文本的词云

图 6.11 的词云中出现最多的是"Finance"，其次是"government"和"country"。

> **场景模拟：**
> "财政是一种国家或政府的经济行为。财政是国家（政府）的分配行为。因此，财政活动的主体就是国家或政府。剩余产品是财政产生的基础，国家（政府）是财政产生的前提"是财政的中文名词解释，现在想要生成一个词云展示其关键信息。

例 6-6 生成财政名词解释中文文本的词云。

生成中文文本词与生成英文文本词语的步骤一样，不过需要先利用 jieba 库对文本进行分词，然后以空格拼接成字符串，再调用 wordcloud 库函数。

在 IDLE 中创建一个名称为 demo06_chinese_explanation.py 的文件，在该文件中，首先导入 wordcloud 和 jieba 库，然后创建一个字符串 "text"，赋值为上述的中文名词解释，接下来先使用 jieba 库对字符串进行分词操作，之后再创建词云对象 w，调用词云库中的生成方法，最后将生成的词云以图片形式保存到本地。本例中将使用微软雅黑作为中文字体，其字体 simhei.ttf 的存放位置为当前目录。

代码如下：

```
import wordcloud                    # 导入词云库
import jieba                        # 导入 jieba 库
text = "财政是一种国家或政府的经济行为。财政是国家（政府）的分配行为。因此，财政活动的主体就是国家或政府。剩余产品是财政产生的基础，国家（政府）是财政产生的前提。"
text_split=jieba.lcut(text)         # 先用 jieba 库进行分词
```

```
text_split_join=' '.join(text_split)       # 用空格' '连接
# 生成词云对象时时需要指定中文字体文件存放位置，否则不能正常显示中文。
w = wordcloud.WordCloud(background_color='white',font_path="simhei.tt f")
w.generate(text_split_join)                # 加载文本，生成词云
w.to_file("财政名词解释.jpg")                # 将生成的词云保存为图片
```

运行后会在当前目录下生成词云图片"财政名词解释.jpg"，如图6.12所示。

图 6.12　财政名词解释中文文本的词云

图 6.12 的词云中出现最多的是"财政"，其次是"国家"，也印证了财政是政府"理财之政"，其主体是国家或政府。

> **场景模拟：**
> 在前面的场景中，已经生成了一个长方形的词云图片，但现在想要生成形状更加丰富的词云图片。

例 6-7　生成五角星样式的财政名词解释词云。

wordcloud 可以生成任何形状的词云，为了获取形状需要提供一张形状的图像。生成特别形状的词云，需要使用 matplotlib.pyplot 中的 imread() 方法读取图片，同时设置 mask 参数指定读取的文件为蒙版。

Matplotlib 是一个可将数据绘制为图表和图形的 Python 第三方库，它提供了丰富的绘图工具，可以用于生成各种静态、交互式和动画图表，后面在数据可视化会进行详细讲解。在使用前需安装 Matplotlib 库，Windows 操作系统可以通过按【Win+R】组合键，打开 cmd，然后在 cmd 中输入如下命令：

```
pip install matplotlib
```

之后等待安装完成即可。

> **注意：** 如果安装包下载失败可以使用国内镜像安装，命令如下：
> ```
> pip install -i https://XXX  matplotlib
> ```
> 使用时将×××改为国内镜像地址，同学们可通过网络查找。

在 IDLE 中创建一个名称为 demo07_star_explanation.py 的文件，在该文件中，大部分代码都与例 6-6 接近，但在开始额外导入了 matplotlib 库中的 pyplot 子模块读取形状图片，在中间则添加了 imread() 方法制作蒙版形状。

执行以下代码，将例 6-6 中的文本按照五角星形状生成词云：

```
import wordcloud                                    # 导入词云库
import jieba                                        # 分别导入词云和 jieba 库
import matplotlib.pyplot as plt
text=" 财政是一种国家或政府的经济行为。财政是国家（政府）的分配行为。因此，财政活动的
主体就是国家或政府。剩余产品是财政产生的基础，国家（政府）是财政产生的前提。"
text_split=jieba.lcut(text)                         # 先用 jieba 库进行分词
text_split_join=' '.join(text_split)                # 用空格' '连接
mask=plt.imread("star.jpg")                         # 读取图片作为词云形状
w = wordcloud.WordCloud(background_color='white',font_path="simhei.tt f",mask=mask)
w.generate(text_split_join)
w.to_file(" 财政名词解释 star.jpg")
```

运行后在当前目录下生成词云图片"财政名词解释 star.jpg"，如图 6.13 所示。

例 6-8 绘制五角星样式的财政名词解释词云。

绘制特别形状的词云，需要使用 matplotlib.pyplot 子库中的 imshow() 方法将词云绘制绘制到窗口，imshow() 方法负责对图像进行处理但并不显示图像本身，要显示图像需调用 pyplot 子库的 show() 方法来实现。

图 6.13　五角星样式的财政名词解释词云

在 IDLE 中创建一个名称为 demo08_starShow_explanation.py 的文件，在该文件中，大部分代码都与例 6-7 接近，但在末尾添加了 matplotlib.pyplot 子库中 axis("off") 隐藏 x,y 轴坐标，matplotlib.pyplot 子库中的 show() 显示绘制图片。

执行以下代码，将例 6-6 中的文本绘制成五角星形状词云。

```
import wordcloud
import jieba
import matplotlib.pyplot as plt
text=" 财政是一种国家或政府的经济行为。财政是国家（政府）的分配行为。因此，财政活动的
主体就是国家或政府。剩余产品是财政产生的基础，国家（政府）是财政产生的前提。"
text_split=jieba.lcut(text)                         # 先用 jieba 库进行分词
text_split_join=' '.join(text_split)                # 用空格' '连接
mask=plt.imread("star.jpg")                         # 读取图片作为词云形状
#mask = mask.astype(np.uint8)
w=wordcloud.WordCloud(background_color='white',font_path="simhei.ttf",mask=mask)
w.generate(text_split_join)
w.to_file(" 财政名词解释 starshow.jpg")
plt.imshow(w)
plt.axis("off")
plt.show()
```

运行后会在当前目录下生成词云图片"财政名词解释 starshow.jpg"，并将词云绘制到窗口，如图 6.14 所示。

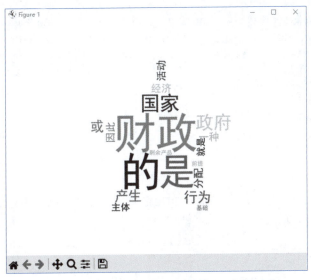

图 6.14　Python 绘制的财政名词解释的五角星样式词云

实例：2022 年中国财政政策执行情况报告词云

2023 年 3 月 20 日，中华人民共和国财政部发布了 2022 年中国财政政策执行情况报告，全文 2 万多字，为了能将大量的文本信息进行简洁、直观的展示，帮助人们更快速、全面地理解文本的主题和关键内容，节省阅读和分析时间的同时更好地把握文本的核心信息和重要论点，我们将报告以词云的形式展示。

我们需要统计的数据量很大时，直接将所有数据都放在代码里比较不现实，这时我们可以将需要统计的数据保存成外部文件格式（例如，2022 年中国财政政策执行情况报告 .txt 文件），供程序调用。

在 IDLE 中创建一个名称为 demo09_2022_finance.py 的文件，在该文件中，首先导入了 wordcloud 与 jieba 库，之后通过文件读取操作，获得了需要生成词云的内容，接下来通过 jieba 库进行了中文分词操作，再通过创建词云对象，进行词云生成操作，保存为图片，并在窗口绘制词云。

通过以下代码，可以在目录中读取"2022 年中国财政政策执行情况报告 .txt"文件，并通过相关操作生成词云图片：

```python
import wordcloud                                      # 导入 wordcloud 库
import jieba                                          # 导入 jieba 库
import os
import matplotlib.pyplot as plt
os.chdir("E:\\Python_Workspace\\chapter06\\")         # 指定当前工作目录
with open("2022年中国财政政策执行情况报告.txt","r",encoding="utf-8") as f:
    t=f.read()
ls=jieba.lcut(t)
txt=" ".join(ls)
mask=plt.imread("star.jpg")
```

```
#设置词云使用微软雅黑字体，宽1000高700，白色背景，显示130个词。
w=wordcloud.WordCloud(font_path="simhei.ttf",width=1000,height=700,
background_color="white",max_words=150,stopwords={'的','和','等','了','工
作','对','在','将','是','占','一是','二是','三是'},mask=mask)
#stopwords中为一些要从词云中排除的词语。
w.generate(txt)
w.to_file("2022年中国财政政策执行情况报告词云.png")
plt.imshow(w)
plt.axis("off")
plt.show()
```

运行后会在当前目录下生成词云图片"2022年中国财政政策执行情况报告词云.png"，并在窗口绘制词云如图6.15所示。

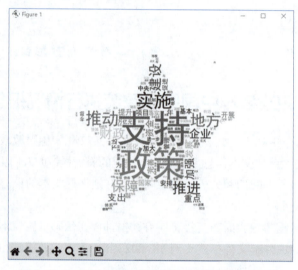

图6.15　2022年中国财政政策执行情况报告的词云

可以看到，wordcloud库具备基本的统计和排序功能，可以配合分词、整合、排除等功能，合理调整词云设置参数将产生不同的可视化效果，文字过多或过少都不会有太好效果。

小　　结

本章首先介绍了如何应用Python函数进行基本文件操作，然后介绍了如何应用Python内置的os模块及其子模块os.path进行目录相关的操作，接下来又介绍了如何应用os模块进行高级的文件与目录操作，例如，删除文件、重命名文件和目录，以及获取文件基本信息等，最后以wordcloud库的应用来进行实例演示。

本章介绍的这些内容都是Python中进行文件与目录操作的基础，在实际开发中，为了实现更为高级的功能，通常还需要借助其他的模块。例如，要进行文件压缩和解压缩可以使用shutil模块。这些内容在本章中没有过多涉及，读者可以在掌握了本章介绍的内容后，自行查找相关学习资源进行使用。

习 题

一、填空题

1. 使用 open() 函数时,当参数 mode 设置为 _____,表示以读写方式打开文件,并且写入内容会覆盖原有内容。
2. 及时主动关闭文件是一种很好的编程习惯,使用 _____ 方法进行关闭文件操作。
3. 文件对象提供了 _____ 方法用于每次读取一行数据。
4. seek() 方法中的 offset 参数用于指定移动的 _____ 个数。
5. 删除文件的函数 remove() 函数是 _____ 模块提供的。
6. 通过 os 模块的 _____ 函数可以获取到文件的基本信息。
7. 使用 os.path.exists() 方法检测目录是否存在时,如果返回值为 True,说明 _____。
8. 路径主要包括两种,分别为 _____ 和 _____。
9. 使用 _____ 方法可以创建一级目录,使用 _____ 方法可以创建多级目录。
10. 通过 pip 方式安装 wordcloud 库的语句为:_____。

二、选择题

1. 下列( )打开模式是以二进制格式打开文件,并且采用读写模式。
   A. wb B. wb+ C. rb D. ab
2. 以下对 Python 文件处理的描述中,错误的是( )。
   A. Python 通过解释器内置的 open() 函数打开一个文件
   B. Python 能够以文本和二进制两种方式处理文件
   C. read([size]) 方法中的参数 [size] 表示要读取的字节个数
   D. 可以使用 Python 提供的 with 语句,从而实现在处理文件时,预定义清理操作
3. file 是一个文本文件对象,下列( )操作返回的是一个字符串列表。
   A. file.read() B. file.readline()
   C. file.readlines() D. file.read(10)
4. os 模块提供了与文件相关的函数,下列( )函数用于获取对文件是否有指定的访问权限。
   A. access() B. chmod() C. remove() D. rename()
5. 执行代码 os.remove("news.txt") 时,news.txt 文件应位于下列( )目录下。
   A. Python 安装目录 B. E 盘根目录
   C. 程序所在目录的上一级 D. 程序所在目录
6. 已知现在正在进行路径拼接,进行拼接的语句为:os.path.join("C:\\Windows", "Program Files", "D:\\", "E:\\", " 财经新闻 ", " 财经新闻 ", "C:\\AppData", " 财经 APP"),那么如果使用 print() 方法输出此语句的拼接结果,将会得到返回值为:( )。
   A. C:\\Windows\\Program Files B. C:\\AppData\\ 财经 APP
   C. C:\Windows\ 财经 APP D. C:\AppData\ 财经 APP
7. 以下有关 rmdir() 方法的说法错误的是( )。
   A. os.rmdir(path) 是该语句的基本语法
   B. 操作 rmdir() 语句时,可以使用相对路径,也可以使用绝对路径

C. 操作 rmdir() 的方式与操作删除文件的 remove() 方法类似

D. rmdir() 方法可以删除任何目录

8. 绘制特别形状的词云图必须要设置的参数是（　　）。

　　A. mask　　　　　　B. font_path　　C. stopwords　　D. width

9. 中文词云图必须要设置参数是（　　），否则中文不能正常显示。

　　A. mask　　　　　　　　　　　B. font_path

　　C. min_font_size　　　　　　　D. width

10. 设置词云图显示的最大词条数量的参数是（　　）。

　　A. max_words　　　　　　　　B. max font size

　　C. stopwords　　　　　　　　　D. height

11. 设置词云图背景颜色的参数是（　　）。

　　A. color　　　　　　　　　　　B. bground_color

　　C. background_color l　　　　　D. gb_color

三、简答题

1. 请简述文件和目录的区别和联系。
2. 请简述为什么在写入文件后，一定要调用 close() 方法关闭文件。
3. 请简述 os 自带的删除目录方法 rmdir() 和 shutil 库自带的 rmtree() 方法的区别。
4. 请简述绘制一个词云的步骤。

四、编程题

1. 编写一个 Python 程序获取本机中某个文件的基本信息，包括但不限于文件路径、文件大小、文件最后一次访问、修改时间和文件是否有写入权限等。
2. 编写一个 Python 程序获得本机 Python 安装的目录，并在路径前面添加"目录"与"文件"来区分获得的内容。
3. 搜索当年国民经济和社会发展计划执行情况的报告，绘制爱心状词云。

第 7 章
面向对象编程

学习目标

知识目标：
◎ 理解面向对象编程思想。
◎ 掌握类的定义和对象的创建方法。
◎ 了解类的属性和方法，以及如何访问和修改它们。
◎ 了解封装、继承和多态的实现方式和应用场景。

能力目标：
能够根据实际需求定义合适的类，正确创建对象并调用对象的方法，能够利用继承和多态实现代码的重用和扩展，能够利用面向对象编程的思想解决实际问题。

素养目标：
在进行面向对象编程中，不断培养面向对象编程的思维方式，培养良好的封装习惯，减少代码的耦合度，提高代码的可维护性。培养继承和多态的使用意识，提高代码的可扩展性和可读性。

知识框架

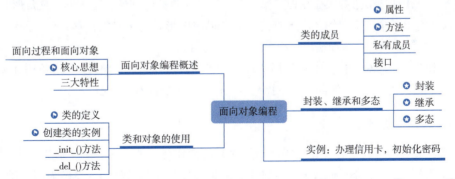

问题导入

在日常生活中，我们经常会遇到各类的办卡操作，例如，在银行办理信用卡、超市办理购物卡等等。在某些情况下，如果没有提供密码，则会有一个初始的默认密码，否则使用提供的密码。那么，如何来进行模拟一个办理信用卡的过程呢？

Python 语言支持面向对象编程，面向对象是程序开发领域中一种非常重要的思想，其模拟了人类对客观世界的认识。正是由于面向对象思想的出现，软件架构才越来越健壮，各种大型软件的开发和维护难度也大大降低。目前，主流编程语言 Java、C++ 等均提供了强大的面向对象编程机制，其作为更高级的代码封装形式，适合大型项目的设计与开发。Python 从设计之初，就是一门面向对象的语言，面向对象是很多程序开发者的分水岭，了解面向对象思想对学习 Python 至关重要。

7.1 面向对象编程概述

面向对象和面向过程不同，如果之前没有接触过面向对象的编程语言，那么可能需要先了解一些面向对象语言的一些基本特征，在头脑里头形成一个基本的面向对象的概念，这样有助于学习 Python 的面向对象编程。

7.1.1 面向过程和面向对象

面向对象思想产生于 20 世纪 60 年代，如今，它已经发展成为一种比较成熟的编程思想，并且逐步成为目前软件开发领域的主流技术。如我们经常听说的面向对象编程（object-oriented programming，OOP）就是主要针对大型软件设计而提出的，使得软件设计更加模块化，提高了代码的复用性。

提到面向对象，自然会联想到面向过程。在早期的编程语言中，面向过程是一种主流的编程思想。它强调对问题解决步骤的详细分析，并将每个步骤的功能封装在函数中。但面向过程并不关注函数之间的归属关系，只关注函数内部的逻辑。

而面向对象的方法则不同，它更注重从问题的本质出发，通过分析问题来提取出相关的对象。这些对象不仅有自己的特性和行为，而且它们之间的关系也被考虑在内。通过这种方式，问题被拆分成一系列相互关联的对象，从而使软件设计更加灵活，更加有利于理解和维护。

在面向对象中，"对象"通常指的是现实世界中的实体或抽象概念。每个对象都有其独特的属性和行为，并且与其他对象存在相互作用。例如，从具体的圆形、正方形、三角形等图形中，我们可以抽象出一个"简单图形"的概念。这个简单图形是一个对象，它有自己的属性（如边的数量、面积等）和行为（如输出面积等）。

总的来说，面向对象提供了一种模拟现实世界的方法，它通过将现实世界的事物抽象为对象，使得软件设计更加贴近实际需求，提高了软件的可维护性和可扩展性。

7.1.2 核心思想

面向对象编程的核心思想在于将数据和对其的操作行为整合在一起，形成一个相互关联、不可分割的整体，即对象。通过分析和抽象，我们可以将相同类型的对象归为同一类，并提取出它们的共同特征。这些类定义了对象的属性和行为，一旦类被定义，就可以将其用作数据类型来创建类的实例，也就是对象。程序的执行实际上是一系列对象之间的交互通信，通过这些交互通信，系统功能得以实现。

概念说明：

（1）类（class）：用来描述具有相同的属性和行为（方法）的对象的集合，它定义了该集合中每个对象所共有的属性和行为（方法），对象是类的实例。例如，图 7.1 所示的一个水果类，包含了水果所具有的属性和行为。

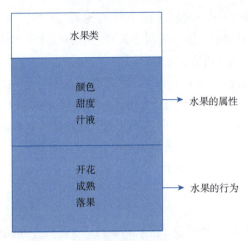

图 7.1 一个水果类

（2）对象：通过类定义的数据结构实例，对象包括两个数据成员（类变量和实例变量）和方法，例如，苹果、梨等是水果类的实例。类和对象的关系如图 7.2 所示，水果类和其两个对象如图 7.3 所示。

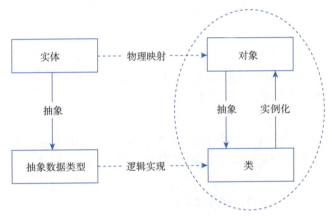

图 7.2 类和对象的关系

图 7.3 水果类和其两个对象

（3）类变量：类变量在整个实例化的对象中是公用的，类变量定义在类中且在函数体之外，类变量通常不作为实例变量使用。

（4）数据成员：类变量或者实例变量，用于处理类及其实例对象的相关的数据。

（5）方法重写：如果从父类继承的方法不能满足子类的需求，可以对其进行改写，这个过程叫方法的重写（override）。

（6）局部变量：定义在方法中的变量，只作用于当前实例的类。

（7）实例变量：在类的声明中，属性是用变量来表示的，这种变量就称为实例变量，是在类声明的内部，但是在类的其他成员方法之外声明的。

（8）继承：即一个派生类（derived class）继承基类（base class）的字段和方法，继承也允许把一个派生类的对象作为一个基类对象对待。例如，有这样一个设计：一个 Apple 类型的对象派生自 Fruit 类，这是模拟"是一个（Is-A）"关系（如 Apple 是一个 Fruit）。

（9）实例化：创建一个类的实例，类的具体对象。

（10）行为（方法）：类中定义的函数。

7.1.3 三大特性

面向对象编程的三大核心特性是封装、继承和多态，这些特性共同构成了面向对象的概念，并为程序设计和实现提供了良好的支持和保障。

1. 封装

封装是指将对象相关的信息和行为状态捆绑成一个单元，也就是将对象封装为一个具体的类。封装隐藏了对象的具体实现，当要操纵对象时，只需要调用其中的方法，而不用管方法的具体实现，封装解决了程序的可扩展性问题。

2. 继承

一个类继承另一个类，继承类可以获得被继承类的所有方法和属性，并且可以根据实际需要添加新的方法或者对被继承类中的方法进行覆写，被继承类称为父类或超类，继承类又称为子类或派生类，继承提高了程序代码的可重用性。

3. 多态

继承是多态的前提。虽然可以继承自同一父类，但是相应的操作却各不相同，这叫作多态。继承会产生不同的派生类，相应的派生对象对同一消息会做出不同的响应，多态实现了系统的可维护性和可扩展性。

以上三大特性将在后面的章节详细展开来说。

7.2 类和对象的使用

Python 在最初开发时，就完全采用面向对象编程的思想，它是真正的面向对象的高级动态编程语言，完全支持面向对象的基本功能，并且提供了非常方便创建类和对象的机制。此外，Python 中对象的概念较其他面向对象编程语言更广泛，Python 中的一切皆为对象。

7.2.1 类的定义

类的定义使用 class 关键字来实现，其基本语法格式如下：

```
class ClassName(bases):
    statement  # 类体
```

参数说明：

ClassName：类名，一般使用大写字母开头，如果类名中包括多个单词，后面的单词首字母也大写，这种命名方法也称为"驼峰式命名法"，这是一种编程中良好的习惯。不过，也可根据自己的习惯命名。

bases：可选参数，要继承的父类，默认继承 object 类。

statement：类体，主要由类变量（或类成员）、方法和属性等定义语句组成，属性使用名词作为名字，如 name、age、number 等。方法名一般暗指对属性所做的操作，命名规则一般采用动词加属性名称的形式，如 updataName、updataAge、updataNumber 等。如果在定义类时，没想好类的具体功能，也可以在类体中直接使用 pass 语句代替。

在某些编程语言中，类的声明和定义是不同的操作。但对于 Python 语言来说，声明与定义类是同时进行的。例如，定义一个表示学生的 Student 类，该类中包含描述学生姓名的属性 name 和描述学生上课行为的方法 attendClass()，代码如下：

```
class Student:
    name = "Tom"              # 属性
    def attendClass(self):    # 方法
        print('listen carefully')
```

> **注意**：方法类似于前面所学的函数，类的方法与普通的函数只有一个特别的区别——方法必须有一个额外的第一个参数名称，按照惯例它的名称是 self，self 代表类的实例，而非类，属性类似于前面所学的变量。

7.2.2 创建类的实例

定义完类后，并不会真正创建一个实例。像我们之前学过的函数一样，定义完之后还需要调用。创建类的实例，也叫实例化该类的对象，也叫创建对象，那么如何创建实例呢？创建类的实例基本语法格式如下：

```
ClassName(parameterlist):
```

参数说明：

ClassName：ClassName 是必选参数，用于指定具体的类。

parameterlist：可选参数，当创建一个类时，没有创建 __init__() 方法（该方法将在下一小节进行详细介绍），或者 __init__() 方法只有一个 self 参数时，parameterlist 可以省略。

例如，创建上一个 Student 类的实例，代码如下：

```
class Student:
    name = "Tom"              # 属性
    def attendClass(self):    # 方法
        print('listen carefully')
pupil = Student()
print(pupil)
```

运行结果如下：

```
<__main__.Student object at 0x00000283E5B18E90>
```

7.2.3 __init__() 方法

__init__() 方法，即构造方法，该方法是一个特殊的方法，每当创建一个类的新实例时，Python 都会自动执行它。__init__() 方法必须包含一个 self 参数，并且必须是第一个参数。self 参数是一个指向实例本身的引用，用于访问类中的属性和方法。在方法调用时会自动传递实际参数 self，因此当 __init__() 方法只有一个参数时，在创建类的实例时，就不需要指定实际参数了。

每个类默认都有一个 __init__() 方法，如果一个类中显式地定义了 __init__() 方法，那么创建对象时调用显式定义的 __init__()，否则调用默认的 __init__() 方法。

__init__() 方法可以分为无参构造方法和有参构造方法：

（1）当使用无参构造方法创建对象时，所有对象的属性都有相同的初始值。

（2）当使用有参构造方法创建对象时，所有对象的属性可以有不同的初始值。

下面定义一个包含无参构造方法和实例方法 setNumber() 的 Student 类，分别创建 2 个 Student 类的对象 student1 和 student2，通过对象 student1 和 student2 调用 setNumber() 方法，代码如下：

```python
class Student:
    def __init__(self):        # 无参构造方法
        self.number = "001"
    def setNumber(self):
        print(f"学生的学号为:{self.number}")
student1 = Student()           # 创建对象并初始化
student1.setNumber()
student2 = Student()           # 创建对象并初始化
student2.setNumber()
```

运行结果如下：

```
学生的学号为:001
学生的学号为:001
```

从以上结果可以看出，对象 student1 和 student2 在调用 setNumber() 方法时都成功访问了 number 属性，说明系统在创建这 2 个对象的同时也调用 __init__() 方法对其进行了初始化。下面定义一个包含有参构造方法和实例方法 setNumber() 的 Student 类，分别创建 Student 类的对象 student1 和 student2，通过这两个对象分别调用 setNumber() 方法，代码如下：

```python
class Student:
    def __init__(self,number):     # 有参构造方法
        self.number = number        # 将形参赋值给属性
    def setNumber(self):
        print(f"学生的学号为:{self.number}")
student1 = Student("001")           # 创建对象并根据实参初始化属性
student1.setNumber()
student2 = Student("002")           # 创建对象并根据实参初始化属性
student2.setNumber()
```

运行结果如下:

```
学生的学号为:001
学生的学号为:002
```

可以看出,对象 student1 和 student2 在调用 setNumber() 方法时都成功访问了 number 属性,且它们的属性具有不同的初始值。

7.2.4 __del__() 方法

__del__() 方法,即析构方法,该方法也是一个特殊的方法,是销毁对象时系统自动调用的方法。每个类默认都有一个 __del__() 方法。如果一个类中显式地定义了 __del__() 方法,那么销毁该类的对象时会调用显式定义的 __del__() 方法;如果一个类中没有定义 __del__() 方法,那么销毁该类的对象时会调用默认的 __del__() 方法。

例如,定义了一个包含构造方法和析构方法的 Student 类,然后创建该类的对象,之后分别在 del 语句执行前后访问 Student 类的对象的属性,代码如下:

```python
class Student:
    def __init__(self):
        self.number = "001"
        print("学生对象被创建")
    def __del__(self):
        print("学生对象被销毁")
student = Student()
print(student.number)
del student
print(student.number)
```

运行结果如下:

```
学生对象被创建
001
学生对象被销毁
Traceback (most recent call last):
  File "E:\Python_Workspace\chapter07\test.py", line 10, in <module>
    print(student.number)
NameError: name 'student' is not defined. Did you mean: 'Student'?
```

可以看出,程序在删除 Student 类的对象 student 之前,成功访问了 number 属性;在调用了析构方法,删除 Student 类的对象 student 后,则无法使用 Student 类的对象 student,导致访问属性时出现错误信息。

知识拓展

销毁对象与之前学的文件类似,每个对象都会占用系统的一部分内存,使用之后若不及时销毁,会浪费系统资源。那么对象什么时候销毁呢? Python 通过引用计数器记录所有对象的引用(可以理解为对象所占内存的别名)数量,一旦某个对象的引用计数器的值为 0,系统就会销毁这个对象,收回对象所占用的内存空间。

7.3 类的成员

类的成员包括属性和方法，属性是类的数据元素，用于存储有关对象的信息，这些信息可以是对象的名称、值、状态等。方法是在类中定义的函数，用于执行与该类相关的操作，方法可以访问和修改对象的属性，以及执行其他操作等。

7.3.1 属性

属性可以按声明方式分为两类，分别是类属性和实例属性。

1. 类属性

类属性是声明在类内部、方法外部的属性。属性就是一个类属性。类属性可以通过类或对象进行访问，但只能通过类进行修改。

例如，定义一个只包含类属性的 Student 类，创建 Student 类的对象，并分别通过类和对象访问、修改类属性，代码如下：

```
class Student:
    name = "Tom"                    # 属性
    def attendClass(self):          # 方法
        print('listen carefully')
student = Student()
print(Student.name)                 # 通过 Student 类访问类属性 name
print(student.name)                 # 通过 student 对象访问类属性 name
Student.name = "Jerry"              # 通过 Student 类修改类属性 name
print(Student.name)
print(student.name)
student.name = "Spike"              # 通过 Student 对象修改类属性 name
print(Student.name)
print(student.name)
```

以上代码首先创建了一个 Student 类的对象 student，然后分别通过 Student 类和 student 对象访问类属性，之后通过 Student 类修改类属性 name 的值，并分别通过 Student 类和 student 对象访问类属性，最后通过 student 对象修改类属性 name 的值，分别通过 Student 类和 student 对象访问类属性，运行结果如下：

```
Tom
Tom
Jerry
Jerry
Jerry
Spike
```

由输出结果中的前 2 个数据可知，Student 类和 student 对象成功访问了类属性，结果都为 Tom；分析第 3 和第 4 个数据可知，Student 类成功地修改了类属性的值，因此 Student 类和 Student 对象访问的结果变为 Jerry；分析最后的 2 个数据可知，Student 类访问的类属性的值仍然是 Jerry，而 Student 对象访问的结果为 Spike，说明 student 对象仅修改了自身对象的属性值，而不能修改类属性值。

> **场景模拟：**
> 财政金融学院迎来一批新学生，现在要输出这批新学生的一些共性特征和学生数量。

例 7-1 通过类属性统计类的实例个数。

在 IDLE 中创建一个名称为 demo01_instances_number.py 的文件，然后在该文件中定义一个学生类 Student，并在该类中定义 4 个类属性，前 3 个用于描述学生类的特征，第 4 个用于记录实例编号，然后定义一个构造方法，在该构造方法中将记录实例编号的类属性进行加 1 操作，并输出 4 个类属性的值，最后通过 for 循环创建 4 个学生类的实例，代码如下：

```python
class Student:
    college = "财政金融学院"         # 类属性（院系）
    grade ="2024"                    # 类属性（年级）
    speciality ="财政学"             # 类属性（专业）
    num = 0  # 编号
    def __init__(self):              # 构造方法
        Student.num += 1             # 将编号加 1
        print("\n我是第" + str(Student.num) + "位学生,我属于学生类!我有以下特征:")
        print(Student.college)       # 输出院系
        print(Student.grade)         # 输出年级
        print(Student.speciality)    # 输出专业
# 创建 4 个学生类的对象（相当于有 4 个学生）
list1 = []
for i in range(4):                   # 循环 4 次
    list1.append(Student())          # 创建一个学生类的实例
print("一共有" + str(Student.num) + "个学生")
```

运行结果如下：

```
我是第1位学生,我属于学生类!我有以下特征:
财政金融学院
2024
财政学

我是第2位学生,我属于学生类!我有以下特征:
财政金融学院
2024
财政学

我是第3位学生,我属于学生类!我有以下特征:
财政金融学院
2024
财政学

我是第4位学生,我属于学生类!我有以下特征:
财政金融学院
2024
财政学
一共有4个学生
```

2. 实例属性

实例属性是在方法内部声明的属性,只作用于当前实例中。下面分别从访问实例属性、修改实例属性和动态添加实例属性三个方面对实例属性进行介绍。

(1)访问实例属性。

实例属性只能通过对象进行访问。例如,定义一个包含方法和实例属性的 Student 类,创建 Student 类的对象,并访问实例属性,代码如下:

```
class Student:
    def setNumber(self):
        self.number = "001"
student = Student()
student.setNumber()
print(student.number)
print(Student.number)
```

以上代码首先定义了 Student 类,该类中包含一个 setNumber() 方法,setNumber() 方法中使用 self 关键字添加了一个实例属性 number;然后创建了一个 Student 类的对象 student,对象 student 调用 setNumber() 方法为 Student 类添加实例属性;最后分别通过对象 student 和类 Student 访问实例属性。

运行结果如下:

```
001
Traceback (most recent call last):
  File "E:\Python_Workspace\chapter07\test.py", line 7, in <module>
    print(Student.number)
AttributeError: type object 'Student' has no attribute 'number'
```

由上述运行结果可知,程序通过 student 对象成功访问了实例属性,而通过 Student 类访问实例属性时却出现异常。因此实例属性不能通过类来访问,可以通过实例对象来进行访问。

(2)修改实例属性。

实例属性可以通过对象进行修改,例如,修改学生的学号,代码如下:

```
class Student:
    def setNumber(self):
        self.number = "001"
student = Student()
student.setNumber()
student.number = "002"
print(student.number)
```

以上代码首先定义了 Student 类,该类中包含一个 setNumber() 方法,setNumber() 方法中使用 self 关键字添加了一个实例属性 number;然后创建了一个 Student 类的对象 student,对象 student 调用 setNumber() 方法访问 number 属性并修改该属性的值为"002";最后分别通过对象 student 访问该实例属性 number。

运行结果如下：

```
002
```

（3）动态添加实例属性。

Python 支持在类的外部使用对象动态地添加实例属性。例如，在上述示例的末尾动态添加实例属性 name，代码如下：

```
class Student:
    def setNumber(self):
        self.number = "001"
student = Student()
student.setNumber()
student.number = "002"
print(student.number)
student.name = "Jack"
print(student.name)
```

通过使用对象动态地添加实例属性 name，并设置 name 属性的值为 Jack，运行结果如下：

```
002
Jack
```

7.3.2 方法

方法可以按定义方式分为三类，分别是类方法、实例方法和静态方法。

1. 类方法

类方法定义在类的内部，通过使用装饰器 @classmethod 进行修饰的方法，创建类方法的基本语法格式如下：

```
@classmethod
def classMethodName(cls):
    methodbody
```

参数说明：

classMethodName：类方法名，遵循标示符命名规则。

cls：类本身，它会在类方法被调用时自动接收由系统传递的调用该方法的类。

methodbody：该方法被调用后，要执行的功能代码。

例如，定义一个包含类方法 attendClass() 的 Student 类，类方法可以通过类或者对象进行调用，代码如下：

```
class Student:
    @classmethod
    def attendClass(cls):  # 类方法
        print('listen carefully（我是类方法）')
```

```
student = Student()
student.attendClass()          # 通过对象调用类方法
Student.attendClass()          # 通过类调用类方法
```

运行结果如下：

```
listen carefully（我是类方法）
listen carefully（我是类方法）
```

由上述运行结果可知，程序既可以通过对象调用类方法，也可以通过类调用类方法。

类方法中可以使用 cls 访问和修改类属性的值。例如，定义一个包含类属性、类方法的 Student 类，并在类方法中使用 cls 访问和修改类属性，然后创建 Student 类的 student 对象，使用 student 对象调用类方法，代码如下：

```
class Student:
    number = "001"
    @classmethod
    def setNumber(cls):  # 类方法
        print(cls.number)
        cls.number = "002"
        print(cls.number)
student = Student()
student.setNumber()
```

运行结果如下：

```
001
002
```

由上述运行结果可知，程序在类方法 attendClass() 中成功访问并且修改了类属性 number 的值。

2. 实例方法

实例方法实际就是在类中定义的函数，该函数是一种在类的实例上操作的函数，它的第一个参数必须是 self。实例方法中的 self 参数代表对象本身，它会在实例方法被调用时自动接收由系统传递的调用该方法的对象，创建实例方法的基本语法格式如下：

```
def instanceMethodName(self, parameterlist):
    methodbody
```

参数说明：

instanceMethodName：实例方法名，遵循标示符命名规则。

self：必要参数，表示类的实例，其名称可以是 self 以外的单词，self 仅是作为一个惯例使用。

parameterlist：用于指定除 self 参数以外的参数，各参数间使用逗号","进行分隔。

methodbody：该方法被调用后，要执行的功能代码。

> **说明：** 实例方法和 Python 中的函数的主要区别就是，函数实现的是某个独立的功能，而实例方法是实现类中的一个行为，是类的一部分。

实例方法只能通过对象调用。例如，定义一个包含实例方法 attendClass() 的类 Student，创建 Student 类的对象，分别通过对象和类调用实例方法，代码如下：

```
class Student:
    def attendClass(self):    # 实例方法
        print('listen carefully（我是实例方法）')
student = Student()
student.attendClass()         # 通过对象调用实例方法
Student.attendClass()         # 通过类调用实例方法
```

运行结果如下：

```
listen carefully（我是实例方法）
Traceback (most recent call last):
  File "E:\Python_Workspace\chapter07\test.py", line 6, in <module>
    Student.attendClass()    # 通过类调用实例方法
TypeError: Student.attendClass() missing 1 required positional argument: 'self'
```

由上述运行结果可知，程序可以通过对象调用实例方法，而通过类调用实例方法时，会产生异常。

3. 静态方法

静态方法定义在类的内部，通过使用装饰器 @staticmethod 进行修饰的方法，创建静态方法的基本语法格式如下：

```
@staticmethod
def staticMethodName():
    methodbody
```

参数说明：

staticMethodName：静态方法名，遵循标示符命名规则。

methodbody：该方法被调用后，要执行的功能代码。

静态方法与实例方法、类方法不同的是——静态方法没有任何默认参数，它适用于与类无关的操作，或者是无须使用类成员的操作，常见于一些工具类中。

例如，定义一个包含静态方法的 Student 类，代码如下：

```
class Student:
    @staticmethod
    def attendClass():    # 静态方法
        print('listen carefully（我是静态方法）')
```

静态方法既可以使用对象调用，也可以使用类调用。例如，创建 Student 类的对象 student，分别使用对象和类调用静态方法，代码如下：

```python
class Student:
    @staticmethod
    def attendClass():    # 静态方法
        print('listen carefully（我是静态方法）')
student = Student()
student.attendClass()
Student.attendClass()
```

运行结果如下：

```
listen carefully（我是静态方法）
listen carefully（我是静态方法）
```

静态方法的内部无法直接访问属性或方法，但可以通过类名访问类属性或者调用类方法，代码如下：

```python
class Student:
    number = "001"        # 类属性
    @staticmethod
    def attendClass():    # 静态方法
        print('listen carefully（我是静态方法）')
        print(f'我的学号是{Student.number}')
student = Student()
student.attendClass()
```

运行结果如下：

```
listen carefully（我是静态方法）
我的学号是001
```

场景模拟：

财政金融学院迎来一批新学生，现在要输出某个新学生的一些个性特征和学生数量。

例 7-2 创建实例方法并访问。

在 IDLE 中创建一个名称为 demo02_instance_method.py 的文件，然后在该文件中定义一个学生类 Student，再定义一个实例方法 attendClass()，该方法有两个参数，一个是 self，另一个用于指定上课教室，最后再创建一个学生类 Student 的实例，并调用实例方法 attendClass()，代码如下：

```python
class Student:
    def __init__(self,number,name,speciality):   # 构造方法
        print('我属于学生类！以下是我的特征：')
        print(number)                             # 输出学号
        print(name)                               # 输出姓名
        print(speciality)                         # 输出专业
    def attendClass(self,classroom):
        print(classroom)
```

```
number1 = "001"
name1 = "Jack"
speciality1 = "Finance"
student1 = Student(number1,name1,speciality1)
student1.attendClass("501")
```

运行结果如下:

```
我属于学生类！以下是我的特征：
001
Jack
Finance
501
```

知识拓展

在创建实例方法时，也可以和创建函数时一样为参数设置默认值。但是被设置了默认值的参数必须位于所有参数的最后（即最右侧）。例如，可以将例7-2的代码修改为以下内容：

```
class Student:
    def __init__(self,number,name,speciality):    # 构造方法
        print('我属于学生类！以下是我的特征:')
        print(number)                              # 输出学号
        print(name)                                # 输出姓名
        print(speciality)                          # 输出专业
    def attendClass(self,classroom = "501"):
        print(classroom)
number1 = "001"
name1 = "Jack"
speciality1 = "Finance"
student1 = Student(number1,name1,speciality1)
student1.attendClass()
```

此时，执行结果仍然和上面的一样。

7.3.3 私有成员

类的成员的默认方式是公有的，这样可以在类的外部通过类或对象随意访问，因此，是不够安全的。为了保证类中数据的安全，Python支持将公有成员改为私有成员，私有成员能够在一定程度上限制在类的外部对类成员的访问。

Python通过在类成员的名称前面添加双下画线（__）的方式来表示私有成员，其基本语法格式如下：

```
__attribute_name
__method_name
```

参数说明：

attribute_name：属性名，遵循标示符命名规则。

method_name：方法名，遵循标示符命名规则。

例如，定义一个包含私有属性 __number 和私有方法 __attendClass() 的 Student 类，代码如下：

```
class Student:
    __number = "001"              # 私有属性
    def __attendClass(self):      # 私有方法
        print('listen carefully（我是私有方法）')
```

上述示例中定义的私有属性和私有方法在类的内部可以直接访问，而在类的外部不能直接访问，但可以通过调用类的公有方法的方式进行访问。

在上面定义的 Student 类中增加一个公有方法 public()，修改后的代码如下：

```
class Student:
    __number = "001"              # 私有属性
    def __attendClass(self):      # 私有方法
        print('listen carefully（我是私有方法）')
    def public(self):
        print(f"我的学号是{self.__number}")
        self.__attendClass()
```

此时，如果创建类 Student 的对象，直接去访问私有属性 __number，或调用私有方法 __attendClass()，会产生异常，代码如下：

```
class Student:
    __number = "001"              # 私有属性
    def __attendClass(self):      # 私有方法
        print('listen carefully（我是私有方法）')
    def public(self):
        print(f"我的学号是{self.__number}")
        self.__attendClass()
student = Student()
print(student.__number)
student.__attendClass()
```

运行结果如下：

```
Traceback (most recent call last):
  File "E:\Python_Workspace\chapter07\test.py", line 9, in <module>
    print(student.__number)
AttributeError: 'Student' object has no attribute '__number'
```

由上述运行结果可知，Student 类的对象中没有 __number 属性，说明在类的外部无法访问私有属性。

若删掉第 9 行代码 print(student.__number) 后，此时，执行上面的代码仍然会抛出异常，异常如下：

```
Traceback (most recent call last):
  File "E:\Python_Workspace\chapter07\test.py", line 9, in <module>
```

```
        student.__attendClass()
AttributeError: 'Student' object has no attribute '__attendClass'
```

由上述运行结果可知，Student 类的对象中也没有 __attendClass() 方法，说明在类的外部无法访问私有方法。

下面通过公有方法 public() 中访问私有属性 __number，并调用私有方法 __attendClass()，代码如下：

```
class Student:
    __number = "001"              # 私有属性
    def __attendClass(self):      # 私有方法
        print('listen carefully（我是私有方法）')
    def public(self):
        print(f"我的学号是{self.__number}")
        self.__attendClass()
student = Student()
student.public()
```

运行结果如下：

```
我的学号是001
listen carefully（我是私有方法）
```

由上述运行结果可知，在类的外部通过公有方法 public() 成功访问了私有属性 __number，并调用私有方法 __attendClass()。

7.3.4　接口

通常所说的接口，即 API（application programming interface，应用程序接口）是一些预先定义的接口（如函数、HTTP 接口），或指软件系统不同组成部分衔接的约定。用来提供应用程序与开发人员基于某软件或硬件得以访问的一组例程，而又无须访问源码，或理解内部工作机制的细节。

在 Python 中，接口（interface）通常不是像 Java 或 C# 中那样的显式构造，而是一种隐式协议或约定。

接口功能允许我们在 Python 中更加灵活地编写代码，可以随时为现有类型添加新的方法，或者创建新的类型来满足特定的接口要求，而不需要显式地声明实现了一个接口。这意味着我们不关心对象的实际类型，只关心它是否有需要的方法和属性。如果一个对象有需要的方法，那么就可以认为它实现了某个接口。

7.4　封装、继承和多态

在 Python 中，封装、继承和多态这三大核心特性，可以在创建可重用、可维护和可扩展的代码上提供很多帮助，下面将详细介绍这三个概念及其在 Python 中的实现。

7.4.1 封装

封装是面向对象的三大特性之一，它的基本思想是对外隐藏类的细节，提供用于访问类成员的公开接口，也就是将数据和与数据相关的操作组合在一起，以隐藏对象的内部实现细节，并仅通过对象的方法暴露必要的接口，这样能够在一定程度上保证类内数据的安全。

封装的主要目的是：

1. 数据隐藏

保护对象的内部状态不被外部直接访问，只能通过对象提供的方法进行操作。

2. 增加安全性

防止外部代码随意修改对象的状态，可能导致对象的不一致或错误。

3. 简化编程

外部代码只需要关心对象提供的接口，而不需要了解内部的具体实现。

为了契合封装思想，在定义类时需要满足以下两点要求：

（1）将属性声明为私有属性；

（2）添加 2 个供外界调用的公有方法，分别用于设置或获取私有属性的值。

结合上面两点要求定义一个 Student 类，Student 类中包含公有属性 name、私有属性 __grade、公有方法 setGrade() 和 getGrade()，其中私有属性 __grade 的默认值为 60，setGrade 方法为外界提供了设置 __grade 属性值的接口，getGrade() 方法为外界提供了获取 __grade 属性值的接口。

Student 类定义完成后，创建 Student 类的对象 Student，通过对象 student 调用 setGrade() 方法设置 __grade 属性的值为 90，然后通过对象 student 调用 getGrade() 方法获取 __grade 属性的值，代码如下：

```python
class Student:
    def __init__(self,name):
        self.name = name                    # 姓名
        self.__grade = 60                   # 分数，默认为 60 分，私有属性
    # 设置私有属性值的方法
    def setGrade(self,newgrade):
        if 0 <= newgrade <= 100:
            self.__grade = newgrade
    # 获取私有属性值的方法
    def getGrade(self):
        return self.__grade
student = Student("Tom")
student.setGrade(90)
print(f" 分数为 {student.getGrade()} 分 ")
```

运行结果如下：

分数为 90 分

由上述运行结果可知，程序获取的私有属性 __grade 的值为 90，说明属性 __grade 的值设置成功。由此可知，程序可以通过类提供的公有方法访问并修改私有属性，这既保证了类的属性的安全性，又避免了随意给属性赋值的现象。

7.4.2 继承

面向对象的编程带来的主要好处之一就是代码的重用，实现这种重用的方法可以通过继承机制，Python 中允许一个类（子类）继承另一个类（父类）的属性和方法，这样，子类可以重用父类的代码，同时还可以添加或覆盖父类的行为。此外，Python 还支持多重继承，即一个类可以继承多个父类。

1. 单继承

单继承即子类只继承一个父类，现实生活中，小学生、中学生和大学生都属于学生类，它们之间存在的单继承关系，单继承关系如图 7.4 所示。

图 7.4　单继承关系示意

2. 多继承

现实生活中很多事物之间是相互组合的，它们同时具有多个事物的特征或行为，例如，房车是房屋与汽车的组合，既具有房屋的属性和行为，也同时具有汽车的属性和行为；再或者某个学生既是财税学院的，也是校学生会的，则这名学生既具有财税学院学生的属性和行为，也同时具有校学生会的属性和行为，多继承关系如图 7.5 所示。

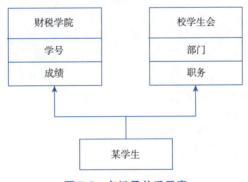

图 7.5　多继承关系示意

通过继承不仅可以实现代码的重用，还可以通过继承来理顺类与类之间的关系。在 Python 中，可以在类定义语句中，类名右侧使用一对括号将要继承的基类名称括起来，从而实现类的继承，其基本语法格式如下：

```
class ClassName(baseclasslist):
    statement
```

参数说明：

ClassName：类名，遵循标示符命名规则。

baseclasslist：指定要继承的父类，可以有多个，类名之间用逗号","分隔。如果不指定，将使用所有Python对象的根类object。

statement：类体，主要由类变量（或类成员）、方法和属性等定义语句组成。如果在定义类时，没想好类的具体功能，也可以在类体中直接使用pass语句代替。

> **场景模拟：**
> 财税学院迎来一批新学生，某个新生在开学季加入了校学生会，因此他既属于财税学院，也属于学生会。

例 7-3 创建多继承关系，并访问继承的父类成员。

在IDLE中创建一个名称为demo03_multiple_inheritance.py的文件，然后在该文件中定义一个学院类School，该类中分别有两个属性学号（number）、成绩（grade）以及一个方法上课attendClass()，定义一个学生会类Union，该类中分别有两个属性部门（department）、职务（duties）以及一个方法工作work()，再定义一个学生类，该学生类继承了学院类School和学生会类Union，创建一个学生类的对象，分别访问所有继承的父类成员，代码如下：

```python
class School:
    number = "001"
    grade = "90"
    def attendClass(self):
        print('listen carefully')
class Union:
    department = "Organization Department"
    duties = "committee member"
    def work(self):
        print('work diligently')
class Student(School,Union):
    pass
student = Student()
print(f"我的学号是：{student.number}")
print(f"我的分数是：{student.grade}")
student.attendClass()
print(f"我的部门是：{student.department}")
print(f"我的职务是：{student.duties}")
student.work()
```

运行结果如下：

```
我的学号是：001
我的分数是：90
listen carefully
我的部门是：Organization Department
我的职务是：committee member
work diligently
```

由上述运行结果可知，虽然在学生类中并没有创建属性学号number、成绩grade、部门department和职务duties以及方法上课attendClass()和方法工作work()，但却可以访问其继承父类中的这些成员，包括方法和属性。

7.4.3 多态

多态是面向对象的重要特性之一，它能够让不同类的同一功能可以通过同一个接口调用，并表现出不同的行为。例如，定义一个中学生类 MiddleSchoolStudent 和一个大学生类 CollegeStudent，为这两个类都定义 attendClass() 方法，再定义一个接口，通过这个接口调用 MiddleSchoolStudent 类和 CollegeStudent 类中的 attendClass() 方法，代码如下：

```python
class MiddleSchoolStudent:
    def attendClass(self):
        print('上课通常在同一个教室')
class CollegeStudent:
    def attendClass(self):
        print('上课通常在不同教室')
def attendClass(obj):
    obj.attendClass()
middleschoolstudent = MiddleSchoolStudent()
collegestudent = CollegeStudent()
attendClass(middleschoolstudent)
attendClass(collegestudent)
```

运行结果如下：

```
上课通常在同一个教室
上课通常在不同教室
```

以上示例通过同一个接口调用了 MiddleSchoolStudent 类和 CollegeStudent 类中的 attendClass() 方法，完成同一操作获取不同结果，体现了面向对象中多态这一特性。

另外，方法重写（又称方法覆盖），也是多态性的一个体现。父类的成员都会被子类继承，但父类中的某些方法并不完全适用于子类，这就需要在子类中重写父类的这个方法。在 Python 中，方法重写是指子类重新定义了一个与父类中同名的方法，当子类对象调用该方法时，Python 将执行子类中的版本，而不是父类中的版本。这是面向对象编程中的一个重要概念，允许子类定制或扩展继承自父类的行为。

例如，定义一个学生类 Student，作为父类，其具有一个成员方法 sayHello()，再分别定义一个中国学生类 ChineseStudent 和一个外国学生类 ForeignStudent 均继承了学生类 Student，在 ChineseStudent 类和 ForeignStudent 类中分别重写 sayHello() 这个方法，代码如下：

```python
class Student:
    def sayHello(self):
        print('sayHello')
class ChineseStudent(Student):
    def sayHello(self):
        print('吃了吗')
class ForeignStudent(Student):
    def sayHello(self):
        print('The weather is really nice')
```

```
chinesestudent = ChineseStudent()
foreignstudent = ForeignStudent()
chinesestudent.sayHello()
foreignstudent.sayHello()
```

运行结果如下：

```
吃了吗
The weather is really nice
```

知识拓展

如果此时子类想调用父类的方法，可以使用 super() 函数。例如，对上述代码进行修改，让外国学生类 ForeignStudent 的对象 foreignstudent 调用父类的方法，代码如下：

```
class Student:
    def sayHello(self):
        print('sayHello')
class ChineseStudent(Student):
    def sayHello(self):
        print('吃了吗')
class ForeignStudent(Student):
    def sayHello(self):
        super().sayHello()
chinesestudent = ChineseStudent()
foreignstudent = ForeignStudent()
chinesestudent.sayHello()
foreignstudent.sayHello()
```

运行结果如下：

```
吃了吗
sayHello
```

由上述运行结果可知，子类通过 super() 函数成功调用了父类重写前的方法。

利用多态这一特性编写代码不会影响类的内部设计，但可以提高代码的兼容性，让代码的调度更加灵活。

实例：办理信用卡，初始化密码

在银行办理信用卡时，如果没有设置密码，则会初始化一个默认密码，否则使用提供的密码。

在 IDLE 中创建一个名称为 demo04_creditcard_password.py 的文件，创建信用卡类，并且为该类创建一个构造方法，该构造方法有 3 个参数，分别是 self、卡号和密码。其中，密码可以设置一个默认值 123456，代表默认密码。在创建类的实例时，如果不指定密码，就采用默认密码，否则要重置密码，并且有验证密码、修改密码的功能，代码如下：

```python
class CreditCard:
    def __init__(self, card_number, password='123456'):
        self.card_number = card_number
        self.password = password
    def change_password(self, new_password):
        self.password = new_password
    def verify_password(self, password):
        return self.password == password
    def __str__(self):
        return f'Card Number: {self.card_number}, Password: {self.password}'
# 创建一个带有默认密码的信用卡实例
card1 = CreditCard('1234-5678-9012-3456')
# 输出：Card Number: 1234-5678-9012-3456, Password: 123456
print(card1)
# 验证默认密码
print(card1.verify_password('123456'))               # 输出：True
# 更改密码
card1.change_password('new_password')
print(card1.verify_password('new_password'))         # 输出：True
# 创建一个带有自定义密码的信用卡实例
card2 = CreditCard('9876-5432-1098-7654', 'custom_password')
# 输出：Card Number: 9876-5432-1098-7654, Password: custom_password
print(card2)
# 验证自定义密码
print(card2.verify_password('custom_password'))      # 输出：True
```

运行结果如下：

```
Card Number: 1234-5678-9012-3456, Password: 123456
True
True
Card Number: 9876-5432-1098-7654, Password: custom_password
True
```

小　　结

面向对象编程是将程序中的数据和对数据的操作封装在称为"对象"的实体中。其中两个核心概念：类和对象，对象映射了现实生活中真实存在的事物，它可以看得见摸得着；而类是抽象的，它是对一群具有相同特征和行为的事物的统称。简单地说，类是现实中具有相同特征的一些事物的抽象，对象是类的实例。在本章中，初步了解了一下面向对象的知识和技术，包括面向对象概述、类和对象的使用、类的成员以及封装、继承和多态的具体使用。

通过学习本章的内容，读者应能初步掌握面向对象编程技巧，在实际开发中能灵活运用面向对象编程。

习　题

一、填空题

1. Python 中类的声明使用关键字 _____。
2. 面向对象的三大特性分别是封装、_____ 和多态。
3. 类的成员包括 _____ 和方法。
4. 静态方法使用装饰器 _____ 来修饰。
5. 类方法使用装饰器 _____ 来修饰。
6. 所有的类均默认继承 _____ 类。
7. Python 可以通过在类成员声明之前添加的 _____ 方式，设置为私有成员。
8. Python 中的 _____ 特性的基本思想是对外隐藏类的细节。
9. _____ 方法，即析构方法，是销毁对象时系统自动调用的方法。
10. 当子类需要对继承来的方法进行调整，也就是重写父类的方法时，子类对象使用 _____ 函数可以调用父类的方法。

二、选择题

1. 在 Python 的面向对象编程中，用于初始化对象状态的特殊方法是（　　）。
   A. __init__()　　　　　　B. __start__()
   C. __begin__()　　　　　D. __create__()
2. 下列选项中，不属于面向对象的三大特性的是（　　）。
   A. 封装　　B. 继承　　C. 抽象　　D. 多态
3. 类中实例方法的第一个参数必须是（　　）。
   A. cls　　B. self　　C. def　　D. super
4. 若要在一个类的方法内部访问该类的另一个实例方法，使用下列方式中的（　　）。
   A. 类名.方法名()　　　　　B. self.方法名()
   C. this.方法名()　　　　　D. 实例名.方法名()
5. 当创建一个类的实例时，init() 方法可以（　　）。
   A. 被自动调用，用于初始化新创建的对象
   B. 必须显式调用，以初始化新创建的对象
   C. 仅在第一次创建对象时被调用
   D. 从不自动调用，需要程序员手动初始化对象
6. 以下关于 Python 中的继承，说法正确的是（　　）。
   A. Python 只支持单继承　　　　B. Python 仅支持多继承
   C. Python 不支持继承　　　　　D. Python 既支持单继承，也支持多继承
7. 关于封装，以下说法正确的是（　　）。
   A. 封装是指将数据和方法分开存储
   B. 封装是指隐藏对象的所有细节，只提供必要的接口与外部交互
   C. 封装是指将数据存储在数据库中
   D. 封装是指代码的压缩

8. 以下属于正确的类继承语法的是（　　）。
   A. class DerivedClass: BaseClass
   B. class DerivedClass(BaseClass)
   C. class DerivedClass inherits BaseClass
   D. class DerivedClass extends BaseClass

三、简答题
1. 请简述 Python 中类方法和静态方法之间的区别。
2. 请描述 Python 中的 self 关键字及其用途。
3. 请简述 Python 中如何实现私有属性和方法。

四、编程题
1. 创建一个 Person 类，该类具有以下属性：
name：一个字符串，表示人的名字；
age：一个整数，表示人的年龄。
该类还应具有以下方法：
greet()：打印一条问候语，包含该人的名字。
再创建一个 Student 类，继承自 Person 类，并添加以下属性：
student_id：一个字符串，表示学生的学号；
major：一个字符串，表示学生的专业。
该类还应具有以下方法：introduce()：打印一条介绍信息，包含学生的名字、学号和专业。

2. 智能手机的默认语言为英文，但制造手机时可以将默认语言设置为中文。编写手机类，采用无参构造方法时，表示使用默认语言设计，利用有参构造方法时，修改手机的默认语言。

3. 创建一个 Circle（圆）类，该类中包括属性 radius（半径），还包括 __init__()、get_perimeter()（求周长）和 get_area()（求面积）共 3 个方法，创建 Circle 类的对象并求圆的周长和面积。

第 8 章
异常处理与程序调试

学习目标

知识目标：
◎ 了解异常的概念及 Python 中常见的异常。
◎ 掌握处理异常的 try...except 语句、多重 except 语句、try...except...else 语句和 try...except...finally 语句的使用方法。
◎ 掌握 raise 语句和 assert 语句的使用方法。
◎ 掌握用户自定义异常的方法。

能力目标：
能够正确识别和处理异常，能够根据程序的逻辑和上下文，预测可能发生的异常类型，能够编写 try...except 语句块，捕获并处理异常。
能够在合适的场景中使用自定义异常，提高代码的健壮性。

素养目标：
通过本章学习，养成良好的编程习惯，在编写代码时，注重异常处理的完整性和规范性。遵循"早发现、早处理"的原则，减少异常对程序运行的影响。"精雕细琢、精益求精"不断完善程序，让程序更加健壮，同时提高逻辑思维能力以及解决问题能力。

知识框架

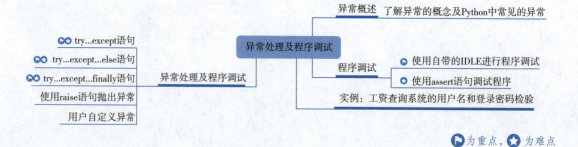

问题导入

在日常生活中，登录邮箱、信息系统时需要输入用户名和密码，用户名和密码出错时系统会弹出提示，如何自定义一个异常，当用户输入的用户名或者登录密码不合法时，就抛出自定义的异常对象，捕获并处理该异常呢？

学习过 C 语言或者 Java 语言的读者都知道，在 C 语言或者 Java 语言中，编译器可以捕获很多语法错误。但是，在 Python 语言中，只有在程序运行后才会执行语法检查。所以，只有在运行或测试程序时，才会真正知道该程序能不能正常运行。因此，掌握一定的异常处理语句和程序调试方法是十分必要的。本章将主要介绍常用的异常处理语句，以及如何使用 IDLE 和 assert 语句进行调试。

8.1 异常概述

在程序运行过程中，经常会遇到各种各样的错误，这些错误统称为"异常"。这些异常有的是由于开发者一时疏忽将关键字输入错误导致的，这类错误多数产生的是 SyntaxError: invalid syntax（无效的语法）的异常信息，这将直接导致程序不能运行。这类异常是显式的，在开发阶段很容易被发现。此外，还有一类是隐式的，在程序执行过程中，会遇到错误导致程序停止执行的情况，如 0 作为除数、内存或硬盘空间不足、网络连接失败、文件不能打开或系统出错等。

> **场景模拟：**
> 在全民学编程的时代，学金融的小李编写了一个程序，模拟公司分红。公司拿出来 100 万元，分给 5 名股东，当输入分红金额数 100（单位：万元）和分红人数 5 时，程序给出的结果是每人分 20 万元。但是小李的在运行程序时有一个异常。

例 8-1 模拟公司分红。 在 IDLE 中创建一个名称为 demo01_dividend.py 的文件，然后在该文件中定义一个模拟分红的函数 division()，在该函数中，要求输入分红总金额和股东人数，然后应用除法算式计算分配的结果，最后调用 division() 函数，代码如下：

```python
def division():
    ''' 功能：股东分红 '''
    print("\n==================== 分红了 ====================\n")
    total_dividend = int(input("请输入分红总金额（单位：万元）："))
                                                              # 输入分红总金额
    shareholders= int(input("请输入股东人数："))                # 输入股东个数
    result = total_dividend / shareholders                    # 计算每人分红金额
    print("分红总金额",total_dividend,"万元,平均分给", shareholders,"名股东,每人分 ",result,"万元。")
if __name__ == '__main__':
    division()                                                # 调用分红函数
```

运行上述代码，当输入分红总金额 100 万元和股东个数 5 时，正确的运行结果如下：

```
==================== 分红了 ====================

请输入分红总金额（单位：万元）：100
请输入股东人数：5
分红总金额 100 万元,平均分给 5 名股东,每人分 20.0 万元。
```

当输入分红总金额 100 万元后，不小心将股东人数输成了 0，那么将会产生 ZeroDivisionError 的异常信息，运行结果如下：

```
==================== 分红了 ====================
请输入分红总金额：100
请输入股东人数：0
Traceback (most recent call last):
  File "E:\Python_Workspace\chapter08\demo01_dividend.py", line 9, in <module>
    division()                                            # 调用分红函数
  File "E:\Python_Workspace\chapter08\demo01_dividend.py", line 6, in division
    result = total_dividend / shareholders              # 计算每人分的金额
ZeroDivisionError: division by zero
```

产生 ZeroDivisionError（除数为 0 错误）异常的根源在于，算术表达式 "100/0" 中，0 作为除数出现，所以正在执行的程序被中断（第 6 行以后，包括第 6 行的代码都不会被执行）。除 ZeroDivisionError 异常外，Python 中还有很多异常。表 8.1 列出了 Python 中常见的异常及其描述。

表 8.1 Python 中常见的异常及其描述

异常	描述
SyntaxError	代码中存在语法错误时引发的异常
NameError	尝试访问一个未定义或未初始化的变量引发的异常
IndexError	对序列进行操作，尝试使用一个超出范围的索引时引发的异常
IndentationError	缩进不正确时引发的异常
ValueError	传入的值错误。如 int('finance')，参数 'finance' 不能转换为数值
KeyError	请求字典中一个不存在的键引发的异常
IOError	输入/输出异常，如要读取不存在的文件
ImportError	导入模块或包异常。如 import 语句无法找到模块或 from 无法在模块中找到相应的名称时，引发的异常
AttributeError	引用一个对象不存在的属性时引发的异常
TypeError	类型不合适引发的异常
MemoryError	内存不足
ZeroDivisionError	当除数为 0 时，引发的错误异常
OSError	调用操作系统完成某些功能失败时引发的异常

异常有不同的类型，其类型名称将会作为错误信息的一部分返回给用户。Python 中有很多内置的异常类型，它们由 BaseException 类派生得到。表 8.1 描述了 Python 中常见的异常类型。每一种异常类型都有它自己的错误提示信息，用户根据给出的错误提示信息描述可以快速、准确地修正程序错误。

在程序开发时，有些错误并不是每次运行都会出现的。如例 8-1 只要输入的数据符合程序的要求，程序就可以正常运行，否则将抛出异常并停止运行。假设在输入股东的个数时输入了 5.5，那么程序将抛出异常信息。这时，需要在开发程序时对可以出现异常的情况进行处理。

```
==================== 分红了 ====================
请输入分红总金额（单位：万元）：100
```

```
请输入股东人数: 5.5
Traceback (most recent call last):
  File "E:\Python_Workspace\chapter08\demo01_dividend.py", line 9, in <module>
    division()                                              # 调用分红函数
  File "E:\Python_Workspace\chapter08\demo01_dividend.py", line 5, in division
    shareholders= int(input("请输入股东人数: "))            # 输入股东个数
ValueError: invalid literal for int() with base 10: '5.5'
```

8.2 异常处理语句

为了提高程序的健壮性，大多数高级程序设计语言都具有异常处理机制。良好的异常处理可以让程序更加健壮，让程序面对非法输入时有一定的应对能力，并且清晰的错误提示信息更能帮助程序员快速修复问题。Python 也不例外，下面将详细介绍 Python 中提供的异常处理语句。

8.2.1 try...except 语句

在 Python 中，提供了 try...except 语句捕获并处理异常。在使用时，把可能产生异常的代码放在 try 语句块中，把处理结果放在 except 语句块中；一旦 try 语句块中的代码出现错误，就会执行 except 语句块中的代码；但如果 try 语句块中的代码没有错误，那么将不执行 except 语句块。语法格式如下：

```
try:
    block1
except[ExceptionName[as alias]]:
    block2
```

参数说明：

block1：表示可能出现错误的代码块。

ExceptionName [as alias]：可选参数，用于指定要捕获的异常。其中，ExceptionName 表示要捕获的异常名称，如果在其右侧加上 as alias，则表示为当前的异常指定一个别名，通过该别名，可以记录异常的具体内容。

block2：表示进行异常处理的代码块。在这里可以输出固定的提示信息，也可以通过别名输出异常的具体内容。

> **说明**：在使用 try...except 语句捕获异常时，如果在 except 后面不指定异常名称，则表示捕获全部异常；使用 try...except 语句捕获异常后，当程序出错时，将输出错误信息，并且程序会继续执行。

下面将对【例 8-1】进行改进，加入捕获异常功能，对除数不能为 0 的情况进行处理。

例 8-2 模拟股票分红（除数不能为 0）。

在 IDLE 中创建一个名称为 demo02_dividend_0.py 的文件，然后将例 8-1 的代码全部复制到该文件中，并且对"if __name__ == '__main__':"语句下面的代码进行修改，应用 try...except 语句捕获执行 division() 函数可能抛出的 ZeroDivisionError（除数为 0）的异常信息，修改后的代码如下：

```
def division():
    '''功能：股东分红'''
    print("\n==================== 分红了 ====================\n")
    total_dividend = int(input("请输入分红总金额（单位：万元）："))  # 输入分红总金额
    shareholders= int(input("请输入股东人数："))                    # 输入股东个数
    result = total_dividend / shareholders                         # 计算每人分红金额
    print("分红总金额",total_dividend,"万元,平均分给", shareholders,"名股东,每人分",result,"万元。")
if __name__ == '__main__':
    try:                                                            # 捕获异常
        division()                                                  # 调用分红函数
    except ZeroDivisionError:                                       # 处理异常
        print("\n出错了 ~_~ ——分红不能被0位股东分！")
```

运行上述代码，当输入分红总金额为100万元，股东人数为0时，将不再抛出异常信息，而是显示如下出错提示信息：

```
==================== 分红了 ====================

请输入分红总金额（单位：万元）：100
请输入股东人数：0

出错了 ~_~ ——分红不能被0位股东分！
```

如果将分红总金额或股东的人数输成小数或者非数字，结果又当如何呢？再次运行上述例8-2代码，输入股东的个数为5.5，运行结果如下：

```
==================== 分红了 ====================

请输入分红总金额（单位：万元）：100
请输入股东人数：5.5
Traceback (most recent call last):
  File "E:\Python_Workspace\chapter08\demo02_dividend_0.py", line 11, in <module>
    division()                                                      # 调用分红函数
  File "E:\Python_Workspace\chapter08\demo02_dividend_0.py", line 5, in division
    shareholders= int(input("请输入股东人数："))                     # 输入股东个数
ValueError: invalid literal for int() with base 10: '5.5'
```

从输出结果可以看出，程序中要求输入整数，而实际输入的是小数，因此抛出 ValueError（传入的值错误）的异常信息。要解决该问题，需要在例 8-2 的代码中，为 try...except 语句再添加一个 except 语句，用于处理抛出 ValueError 的异常情况。

例 8-3 模拟股票分红（除数不能为 0 或 ValueError 异常）。

在例 8-2 的代码中，为 try...except 语句再添加一个 except 语句，用于处理抛出 ValueError 的异常情况。修改后的代码如下：

```
    def division():
        ''' 功能：股东分红 '''
        print("\n==================== 分红了 ====================\n")
# 输入分红总金额
        total_dividend = int(input("请输入分红总金额（单位：万元）："))
        shareholders = int(input("请输入股东人数："))        # 输入股东个数
        result = total_dividend / shareholders              # 计算每人分红金额
        print("分红总金额",total_dividend,"万元,平均分给", shareholders,"名股东,
每人分 ",result,"万元。")
    if __name__ == '__main__':

        try:                                                 # 捕获异常
            division()                                       # 调用分红函数
        except ZeroDivisionError:                            # 处理异常
            print("\n出错了 ~_~ ——分红不能被 0 位股东分！")
        except ValueError as e:                              # 处理 ValueError 异常
            print(" 输入错误: ", e)                          # 输出错误原因
```

再次运行上述代码，当输入股东个数为小数时，将不再直接抛出异常信息，而是显示友好的提示如下：

```
==================== 分红了 ====================

请输入分红总金额（单位：万元）：100
请输入股东人数：5.5
 输入错误: invalid literal for int() with base 10: '5.5'
```

> **说明**：在捕获异常时，如果需要同时处理多个异常，也可以采用下列代码实现：
> ```
> try:                                                    # 捕获异常
>     division()                                          # 调用分苹果的函数
> except (ValueError,ZeroDivisionError ) as e:            # 处理异常
>     print("出错了,原因是：",e)                          # 显示出错原因
> ```

即在 except 语句后面使用一对括号将可能出现的异常名称括起来，多个异常名称之间使用逗号分隔。如果想要显示具体的出错原因，那么再加上 as 指定一个别名。

8.2.2 try...except...else 语句

在 Python 中，还有另一种异常处理结构，即 try...except...else 语句，也就是在原来 try...except 语句的基础上再添加一个 else 子句，用于指定当 try 语句块中没有发现异常时要执行的语句块。当在 try 语句块中发现异常时，该语句块中的内容将不会被执行。如对例 8-3 进行修改，实现当 division() 函数在执行中没有抛出异常时，输出文字："分红顺利完成..."。

例 8-4 模拟股票正常分红后，提示"分红顺利完成..."。

当指定 try 语句块中没有发现异常时，要输出指定内容时需要使用 else 子句。要完成模拟股票正常分红后，提示"分红顺利完成..."，需要在例 8-3 的基础上加上 else 子句，修改后的代码如下：

```python
def division():
    '''功能：股东分红'''
    print("\n==================== 分红了 ====================\n")
    total_dividend = int(input("请输入分红总金额（单位：万元）："))
                                                                    # 输入分红总金额
    shareholders= int(input("请输入股东人数："))        # 输入股东个数
    result = total_dividend / shareholders              # 计算每人分红金额
    print("分红总金额",total_dividend,"万元,平均分给", shareholders,"名股东,每人分",result,"万元。")
if __name__ == '__main__':
    try:                                                # 捕获异常
        division()                                      # 调用分红函数
    except ZeroDivisionError:                           # 处理异常
        print("\n出错了 ~_~ ——分红不能被0位股东分！")
    except (ValueError,TypeError) as e:                 # 处理ValueError异常
        print("错误提示：", e)                          # 输出错误原因
    else:
        print("分红顺利完成...")
```

执行上述代码，输入分红总金额 100 万元和分红股东人数 5 人，try 语句块中没有发现异常，try...except...else 语句中的 else 部分正常执行，打印"分红顺利完成..."。

```
==================== 分红了 ====================

请输入分红总金额（单位：万元）：100
请输入股东人数：5
分红总金额 100 万元,平均分给 5 名股东,每人分 20.0 万元。
分红顺利完成...
```

执行上述代码，输入分红总金额 100 万元和分红股东人数 5.5 人，发生 except 列出的异常，try...except...else 语句中的 else 部分不执行。

```
==================== 分红了 ====================

请输入分红总金额（单位：万元）：100
请输入股东人数：5.5
错误提示： invalid literal for int() with base 10: '5.5'
```

注意：如果没有异常发生，则执行 else 子句。这里的异常不仅仅是 except 列出的异常类型，还包括 except 子句未列出的异常，有异常就不执行 else 子句。

知识拓展

如果不确定异常类型，我们可以用 Exception 基类捕获任意类型的异常，Exception 为关键字，首字母必须大写。其语法格式如下：

```
try:
    block1
```

```
except[ExceptionName[as alias]]:
    block2
except Exception [as e]:
    block3
```

> **注意**：捕获 Exception 类型异常的 except 子句应该写在捕获准确类型异常的 except 子句之后，否则捕获不到准确类型的异常，对应的 except 子句就不起作用。

8.2.3 try...except...finally 语句

完整的异常处理语句应该包含 finally 代码块，通常情况下，无论程序中有无异常产生，finally 代码块中的代码都会被执行。其基本语法格式如下：

```
try:
    block1
except [ExceptionName [as alias]]:
    block2
finally:
    block3
```

try...except...finally 语句理解起来并不复杂，它只是比 try...except 语句多了一个 finally 子句，如果程序中有一些在任何情形中都必须执行的代码，那么可以将它们放在 finally 子句的代码块中。

> **说明**：使用 except 子句是为了允许处理异常。无论是否引发了异常，使用 finally 子句都可以执行清理代码。如果分配了昂贵或有限的资源（如打开文件），则应将释放这些资源的代码放置在 finally 子句的代码块中。

例 8-5 模拟股票分红无论是否有异常，都输出文字"进行了一次分红操作。"。

根据场景需求，对例 8-4 进行修改，实现当 division() 函数在执行时无论是否抛出异常信息，都输出文字"进行了一次分红操作。"修改后的代码如下：

```
def division():
    ''' 功能：股东分红 '''
    print("\n=================== 分红了 ====================\n")
    total_dividend = int(input("请输入分红总金额（单位：万元）："))   # 输入分红总金额
    shareholders = int(input("请输入股东人数："))                    # 输入股东个数
    result = total_dividend / shareholders                          # 计算每人分红金额
    print("分红总金额",total_dividend,"万元，平均分给",shareholders,"名股东，每人分",result,"万元。")
if __name__ == '__main__':
    try:                                                            # 捕获异常
        division()                                                  # 调用分红函数
    except ZeroDivisionError:                                       # 处理异常
        print("\n 出错了 ~_~ ——分红不能被 0 位股东分！")
    except (ValueError,TypeError) as e:                             # 处理 ValueError 异常
```

```
            print("错误提示：", e)                      # 输出错误原因
    else:
            print("分红顺利完成...")
    finally:                                              # 无论是否抛出异常都执行
            print("进行了一次分红操作。")
```

执行上述代码，输入分红总金额 100 万元和分红股东人数 5 人，没有发生的异常，执行 else 子句后执行 finally 子句输出"进行了一次分红操作。"

```
==================== 分红了 ====================
请输入分红总金额（单位：万元）：100
请输入股东人数：5
分红总金额 100 万元，平均分给 5 名股东，每人分 20.0 万元。
分红顺利完成...
进行了一次分红操作。
```

执行上述代码，输入分红总金额 100 万元和分红股东人数 5.5 人，发生 except 列出的异常，执行 finally 子句输出"进行了一次分红操作。"

```
==================== 分红了 ====================
请输入分红总金额（单位：万元）：100
请输入股东人数：5.5
错误提示：invalid literal for int() with base 10: '5.5'
进行了一次分红操作。
```

至此，我们已经介绍了异常处理语句的 try...except、try...except...else 和 try...except...finally 等形式。下面通过图 8.1 说明异常处理语句的各个子句的执行关系。

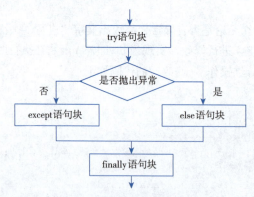

图 8.1 异常处理语句的不同子句的执行关系

8.2.4 使用 raise 语句抛出异常

如果某个函数或方法可能会产生异常，但不想在当前函数或方法中处理这个异常，则可以使用 raise 语句在函数或方法中抛出异常。raise 语句的基本格式如下：

```
raise [ExceptionName[(reason)]]
```

其中，ExceptionName[(reason)] 为可选参数，用于指定抛出的异常名称，以及异常信息的相关描述。如果省略，就会把当前的错误原样抛出。

> **说明：** ExceptionName(reason) 参数中的 (reason) 也可以省略，如果省略，则在抛出异常时，不附带任何描述信息。

如修改例 8-5，加入限制分红金额必须每人大于或等于 10 万元。

例 8-6 模拟股票分红（每人至少分到 10 万元）。在 IDLE 中创建一个名称为 demo06_dividend_raise.py 的文件，然后将例 8-2 的代码全部复制到该文件中，并且在第 5 行代码"result = total_dividend / shareholders # 计算每人分红金额"的下方添加一个 if 语句，实现当每位股东的分红少于 10 万时，应用 raise 语句抛出一个 ValueError 异常，接下来在最后一行语句的下方添加 except 语句处理 ValueError 异常。修改后的代码如下：

```python
def division():
    '''功能：股东分红'''
    print("\n==================== 分红了 ====================\n")
    total_dividend = int(input("请输入分红总金额（单位：万元）："))   # 输入分红总金额
    shareholders = int(input("请输入股东人数："))                    # 输入股东个数
    result = total_dividend / shareholders                          # 计算每人分红金额
    if result < 10:
        raise ValueError("重要！每位股东的分红少于 10 万，股东可能会减持...")
    print("分红总金额",total_dividend,"万元,平均分给", shareholders,"名股东,每人分",result,"万元。")
if __name__ == '__main__':
    try:                                          # 捕获异常
        division()                                # 调用分红函数
    except ZeroDivisionError:                     # 处理异常
        print("\n 出错了 ~_~ ——分红不能被 0 位股东分！")
    except (ValueError,TypeError) as e:           # 处理 ValueError 异常
        print("错误提示：", e)                     # 输出错误原因
    else:
        print("分红顺利完成...")
    finally:                                      # 无论是否抛出异常都执行
        print("进行了一次分红操作。")
```

执行上述代码，输入分红总金额 100 万元，股东个数为 20 时，将提示出错信息。误区警示在应用 raise 抛出异常时，要尽量选择合理的异常对象，而不应该抛出一个与实际内容不相关的异常。如在例 8-6 中，想要处理的是一个和值有关的异常，这时就不应该抛出一个 IndentationError 异常。

```
==================== 分红了 ====================

请输入分红总金额（单位：万元）：100
请输入股东人数：20
错误提示： 重要！每位股东的分红少于 10 万，股东可能会减持...
进行了一次分红操作。
```

8.2.5 自定义异常类

Python 内置的异常类能处理大多数常见的异常情况。但是,在开发程序时,程序可能会有内置的异常类考虑不到的情况。此时,编程者需要自己建立异常类型来处理程序中的特殊情况或建立个性化的异常类——自定义异常类。

自定义异常类必须继承 Exception 类。由于大多数内建异常类的名字都以 Error 结尾,因此,建议自定义异常类名以 Error 结尾,尽量跟内建的异常类命名一致。自定义异常同样要用 try..except...finally 捕获,但必须用 raise 语句抛出。

例 8-7 自定义异常类创建一个自定义异常类 MoneyError,如果每位股东的分红不到 10 万元,则抛出 DividendError 对象,输出"重要!每位股东的分红少于 10 万,股东可能会减持...",否则,就继续执行程序。

在 IDLE 中创建一个名称为 demo07_dividend_custom.py 的文件,然后将例 8-6 的代码全部复制到该文件中,并且代码前面加上一个 MoneyError 的自定义异常类,应用 raise 语句抛出一个 MoneyError 异常,接下来在最后一行语句的下方添加 except 语句处理 MoneyError 异常。修改后的代码如下:

```python
class MoneyError(Exception):
    def __init__(self,msg):
        self.msg = msg
    def __str__(self):
        return self.msg
def division():
    '''功能:股东分红'''
    print("\n==================== 分红了 ====================\n")
    total_dividend = int(input("请输入分红总金额(单位:万元):"))
                                                            # 输入分红总金额
    shareholders = int(input("请输入股东人数:"))              # 输入股东个数
    result = total_dividend / shareholders                  # 计算每人分红金额
    if result < 10:
        raise MoneyError("重要!每位股东的分红少于10万,股东可能会减持 ...")
    print("分红总金额",total_dividend,"万元,平均分给", shareholders,"名股东,每人分",result,"万元。")
if __name__ == '__main__':
    try:                                                    # 捕获异常
        division()                                          # 调用分红函数
    except ZeroDivisionError:                               # 处理异常
        print("\n出错了 ~_~ ——分红不能被0位股东分!")
    except (ValueError,TypeError,MoneyError) as e:          # 处理ValueError异常
        print("错误提示:", e)                                # 输出错误原因
    else:
        print("分红顺利完成...")
    finally:                                                # 无论是否抛出异常都执行
        print("进行了一次分红操作。")
```

代码中第 1 行到第 5 行定义了自定义异常类:MoneyError 是一个自定义异常类。其中,函数 __init__() 将出错的提示信息赋给 self.msg 属性,__str__() 函数返回出错信息。

第 12 行判断每位股东的分红是否小于 10 万。第 13 行用 raise 语句主动抛出一个自定义异

常类 MoneyError 对象。

运行以上代码，输入分红总金额 100 万元，股东人数 5 个，每位股东的分红大于 10 万，分红顺利完成。

```
================= 分红了 =====================
请输入分红总金额（单位：万元）：100
请输入股东人数：5
分红总金额 100 万元，平均分给 5 名股东，每人分 20.0 万元。
分红顺利完成 ...
进行了一次分红操作。
```

接下来，输入分红总金额 100 万元，股东人数 20 个，每位股东的分红大于 10 万，抛出自定义 MoneyError 异常，并打印错误提示。

```
================= 分红了 =====================
请输入分红总金额（单位：万元）：100
请输入股东人数：20
错误提示： 重要！每位股东的分红少于 10 万，股东可能会减持 ...
进行了一次分红操作。
```

第一次运行程序，每位股东的分红大于 10 万，不会执行 raise 语句。

第二次运行程序，每位股东的分红小于 10 万，执行 raise 语句，抛出自定义 MoneyError 异常，该异常被 except 捕捉，输出异常的信息。

8.2.6 更清晰的错误信息

在 Python 的早期版本中，错误提示信息并不是十分明确的，会有很多错误都提示"语法错误"（SyntaxError: invalid syntax），以至于开发者不能快速找到出现问题的代码及原因，这让调试程序比较困难。从 Python 3.9 开始，Python 采用了新的 Parser（解析器），可以更人性化地提示错误。但是，在 Python 3.9 版本中，这个改变并不明显，而到了 Python 3.10 版本就有了质的飞跃。代码如下：

```
i = input('请输入分红总金额：'
print(i)
```

在 Python 3.9 下运行显示图 8.2 所示的错误提示"invalid syntax"，在 Python 3.10 及之后的版本中运行将显示图 8.3 所示的错误提示"'(' was never closed"。

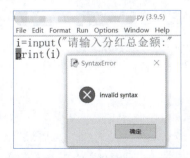

图 8.2　Python 3.9 给出的错误提示

图 8.3　Python 3.11 给出的错误提示

再例如下面的代码：

```
i = input('请输入分红总金额：')
if i < 0
    print('请输入大于或等于0的数！')
```

在 Python 3.9 下运行将给出图 8.4 所示的错误提示，在 Python3.10 及之后的版本中运行将给出图 8.5 所示的错误提示。

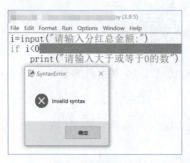 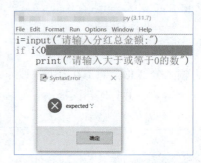

图 8.4　Python 3.9 给出的错误提示　　图 8.5　Python 3.11 给出的错误提示

通过对比这些错误提示，我们可以看出在 Python 3.10 及之后的版本中更容易确定错误的原因，从而快速解决问题。

8.3　程序调试

在程序开发过程中，免不了会出现一些错误，有语法方面的，也有逻辑方面的。语法方面的错误比较容易检测，因为程序会直接停止，并且给出错误提示；而逻辑错误就不容易被发现，因为程序可能会一直执行下去，但结果是错误的。因此，作为一名程序员，掌握一定的程序调试方法，可以说是一项必备技能。

8.3.1　使用 IDLE 进行程序调试

多数的集成开发工具都提供了程序调试功能。例如，我们一直在使用的 IDLE 也提供了程序调试功能。使用 IDLE 进行程序调试的基本步骤如下：

（1）打开 IDLE Shell(Python Shell) 窗口，在主菜单上选择 Debug → Debugger 菜单项（如图 8.6 所示），将打开 Debug Control 对话框（此时该对话框是空白的），同时 IDLE Shell 窗口中将显示 [DEBUG ON]（表示已经处于调试状态），如图 8.7 所示。

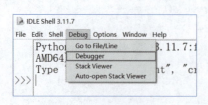 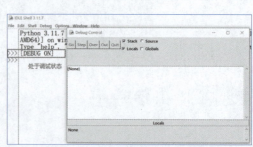

图 8.6　打开调试模式　　　　　图 8.7　处于调试状态的 Python Shell

（2）在 IDLE Shell 窗口中执行 File → Open 命令，打开要调试的文件。这里打开例 8-5 中编写的 demo05_dividend_except_else_finally.py 文件，然后添加需要的断点。添加断点的方法是，在想要添加断点的行上右击，在弹出的快捷菜单中选择 Set Breakpoint 命令，如图 8.8 所示。添加断点的行将以黄色底纹标记，如图 8.9 所示。

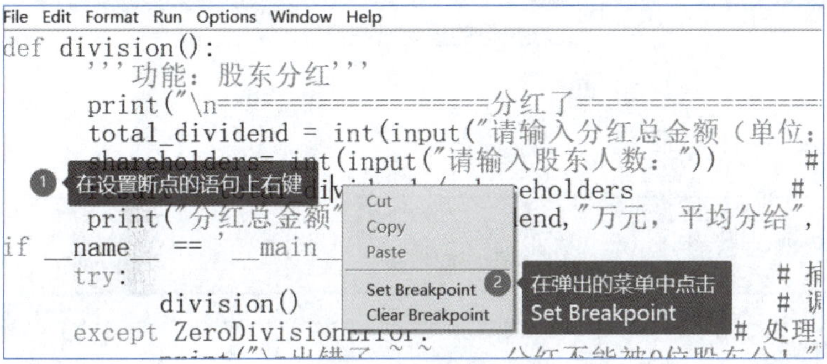

图 8.8　添加断点

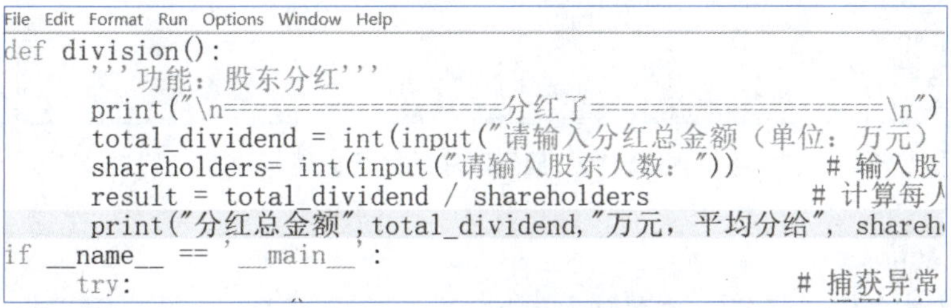

图 8.9　成功添加断点

> **说明：** 断点的作用是，设置断点后，当程序执行到断点时，就会暂时中断程序的执行，并且可以随时继续执行。如果想要删除已经添加的断点，可以选中已经添加断点的行，然后右击，在弹出的快捷菜单中选择 Clear Breakpoint 菜单项。

（3）添加所需的断点（添加断点的原则是，程序执行到这个位置时，想要查看某些变量的值，就在这个位置添加一个断点）后，按【F5】键，执行程序，这时 Debug Control 对话框中将显示程序的执行信息，勾选"Globals"复选框，将显示全局变量，默认只显示局部变量。此时，Debug Control 对话框如图 8.10 所示。

（4）在图 8.10 中可以看到，调试工具栏中提供了 5 个工具按钮。这里，单击 Go 按钮继续执行程序，直到执行到所设置的第一个断点处，程序才被暂停执行。由于在 demo05_dividend_except_else_finally.py 文件中，在第一个断点之前需要获取相应的输入，因此需要先在 Python Shell 窗口中输入分红总金额和股东的人数。输入后，Debug Control 窗口中的数据将发生变化，如图 8.11 所示。

> **说明：** 在调试工具栏中的 5 个按钮的作用分别如下：Go 按钮，用于执行跳至断点操作；Step 按钮，用于进入要执行的函数；Over 按钮，用于单步执行；Out 按钮，用于跳出所在的函数；Quit 按钮，用于结束调试。

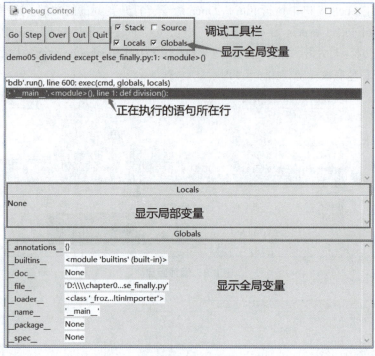

图 8.10　显示程序的执行信息

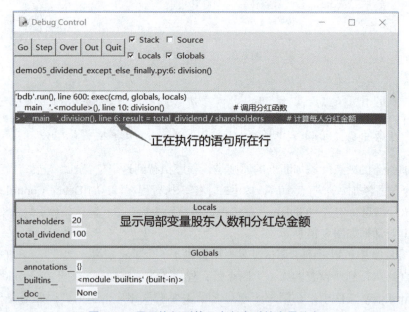

图 8.11　显示执行到第一个断点时的变量信息

在调试过程中，如果所设置的断点处有其他函数调用，还可以单击 Step 按钮进入函数内部（如图 8.12 所示）。当确定该函数没有问题时，可以单击 Out 按钮跳出该函数；或者在调试的过程中，当需要对已经发现的问题的原因进行修改时，可以直接单击 Quit 按钮结束调试。另外，如果调试的目的不是很明确（即不确认问题的位置），也可以直接单击 Step 按钮进行单步执行，这样可以清晰地观察程序的执行过程和数据的变量，方便找出问题。

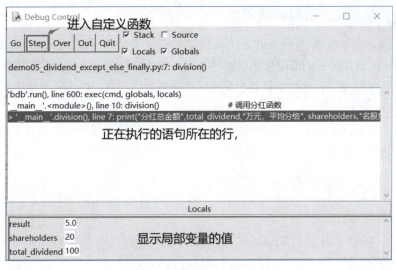

图 8.12　按 Step 按钮进入函数内部

（5）继续单击 Go 按钮，将执行到下一个断点，查看变量的变化，直到全部断点均被执行完毕。调试工具栏中的按钮将变为不可用状态，如图 8.13 所示。

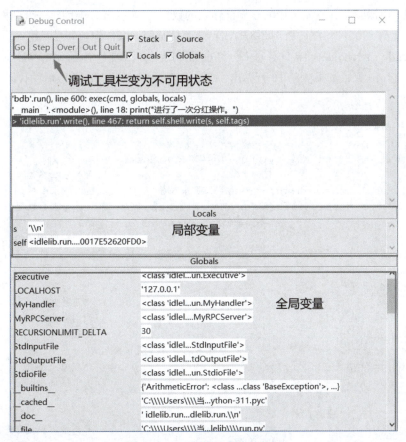

图 8.13　Step 执行完毕的效果

（6）程序调试完毕后，可以关闭 Debug Control 对话框，此时在 Python Shell 窗口中将显示"[DEBUG OFF]"（表示已经结束调试）。

8.3.2 使用 assert 语句调试程序

在程序开发过程中，除了使用开发工具自带的调试工具进行调试，还可以在代码中通过 print() 函数把可能出现问题的变量输出，以便查看，但是这种方法会产生很多垃圾信息。所以，调试程序之后还需要删除这些垃圾信息，显然这比较麻烦。因此，Python 还提供了另外的方法，即使用 assert 语句进行调试。

assert 的中文意思是断言，它一般被用于对程序某个时刻必须满足的条件进行验证。assert 语句的基本语法格式如下：

```
assert expression [,reason]
```

参数说明：

expression：条件表达式。如果该表达式的值为真，则什么都不做；如果为假，则抛出 AssertionError 异常。

reason：可选参数，用于对判断条件进行描述，为了以后更好地知道哪里出现了问题。

如修改例 8-5，应用断言判断程序是否会出现每人分红金额小于 10 万元的情况，如果小于 10 万元，则需要对这种情况进行处理。

例 8-8 模拟股东分红（应用断言调试输入的数据）。在 IDLE 中创建一个名称为 demo08_dividend_assert.py 的文件，然后将例 8-5 的代码全部复制到该文件中，并且在第 5 行代码 "result = total_dividend / shareholders   # 计算每人分红金额" 的下方添加一个 assert 语句，验证每位股东的分红是否少于 10 万，如果少于 10 万抛出一个 AssertionError 异常，修改后的代码如下：

```python
def division():
    ''' 功能：股东分红 '''
    print("\n==================== 分红了 ====================\n")
    total_dividend = int(input("请输入分红总金额（单位：万元）："))
                                                    # 输入分红总金额
    shareholders= int(input("请输入股东人数："))     # 输入股东个数
    result = total_dividend / shareholders          # 计算每人分红金额
    assert result>10, "重要！每位股东的分红少于 10 万，股东可能会减持..."
                                                    # 应用断言调试输入的数据
    print("分红总金额",total_dividend,"万元,平均分给", shareholders,"名股东,每人分",result,"万元。")
if __name__ == '__main__':
    try:                                            # 捕获异常
        division()                                  # 调用分红函数
    except ZeroDivisionError:                       # 处理异常
        print("\n 出错了  ~_~ ——分红不能被 0 位股东分！")
    except (ValueError,TypeError) as e:             # 处理 ValueError 异常
        print("错误提示：", e)                      # 输出错误原因
    else:
        print(" 分红顺利完成...")
    finally:                                        # 无论是否抛出异常都执行
        print(" 进行了一次分红操作。")
```

执行上述代码，当输入分红总金额 100 万元，股东个数为 20 人时，每位股东的分红少于 10

万，将抛出如下所示的 AssertionError 异常。

```
==================== 分红了 ====================
请输入分红总金额（单位：万元）：100
请输入股东人数：20
进行了一次分红操作。
Traceback (most recent call last):
  File "E:\Python_Workspace\chapter08\demo07_dividend_assert.py", line 11, in <module>
    division()                                          # 调用分红函数
  File "E:\Python_Workspace\chapter08\demo07_dividend_assert.py", line 7, in division
    assert result>10, "重要！每位股东的分红少于10万，股东可能会减持..."
    # 应用断言调试输入的数据
AssertionError: 重要！每位股东的分红少于10万，股东可能会减持...
```

通常情况下，assert 语句可以和异常处理语句结合使用。因此，可以将上述代码中再加入 except 捕获 AssertionError 异常，并输出。

```
try:
    division()                          # 调用分红函数
except AssertionError as e:             # 处理 AssertionError 异常
    print("请核对输入金额及股东个数：",e)
```

在例 8-8 中的内容，添加 except 捕获 AssertionError，并打印，写入 demo09_dividend_assert_debug.py 文件。这样，再执行程序时将不会直接抛出异常，而是给出友好提示。

```
==================== 分红了 ====================
请输入分红总金额（单位：万元）：100
请输入股东人数：200
请核对输入金额及股东个数： 重要！每位股东的分红少于10万，股东可能会减持...
进行了一次分红操作。
```

assert 语句只在调试阶段有效。我们可以通过在执行 python 命令时加入 -O（大写）参数来关闭 assert 语句。例如，在"命令提示符"窗口中输入以下代码执行 E:\Python_Workspace\chapter08 目录中的 demo09_dividend_assert_debug.py 文件，然后关闭 demo09_dividend_assert_debug.py 文件中的 assert 语句：

```
E:
cd Python_Workspace\chapter08
python -O demo09_dividend_assert_debug.py
```

> **说明**：执行上述语句后，输入分红金额为 100 万和股东个数为 20 时，并没有给出 "请核对输入金额及股东个数：重要！每位股东的分红少于10万，股东可能会减持..." 的提示。在非调试状态下执行程序，将忽略 assert 语句。

```
C:\Users\Administrator>e:
E:\>cd Python_Workspace\chapter08
E:\Python_Workspace\chapter08>python -O demo08_dividend_assert_debug.py
===================== 分红了 =====================

请输入分红总金额（单位：万元）：100
请输入股东人数：20
分红总金额 100 万元，平均分给 20 名股东，每人分 5.0 万元。
分红顺利完成...
进行了一次分红操作。
E:\Python_Workspace\chapter08>
```

实例：工资查询系统的用户名和登录密码校验

登录工资查询系统时候，需要输入用户名和登录密码，常规的用户和登录密码强度规则如下：
（1）用户名长度不少于 6 位；
（2）密码长度不少于 8 位；
（3）密码至少由以下 4 种符号中的 3 种组成：大写字母、小写字母、数字、其他特殊字符。
编写程序，对用户名和登录密码进行校验。自定义一个异常类 LoginError，当用户输入的用户名或者登录密码不合法时，就抛出自定义的 LoginError 异常对象，捕获并处理该异常。

在 IDLE 中创建一个名称为 demo10_check.py 的文件，根据 Python 自定义异常类的方法，定义异常类 LoginError；函数 CheckUsernamePassword(username,password) 对用户名和密码进行验证。先校验用户名和密码的长度。如果用户名长度或者密码的长度小于规定的长度，则抛出异常 LoginError；然后判断密码的符号组成，如果不符合密码的组成规则，则抛出异常 LoginError。

代码如下：

```python
# 自定义异常类 LoginError

class LoginError(Exception):
    def __init__ (self, msg):
        Exception.__init__ (self, msg)
        self.msg = msg

    def __str__(self):
        return self.msg

# 验证用户名和密码的函数

def CheckUsernamePassword(username,password):
    try:
        if len(username) < 6:
            raise LoginError("用户名长度小于6!")
        if len( password) < 8:
            raise LoginError("密码长度小于8!")
        flag= [False, False, False, False]
```

```
            count = 0
            for ch in password:
                if ch>= 'A' and ch<= 'Z':
                    flag[0] = True
                elif ch>= 'a'and ch<='z':
                    flag[1] = True
                elif ch>= '0' and ch<='9':
                    flag[2] = True
                else:
                    flag[3] = True
            for f in flag:
                if f: count= count+ 1;
            if count<3:
                raise LoginError('设置的密码强度太低！\n密码应该至少由以下种符号中的3种组成：大写字母、小写字母、数字、其他特殊字符。')
            else:
                print("设置的用户名和登录密码合法！")

    except LoginError as e:
        print(e)
# 主函数
def userlogin():
    username = input("请输入用户名：")
    password = input("请设置登录密码：")
    CheckUsernamePassword(username,password)

if __name__=="__main__":
    userlogin()
```

执行以上代码，输入用户名 user，密码 U123456U，用户名的命名不符合要求，抛出自定义异常 LoginError。

```
请输入用户名：user
请设置登录密码：U123456U
用户名长度小于6！
```

执行以上代码，输入用户名 user，密码 U123456U，密码不符合要求，抛出自定义异常 LoginError。

```
请输入用户名：user
请设置登录密码：U123456U
设置的密码强度太低！
密码应该至少由以下种符号中的3种组成：大写字母、小写字母、数字、其他特殊字符。
```

小 结

本章首先介绍了什么是异常以及为什么为产生异常，然后介绍了如何应用 try...except 语句、try...except...else 语句、try...except...finally 语句进行异常处理，将可能会发生错误的语句块放在

try 块中，except 语句块用来捕获 try 块中抛出的异常。无论 try 块中是否发生异常，finally 子句中的语句都会被执行。接下来又介绍了如何使用 raise 语句抛出异常，以及如何使用 IDLE 进行程序调试和使用 assert 语句进行程序调试，并配以实例进行了演示。

习 题

一、填空题

1. 执行句子 print(5+'dividend') 会抛出的异常名为 _____。
2. 执行句子 int('a') 会抛出的异常名为 _____。
3. 执行如下代码会抛出的异常名为 _____。

```
d={'a':2,'b':3}
print(d['c'])
```

4. 执行句子 f=open('finance.txt','r')，如果 'finance.txt' 不存在，会抛出 _____ 异常。
5. 在 try...except 语句中，_____ 子句的代码都要被执行。
6. assert 语句的基本语法格式为 _____。

二、选择题

1. 执行表达式 int('finance') 引发的异常名是（　　）。
   A. IOError　　　B. ImportError　　　C. ValueError　　　D. KeyError
2. 执行表达式 30/0 会引发的错误异常是（　　）。
   A. IndentationError
   B. ValueError
   C. AttributeError
   D. ZeroDivisionError
3. 以下 4 个选项，属于 IndexError 的是（　　）。
   A. a,b=5,6
   　　if a>b
   　　　　print(a)
   　　else
   　　　　print(b)
   B. ls=['banking','finance','money']
   　　print(ls[5])
   C. a,b=2,0
   　　print(a/b)
   D. a,b=3,3
   　　print(a+b)
4. 执行如下代码，当输入 'a' 时的输出结果是（　　）。

```
try:
    num = int(input("请输入一个数字："))
    print('输入的数字是：',num)
except:
    print("请输入一个正确的数字！")
```

　　A. '输入的数字是：a'
　　B. "请输入一个正确的数字！"
　　C. 'NameError: name 'num' is not defined'
　　D. SyntaxError: invalid syntax

5. 执行句子 print(dividend) 会引发的错误异常是（　　）。
   A. ValueError　　　　B. IOError　　　　C. AttributeError　　　　D. NameError
6. 执行如下代码，将会得到的输出结果为：（　　）。

```
try:
    raise ValueError("Invalid value!")
except ValueError as e:
    print("Caught ValueError:", str(e))
```

   A. "Invalid value!"　　　　　　　　　　B. "Caught ValueError:"
   C. "Caught ValueError:Invalid value!"　　D. "ValueError: Invalid value!"

7. 执行如下代码，将会得到的输出结果为：（　　）。

```
def f():
    try:
        print('try')
        return 'try'
    finally:
        print (0)
f()
```

   A. try　　　　　　B. 0　　　　　　C. try　　　　　　D. 0
      0   try

8. 执行如下代码，将会得到的那种异常输出（　　）。

```
handle = open('data.txt', encoding='utf-8')
try:
    data = handle.read()
finally:
    handle.close()
print(data)
```

   A. ValueError　　　B. NameError　　　C. FileNotFoundError　　　D. KeyError

三、简答题

1. 请简述一个完整 try...except...else...finally 的代码格式。
2. 请简述上述 try...except...else...finally 的执行顺序。
3. 请简述使用 IDLE 进行程序调试的基本步骤。

四、编程题

1. 每一个银行账户有账号 username，余额 balance。对银行账户可以进 deposit，取钱 withdraw。存钱时，存入的钱数 inMoney 必须是正数；取钱时，取出的钱数 outMoney 必须小于余额 balance。通过异常处理实现编写程序，使用断言实现对存入和取出钱数的判断。

2. 操作文件时需要考虑各种异常情况，如打开不存在的文件，系统就会抛出异常。为避免出现此类问题，一般都会使用异常处理机制进行处理，让程序运行更加稳健。请编写程序，打开 notexists.txt 文件，追加文字"金融知识点归纳总结！"，在文件找不到的时候抛出 FileNotFoundError，并打印"金融知识点归纳总结！"及错误，为了让程序更稳健，在找不到文件时创建文件并写入"我要取得成功！"，并打印"文件写入成功"。

第 9 章
数据库编程

学习目标

知识目标：
◎ 了解 Python 数据库编程的基本概念和原理。
◎ 掌握 Python 中常用的数据库操作方法、技术和流程。
◎ 熟悉常见的数据库系统，如 MySQL、SQLite 等。

能力目标：
能够使用 Python 连接和操作数据库，正确使用 SQL 语句或 DB API 进行查询、插入、更新和删除操作，在不断学习的过程中，能够处理常见的数据库异常和错误。

素养目标：
在进行数据库编程中，不断关注数据库领域的新技术和发展趋势，提高数据处理和信息管理的能力，增强逻辑思维和问题解决能力，具备数据安全和隐私保护意识，遵守相关法律法规和道德规范。

知识框架

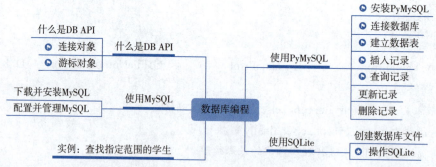

▶为重点，★为难点

问题导入

随着数据库的发展，传统的人工管理阶段已经不复存在。不管是在银行，还是各种单位中，我们经常需要存储各种各样的信息，例如，银行会存储贷款记录和贷款人的信息，学校会存储学生、教职工的相关信息，公司中需要存储员工的信息等等，这些都需要用到数据库进行存储。那么，如何来进行模拟银行存储贷款信息并实现查找等相关功能呢？

数据库编程是使用 Python 语言进行数据库管理和操作的技术，Python 提供了多种数据库编程接口和库，使得开发者可以轻松地与各种数据库进行交互。在 Python 中，可以使用标准库或第三方库等中的模块，进行数据库编程，这些库提供了连接数据库、执行 SQL 查询、处理结果集等功能，使得开发者可以方便地进行数据库操作。本章将详细介绍 Python 数据库编程这一强大且灵活的技术，从而帮助开发者高效地进行数据库管理和操作。

9.1 认识 DB API

在业务场景中，我们经常需要对数据库中的数据进行各种操作，如读取、写入、更新、修改和删除等，数据库操作在应用程序开发中起着至关重要的作用。Java、C++ 和 PHP 等多种编程语言均可以用来操作数据库，虽然各种编程语言操作数据库的方式有所不同，但其基本原理是相似的，只是实现方式有所差异。这些操作不仅可以通过编写 SQL 语句实现，还可以使用标准接口来完成。因此在 Python 中学习这种标准接口是非常有用的，它可以帮助我们更好地处理和利用数据，为应用程序开发提供强大的支持。

9.1.1 什么是 DB API

随着数据分析和数据挖掘的兴起，使得 Python 成为了数据科学领域中的一个重要工具，而与数据打交道的过程中，是离不开和数据库进行交互的。数据库是存储和管理大量数据的关键工具，使用 Python 可以连接到各种类型的数据库（如 MySQL、SQLite 和 PostgreSQL 等），执行各种操作，以便高效地处理和分析数据。

Python 提供了一种标准的接口，称为 DB API（database API），所有的数据库接口程序都在一定程度上遵守 DB API 规范，DB API 作为一个用于数据库访问的通用接口标准，通过定义一系列的对象和方法，以便为各种底层数据库系统和多种多样的数据库接口程序提供一致的访问接口。开发者使用Python DB API，可以轻松地将 Python 程序与数据库紧密结合，实现数据处理和存储的功能。

9.1.2 连接对象

在 Python 中，数据库连接对象（connection object）是用于与数据库建立连接的对象。其主要提供获取数据库游标对象和提交、回滚事务的方法，以及关闭数据库连接。

获取连接对象需要使用 connect() 函数，该函数有多个参数，至于具体使用哪个参数，需要根据使用的数据库类型来确定。例如，需要访问 MySQL 数据库时，则必须下载 MySQL 数据库模块，这些模块在获取连接对象时，都需要使用 connect() 函数。connect() 函数常用的参数及说明见表 9.1。

表 9.1　connect() 函数常用的参数及说明

参　　数	说　　明
dsn	数据源名称，给出该参数表示数据库依赖
user	用户名
password	用户密码
host	主机名
database	数据库名称

connect() 函数返回连接对象，这个对象表示目前和数据库的会话，连接对象支持的方法见表 9.2。

表 9.2 连接对象支持的方法

方 法 名	说　明
close()	关闭数据库连接
commit()	提交事务
rollback()	回滚事务
cursor()	获取游标对象，操作数据库，如执行 DML 操作，调用存储过程等

9.1.3 游标对象

在 Python 中，游标对象（cursor object）通常与数据库连接对象一起使用，以执行查询、获取数据和执行其他数据库操作。游标对象代表数据库中的游标，用于指示抓取数据操作的上下文，主要提供执行 SQL 语句、调用存储过程、获取查询结果等方法。

通过使用连接对象的 cursor() 方法，可以获取到游标对象，游标对象的属性 description 用于描述数据库列类型和值的信息；rowcount 表示回返结果的行数统计信息，如 SELECT、UPDATE、CALLPROC 等，游标对象支持的方法见表 9.3。

表 9.3 游标对象支持的方法

方 法 名	说　明
callproc(procname,[,parameters])	调用存储过程，需要数据库支持
close()	关闭当前游标
execute(operation[,parameters])	执行数据库操作，SQL 语句或者数据库命令
executemany(operation,seq_of_params)	用于批量操作，如批量更新
fetchone()	获取查询结果集中的下一条记录
fetchmany(size)	获取指定数量的记录
fetchall()	获取结果集的所有记录
nextset()	跳至下一个可用的结果集
arraysize	指定使用 fetchmany() 获取的行数，默认为 1
setinputsizes(sizes)	设置在调用 execute*() 方法时分配的内存区域大小
setoutputsize(sizes)	设置了缓冲区大小，对大数据列（如 LONGS 和 BLOBS）尤其有用

9.2　使用 MySQL

MySQL 是一款开源的数据库软件，其免费特性得到了用户的喜爱，也是目前使用人数较多的数据库之一。

9.2.1　下载并安装 MySQL

1. 下载 MySQL

（1）打开浏览器访问 MySQL 官方网站，进入到当前最新版本 MySQL8.0 的下载页面，选择离线安装包，如图 9.1 所示。

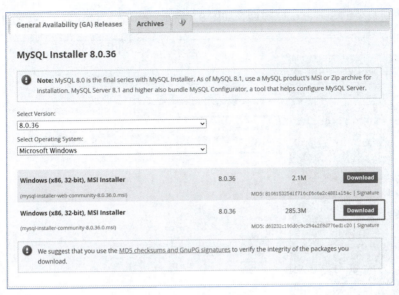

图 9.1　下载 MySQL

（2）单击 Download 按钮，进入开始下载页面，如果有 MySQL 的账户，可以单击"Login"按钮，登录账户后下载，如果没有可以直接单击下方的 No thanks, just start my download 选项，直接跳过登录步骤，进行下载，如图 9.2 所示。

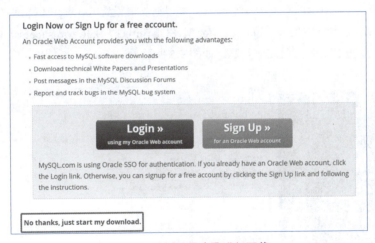

图 9.2　跳过登录步骤进行下载

2．安装 MySQL

（1）下载完成后，打开下载好的 MySQL 文件进行安装，在所示界面中选中 I accept the license terms 复选框，单击 Next 按钮，进入选择安装类型界面，共有四种安装类型。

类型说明：

Server only：仅安装 MySQL 服务器，适用于部署 MySQL 服务器。

Client only：仅安装客户端，适用于基于已存在的 MySQL 服务器进行 MySQL 应用开发的情况。

Full：安装 MySQL 所有可用组件。

Custom：自定义需要安装的组件。

（2）选择所需要的 Server only 类型，如图 9.3 所示，然后一直单击 Next 按钮继续安装。

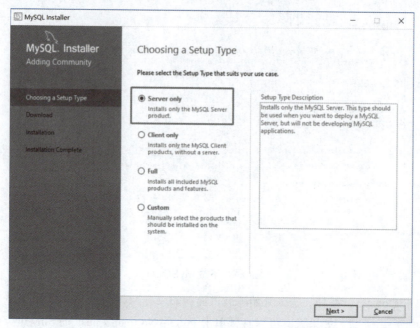

图 9.3　选择所需要的 Server only 类型

（3）当出现图 9.4 所示的页面配置密码时，可根据需要设置 root 账户的密码。之后，一直单击 Next 按钮，最后会出现 The configuration for MySOL Server 8.0.36 was successful. Click Finish to continue. 信息，单击 Finish 按钮完成安装，如图 9.5 所示。

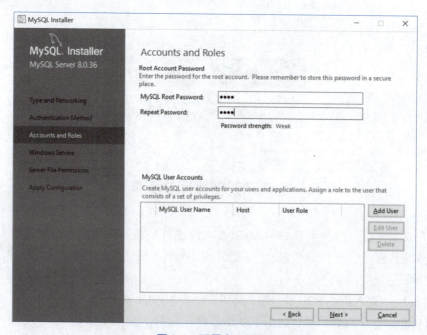

图 9.4　配置密码页面

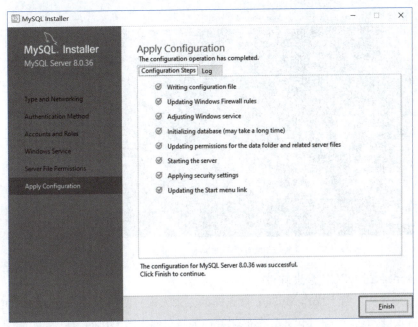

图 9.5　完成安装

9.2.2　配置并管理 MySQL

1. 设置环境变量

（1）安装完成以后，默认的安装路径是 C:\Program Files\MySQL\MySQL Server 8.0\bin。下面设置环境变量，以便可以在任意目录下使用 MySQL 命令。右击"此电脑"，选择"属性"命令，选择"高级系统设置"链接，单击"环境变量"按钮，选择 Path，单击"编辑"按钮，将 C:\Program Files\MySQL\MySQL Server 8.0\bin 写在变量值中，如图 9.6 所示。

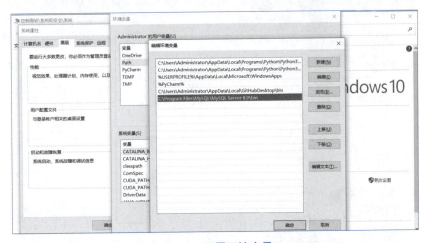

图 9.6　配置环境变量

（2）以管理员身份打开"命令提示符"窗口，输入命令 net start mysql80，以启动 MySQL 8.0。启动成功后，使用账户和密码进入 MySQL。输入命令 mysql -u root -p，会提示"Enter password:"，输入自己设置的密码，即可进入 MySQL，如图 9.7 所示。

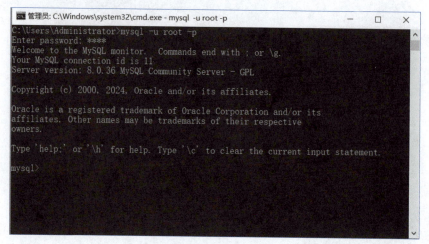

图 9.7 进入 MySQL

2. Navicat for MySQL 管理软件

相比于在命令提示符下操作 MySQL 数据库的方式来说，使用 Navicat for MySQL 管理软件对初学者非常友好，它是一种 MySQL 图形化管理工具，使用图形化的用户界面，可以让用户使用和管理更为轻松。

（1）下载安装 Navicat for MySQL 管理软件，右击文件，选择"新建连接"命令，输入连接信息，连接名为 studyPython 或自拟，输入主机名后 IP 地址 localhost，输入自己设置的密码，如图 9.8 所示。

（2）完成新建连接后，双击进行连接，右击 studyPython 连接，选择"新建数据库"命令，并填写相关信息，如图 9.9 所示。

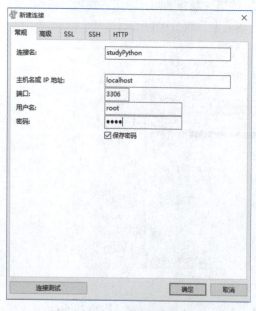

图 9.8 新建连接

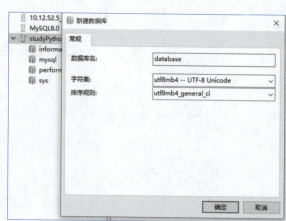

图 9.9 新建数据库

9.3 使用 PyMySQL

在 Python 3.x 版本中，使用内置库 PyMySQL 来连接 MySQL 数据库服务器，Python 2 版本中使用库 MySqlDB。PyMySQL 完全遵循 Python 数据库 API v2.0 规范，并包含了 pure-Python MySQL 客户端库。

9.3.1 安装 PyMySQL

在使用 PyMySQL 之前，必须先确保已经安装 PyMySQL。如果还没有安装，可以打开命令行，进行安装操作，使用如下命令安装最新版本的 PyMySQL。

```
pip install pymysql
```

安装完成后，如图 9.10 所示。

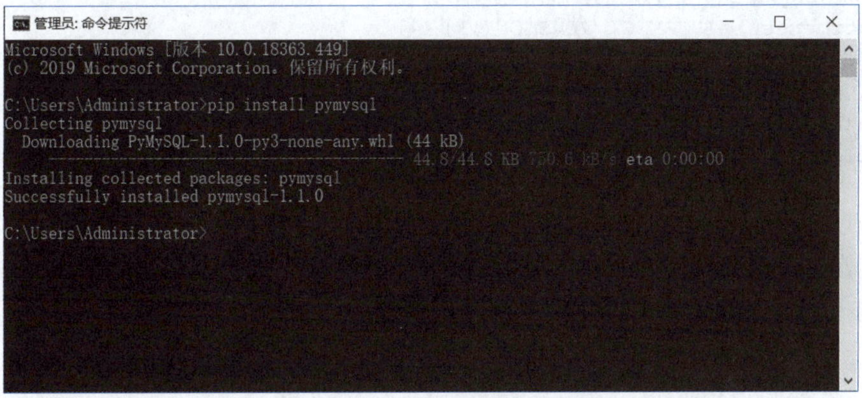

图 9.10　使用命令安装 PyMySQL

如果当前系统不支持 pip 命令，还可以使用 git 命令或 curl 命令两种方式进行安装。

（1）使用 git 命令下载安装包进行安装。

```
$ git clone https://github.com/PyMySQL/PyMySQL
$ cd PyMySQL/
$ python3 setup.py install
```

（2）如果需要指定版本号，可以使用 curl 命令进行安装。

```
$ # X.X 为 PyMySQL 的版本号
$ curl-L https://github.com/PyMySQL/PyMySQL/tarball/pymysql-X.X[tar xz
$ cd PyMySQL*
$ python3 setup.py install
$ # 现在可以删除 PyMySQL* 目录
```

> **注意**：必须确保拥有 root 权限才可以安装上述模块。另外，在安装的过程中可能会出现一些错误提示，可以访问 https://pypi.python.org/pypi/setuptools 找到各系统的安装方法。

9.3.2 连接数据库

在连接数据库之前，已经进行了以下操作：
（1）安装 MySQL 数据库和 PyMySQL。
（2）使用 Navicat for MySQL 管理 MySQL 数据库，创建数据库 database。
下面就通过以上信息，使用 connect() 方法连接 MySQL 数据库，代码如下：

```python
import pymysql
# 打开数据库连接
db = pymysql.connect(host='localhost',
                     user='root',
                     password='1234',
                     database='database')
# 使用 cursor() 方法创建一个游标对象 cursor
cursor = db.cursor()
# 使用 execute() 方法执行 SQL 查询
cursor.execute("SELECT VERSION()")
# 使用 fetchone() 方法获取单条数据.
data = cursor.fetchone()
print ("Database version : %s " % data)
db.close() # 关闭数据库连接
```

上述代码中，首先使用 connect() 方法连接数据库，然后使用 cursor() 方法创建游标对象 cursor，接着使用 execute() 方法执行 SQL 语句以查看 MySQL 数据库版本，再使用 fetchone() 方法获取单条数据，最后使用 close() 方法关闭数据库连接。

执行上面的代码后，运行结果如下：

```
Database version : 8.0.36
```

> **说明：** 代码 db = pymysql.connect(host='localhost', user='root', password='1234', database='database')，在旧版本的 PyMySql 中是不需要指定参数的，而新版本中是需要指定参数的。

9.3.3 建立数据表

数据库连接成功后，就可以为数据库创建数据表了。

> **场景模拟：**
> 在日常生活中，我们可能会遇到贷款业务，如买房子时可能会使用房贷、买车时可能会使用车贷等。这时存储贷款人有关的贷款信息就是一项必要的工作，设置需要存储的字段信息是最基本的任务。

例 9-1 为数据库创建表 loan 贷款信息表。
loan 贷款信息表主要包含 id（主键）、name（贷款人姓名）、amount（贷款金额）、effective_date（生效时间）和 due_date（还款时间）五个字段，创建 loan 表的 SQL 语句如下：

```
CREATE TABLE loan (
    id int(8) NOT NULL AUTO_INCREMENT,
    name varchar(50) NOT NULL,
    amount decimal(10,2) DEFAULT NULL,
    effective_date date DEFAULT NULL,
    due_date date DEFAULT NULL,
    PRIMARY KEY (id)
) ENGINE=MyISAM AUTO_INCREMENT=1 DEFAULT CHARSET=utf8;
```

在创建表前，还需要使用下面语句，来判断 loan 表是否已经存在。

```
DROP TABLE IF EXISTS 'loan';
```

在 IDLE 中创建一个名称为 demo01_create_table.py 的文件，来进行创建 loan 表。如果 database 数据库中已经存在 loan 表，那么先删除该表，然后再创建 loan 表，代码如下：

```python
import pymysql
# 打开数据库连接
db = pymysql.connect(host="localhost",
                     user="root",
                     password="1234",
                     database="database")
# 使用 cursor() 方法创建一个游标对象 cursor
cursor = db.cursor()
# 使用 execute() 方法执行 SQL 查询，如果 loan 表已存在，则删除该表
cursor.execute("DROP TABLE IF EXISTS 'loan'")
# 使用预处理语句创建表
sql = """
CREATE TABLE loan (
    id int(8) NOT NULL AUTO_INCREMENT,
    name varchar(50) NOT NULL,
    amount decimal(10,2) DEFAULT NULL,
    effective_date date DEFAULT NULL,
    due_date date DEFAULT NULL,
    PRIMARY KEY (id)
) ENGINE=MyISAM AUTO_INCREMENT=1 DEFAULT CHARSET=utf8;
"""
cursor.execute(sql)    # 执行 SQL 语句
db.close()             # 关闭数据库连接
```

运行上述代码后，database 数据库中已经创建好了一个 loan 表。重新打开 Navicat for MySQL 或者右击 database 数据库进行刷新，即可发现 database 数据库中多了一个 loan 表，右击 loan，选择"设计表"命令，如图 9.11 所示。

9.3.4 插入记录

建立数据表后，我们就可以对该表进行操作了，在向 loan 贷款信息表中插入贷款数据时，可以使用 excute() 方法添加一条记录，也可以使用 executemany() 方法批量添加多条记录，excutemany()

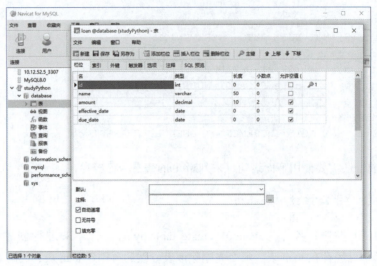

图 9.11　创建 loan 表效果

方法的基本语法格式如下：

```
executemany(operation,seq_of_params)
```

参数说明：

operation：操作的 SQL 语句。

seq_of_params：参数序列。

> **场景模拟：**
> 建立贷款信息表之后，就可以向表中插入贷款记录信息了。

例 9-2 在 loan 贷款信息表中插入记录。

在 IDLE 中创建一个名称为 demo02_insert_record.py 的文件，来对 loan 表执行插入记录操作。loan 贷款信息表包含了 5 个字段（字段值需要根据字段的数据类型来赋值，如 id 是一个长度为 10 的整型，name 是长度为 20 的字符串型数据），使用 executemany() 方法批量添加多条记录，代码如下：

```python
import pymysql
# 打开数据库连接
db = pymysql.connect(host="localhost",
                     user="root",
                     password="1234",
                     database="database",
                     charset="utf8")
cursor = db.cursor() # 使用 cursor() 方法获取操作游标对象
# 数据列表
data = [("Jack",'8500.00','2023-09-01','2025-09-01'),
        ("Tom",'10000.00','2023-10-30','2026-10-30'),
        ("Jerry",'5000.00','2023-10-30','2024-10-30'),
        ("Spike",'8000.00','2023-11-01','2025-11-01'),
        ("Butch",'10000.00','2023-11-01','2026-11-01'),
       ]
```

```
try:
    # 执行SQL语句，插入多条数据
    cursor.executemany("insert into loan(name, amount, effective_date,
due_date)values (%s,%s,%s,%s)", data)
    db.commit()                    # 提交数据
except:
    db.rollback()                  # 发生错误时回滚
db.close()                         # 关闭数据库连接
```

> **说明**：使用 connect() 方法连接数据库时，额外设置字符集 charset=utf-8，可以防止插入中文时出错；使用 insert 语句插入数据时，使用 %s 作为占位符，可以防止 SQL 注入。

运行上述代码后，在 Navicat for MySQL 中查看 loan 表数据，如图 9.12 所示。

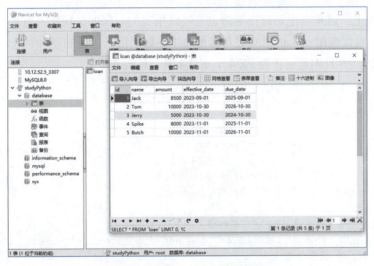

图 9.12　在 loan 表中插入记录

9.3.5　查询记录

查询数据表中的记录是一个最常见的操作，pymysql 模块提供了丰富的方法和 API 来查询数据，例如，查询 loan 表中数据，代码如下：

```
import pymysql
# 打开数据库连接
db = pymysql.connect(host="localhost",
                     user="root",
                     password="1234",
                     database="database")
# 使用 cursor() 方法创建一个游标对象 cursor
cursor = db.cursor()
# 使用 execute() 方法执行 SQL 查询
cursor.execute("select * from database.loan")
# 使用 fetchone() 方法获取单条数据
# data = cursor.fetchone()
```

```
data = cursor.fetchall()    # 获取所有数据
for row in data:
    print(row)
db.close()                  # 关闭数据库连接
```

执行上面的代码，运行结果如下：

```
(1, 'Jack', Decimal('8500.00'), datetime.date(2023, 9, 1), datetime.date(2025, 9, 1))
(2, 'Tom', Decimal('10000.00'), datetime.date(2023, 10, 30), datetime.date(2026, 10, 30))
(3, 'Jerry', Decimal('5000.00'), datetime.date(2023, 10, 30), datetime.date(2024, 10, 30))
(4, 'Spike', Decimal('8000.00'), datetime.date(2023, 11, 1), datetime.date(2025, 11, 1))
(5, 'Butch', Decimal('10000.00'), datetime.date(2023, 11, 1), datetime.date(2026, 11, 1))
```

9.3.6 更新记录

在业务应用上，对某条记录进行更新也是经常用到的。例如，贷款人想要提前还款，需要修改还款时间，可以使用 update 语句更新数据库中的数据信息，以 id 为 1 的记录为例，将原来的还款时间 2025 年 9 月 1 日更新为 2024 年 9 月 1 日，代码如下：

```
import pymysql
# 打开数据库连接
db = pymysql.connect(host="localhost",
                     user="root",
                     password="1234",
                     database="database")
# 使用 cursor() 方法创建一个游标对象 cursor
cursor = db.cursor()
# 使用 execute() 方法执行 SQL 更新语句
cursor.execute("update  database.loan set due_date='2024-09-01' where  id=1 ")
db.commit()   # 提交数据
db.close()    # 关闭数据库连接
```

运行上述代码后，在 Navicat for MySQL 中查看 loan 表数据，如图 9.13 所示。

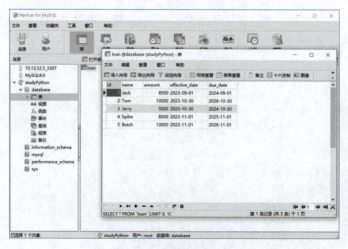

图 9.13　在 loan 表中更新记录

9.3.7 删除记录

删除某条记录，可以使用 delete 语句删除数据库中的数据信息。例如，某项贷款已被还清，需要清除该项贷款的所有信息，以删除 id 为 4 的记录为例，代码如下：

```python
import pymysql
# 打开数据库连接
db = pymysql.connect(host="localhost",
                     user="root",
                     password="1234",
                     database="database")
# 使用 cursor() 方法创建一个游标对象 cursor
cursor = db.cursor()
# 使用 execute() 方法执行 SQL 删除语句
cursor.execute("delete from database.loan where id=4")
db.commit()      # 提交数据
db.close()       # 关闭数据库连接
```

运行上述代码后，在 Navicat for MySQL 中查看 loan 表数据，如图 9.14 所示。

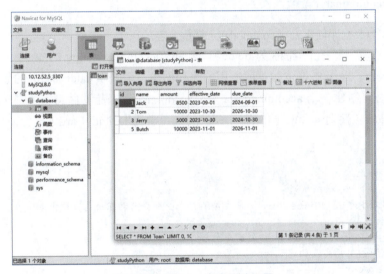

图 9.14　在 loan 表中删除记录

9.4　使用 SQLite

SQLite 是一种嵌入式数据库，它的数据库就是一个文件。SQLite 将整个数据库，包括定义、表、索引以及数据本身作为一个单独的、可跨平台使用的文件存储在主机中。从 Python3.x 版本开始，在标准库中已经内置了 SQLite3 模块，可以支持 SQLite3 数据库的访问和相关的数据库操作。

9.4.1　创建数据库文件

由于 Python 中已经内置了 SQLite3，因此，在需要操作 SQLite3 数据库数据时，只需在程序中导入 SQLite3 模块即可，操作 Python 数据库通用的流程如图 9.15 所示。

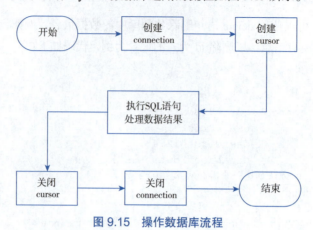

图 9.15　操作数据库流程

场景模拟：

贷款业务中除了存储贷款记录的相关信息外，还需要存储贷款人的个人信息，现在创建一个表 accommodator 贷款人表。

例 9-3 为数据库创建表 accommodator 贷款人表。

在 IDLE 中创建一个名称为 demo03_create_accommodator.py 的文件，来进行创建 accommodator 表。操作 Python 数据库通用的流程创建一个名为 database.db 的数据库文件，然后执行 SQL 语句创建一个 accommodator 表，accommodator 表包含 id（主键）、name（贷款人姓名）、gender（性别）、age（年龄）、education（学历）和 id_Card（身份证号）六个字段，代码如下：

```
import sqlite3
# 连接到 SQLite 数据库
# 数据库文件是 database.db，如果文件不存在，则会自动在当前目录中创建
conn = sqlite3.connect('database.db')
cursor = conn.cursor() # 创建一个 cursor
# 执行一条 SQL 语句，创建 accommodator 表
cursor.execute('create table accommodator (id int(10) primary key, name varchar(20), gender varchar(20), age int(10), education varchar(20), id_Card int(20))')
cursor.close()              # 关闭游标
conn.close()                # 关闭 connection
```

运行上述代码后，使用了 sqlite3.connect() 方法连接 SQLite 数据库文件 database.db，由于 database.db 文件并不存在，因此会在本例 Python 代码同级目录下创建 database.db 文件，该文件包含了 accommodator 表的相关信息。database.db 文件所在目录如图 9.16 所示。

名称	修改日期	类型	大小
database.db	2024/3/20 13:52	Data Base File	12 KB
demo01_create_table.py	2024/3/20 12:53	Python File	1 KB
demo02_insert_record.py	2024/3/20 13:50	Python File	1 KB
demo03_create_accommodator.py	2024/3/20 13:52	Python File	1 KB

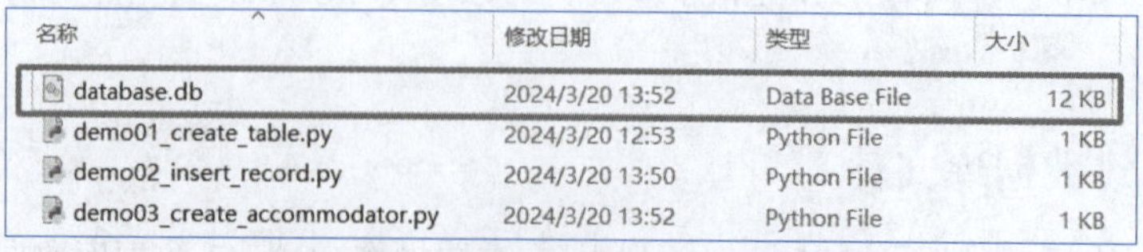

图 9.16　新建的 database.db 文件

如果再次运行 demo03_create_accommodator.py 文件时，则会出现如下异常，表示 accommodator 表已经存在。

```
Traceback (most recent call last):
    File "E:\Python_Workspace\chapter09\demo03_create_accommodator.py", line 7, in <module>
        cursor.execute('create  table accommodator (id int(10)  primary key, name varchar(20), gender varchar(20), age int(10), education varchar(20), id_Card int(20))')
    sqlite3.OperationalError: table accommodator already exists
```

9.4.2 操作 SQLite

操作 SQLite 主要也是对数据的增删改查这些，下面通过一个例子介绍向 SQLite 数据库中插入数据的方式，至于其他操作与 PyMySQL 中类似，因此不再赘述。

> **场景模拟：**
> 除了存储贷款记录的相关信息外，还需要存储贷款人的个人信息，在建立贷款人表之后，就可以向表中插入贷款人的个人信息了。

例 9-4 在 accommodator 教师表中插入记录。

在 IDLE 中创建一个名称为 demo04_insert_accommodator.py 的文件，来对 accommodator 表执行插入记录操作。accommodator 贷款人表包含了六个字段，字段名分别为 id、name、gender、age、education 和 id_Card，向 accommodator 表中插入 3 条贷款人信息记录，代码如下：

```python
import sqlite3
# 连接到 SQLite 数据库
# 数据库文件是 mrsoft.db
# 如果文件不存在，会自动在当前目录创建
conn = sqlite3.connect('database.db')
# 创建一个 Cursor
cursor =conn.cursor()
# 执行一条 SQL 语句，插入一条记录
cursor.execute('insert into accommodator (id, name, gender, age, education, id_Card) values ("1","Jack","male","30","college","1234567890009876543")')
cursor.execute('insert into accommodator (id, name, gender, age, education, id_Card) values ("2","Tom","male","45","Master or Above","0987654321112345678")')
cursor.execute('insert into accommodator (id, name, gender, age, education, id_Card) values ("3","Rose","female","32","Bechalor","0987656789009876543")')
cursor.close()       # 关闭游标
conn.commit()        # 提交事务
conn.close()         # 关闭 connection
```

运行上述代码，会向 accommodator 表中插入 3 条记录，为验证程序是否正常运行，再次运行 demo04_insert_accommodator.py，如果出现下列异常信息，则说明插入成功（accommodator 表中已经保存了上一次插入的记录，所以再次插入会报错）。

```
Traceback (most recent call last):
  File "E:\Python_Workspace\chapter09\demo04_insert_accommodator.py", line 9, in <module>
    cursor.execute('insert into accommodator (id, name, gender, age, education, id_Card) values ("1","Jack","male","30","college","123456789009876543")')
sqlite3.IntegrityError: UNIQUE constraint failed: accommodator.id
```

接下来，还可以通过查询操作，来查看是否插入成功。查询数据时，通常使用如下三种方式：fetchone()、fetchmany(size) 和 fetchall()，下面详细介绍这三种查询方式。

1. fetchone()——获取查询结果集中的下一条记录

例如，使用 fetchone() 方法进行查询，代码如下：

```
import sqlite3
# 连接到 SQLite 数据库，数据库文件是 mrsoft.db
conn = sqlite3.connect('database.db')
cursor = conn.cursor()                              # 创建一个 cursor
cursor.execute('select * from accommodator')        # 执行查询语句
result1 = cursor.fetchone()                         # 获取查询结果
print(result1)
cursor.close()                                      # 关闭游标
conn.close()                                        # 关闭 connection
```

使用 fetchone() 方法返回的 result1 为一个元组，运行结果如下：

```
(1, 'Jack', 'male', 30, 'college', 123456789009876543)
```

2. fetchmany(size)——获取指定数量的记录

将上述代码中的第 6 行 result1 = cursor.fetchone()，修改为 result2 = cursor.fetchmany(2)，同时将第 7 行 print(result1)，修改为 print(result2)。

使用 fetchmany size () 方法传递一个参数，其值为 2，默认情况下为 1。返回的 result2 为一个列表，列表中包含 2 个元组，执行修改后的代码将显示以下结果：

```
[(1, 'Jack', 'male', 30, 'college', 123456789009876543), (2, 'Tom', 'male', 45, 'Master or Above', 98765432112345678)]
```

3. fetchall()——获取结构集的所有记录

将上述代码中的第 6 行 result1 = cursor.fetchone()，修改为 result3 = cursor.fetchall()，同时将第 7 行 print(result1)，修改为 print(result3)。

使用 fetchall() 方法返回的 result3 为一个列表，列表中包含所有 accommodator 表中数据组成的元组，执行修改后的代码将显示以下结果：

```
[(1, 'Jack', 'male', 30, 'college', 123456789009876543), (2, 'Tom', 'male', 45, 'Master or Above', 98765432112345678), (3, 'Rose', 'female', 32, 'Bechalor', 98765678909876543)]
```

实例:查找指定范围的贷款信息

数据库中存储了所有贷款记录信息,使用一个贷款信息表进行存储。loan 贷款信息表主要包含 id(主键)、name(贷款人姓名)、amount(贷款金额)、effective_date(生效时间)和 due_date(还款时间)五个字段。假设表共有 20 条贷款记录,贷款记录均已经正确存储。

在 IDLE 中创建一个名称为 demo05_query_loan.py 的文件,然后在该文件中打开数据库连接,创建一个对象 cursor 后,使用 execute() 方法执行 SQL 查询,查询要求为:贷款生效时间 2023 年 11 月 1 日,且贷款金额达到 8 000 及以上的记录,代码如下:

```python
import pymysql
# 打开数据库连接
db = pymysql.connect(host="localhost",
                     user="root",
                     password="1234",
                     database="database")
# 使用 cursor() 方法创建一个游标对象 cursor
cursor = db.cursor()
# 使用 execute() 方法执行 SQL 查询
cursor.execute("select * from database.loan where effective_date = '2023-11-01' AND amount >= 8000")
data = cursor.fetchall()         # 获取所有数据
for row in data:
    print(row)
db.close()                       # 关闭数据库连接
```

假如该 20 条贷款信息如图 9.17 所示的数据表。

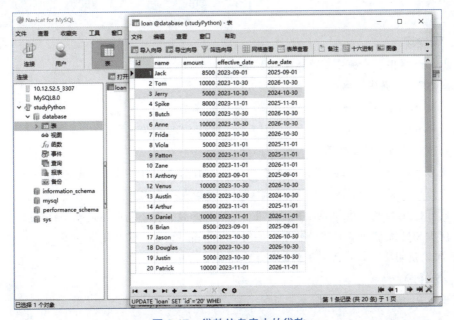

图 9.17 贷款信息表中的贷款

执行上面的代码后，运行结果如下：

```
    (4, 'Spike', Decimal('8000.00'), datetime.date(2023, 11, 1), datetime.date(2025, 11, 1))
    (10, 'Zane', Decimal('8500.00'), datetime.date(2023, 11, 1), datetime.date(2026, 11, 1))
    (14, 'Arthur', Decimal('8500.00'), datetime.date(2023, 11, 1), datetime.date(2025, 11, 1))
    (15, 'Daniel', Decimal('10000.00'), datetime.date(2023, 11, 1), datetime.date(2026, 11, 1))
    (20, 'Patrick', Decimal('10000.00'), datetime.date(2023, 11, 1), datetime.date(2026, 11, 1))
```

小　　结

　　Python 作为一种高级的编程语言，在数据库编程方面具有强大的功能和灵活性，能够轻松地与各种数据库进行交互，执行复杂的查询和操作。本章主要介绍了如何利用 Python 来对数据库进行各种操作。通过学习这一章，可以深入理解 Python 的数据库编程接口，掌握 Pyon 进行数据库操作的通用流程，以及数据库连接对象的常用方法。此外，读者还应不断学习独立设计数据库的能力，今后进一步学习 Python 操作 MySQL 和 SQLite 数据库的相关技术。

　　通过学习本章的内容，能深刻体会到 Python 数据库编程的重要性，在实际开发中使用适当的库和工具，高效地与各种数据库进行交互。

习　　题

一、填空题

1. Python 提供了一种标准的接口，称为 _____。
2. MySQL 数据库的端口号，默认为 _____。
3. 使用 Python 连接 MySQL 数据库需要安装的库是 _____。
4. 在 Python 中，可以使用 _____ 函数来执行 SQL 查询。
5. 获取连接对象需要使用 _____ 函数。
6. 使用 insert 语句插入数据时，使用 _____ 作为占位符，可以防止 SQL 注入。
7. _____ 是一种嵌入式数据库，它的数据库就是一个文件。
8. 使用 SQLite 执行查询操作时，使用 _____ 函数，可以获取指定数量的记录。
9. 使用 SQLite 操作数据库流程中，关闭 connection 之前，需要关闭 _____。
10. 可以使用 _____ 语句更新数据库中的数据信息。

二、选择题

1. 使用 Python 连接 MySQL 数据库时，需要导入（　　）库。
　　A. mysql-connector　　　　　　　　B. pymysql
　　C. sqlalchemy　　　　　　　　　　　D. sqlite3

2. 以下对象中表示数据库中的一行数据的是（　　）。
   A. ResultSet　　　B. Connection　　　C. Cursor　　　D. Row
3. 当与 MySQL 数据库进行交互时，Python 会自动将日期和时间字段转换为（　　）对象。
   A. datetime　　　B. date　　　C. time　　　D. timestamp
4. 执行查询操作时，应使用（　　）方法获取结果集中的所有行。
   A. fetchall()　　　　　　　　　B. fetchone()
   C. fetchmany(size)　　　　　　D. execute()
5. 为了防止 SQL 注入攻击，我们应该使用（　　）构建查询。
   A. 字符串拼接　　B. 参数化查询　　C. 动态 SQL　　D. 直接执行命令
6. 以下对象中表示数据库中的表的是（　　）。
   A. Connection　　　B. Cursor　　　C. Table　　　D. Row
7. 执行事务操作后，使用（　　）方法可以提交事务。
   A. commit()　　　B. rollback()　　　C. close()　　　D. reset()
8. 在 Python 中，用于操作 SQLite3 数据库的内置模块是（　　）。
   A. SQLite3　　　B. pysqlite3　　　C. PySQLite3　　　D. sqlite3

三、简答题

1. 请简述 Python 中常见的数据库操作。
2. 请简述 Python 中如何执行数据库查询操作。
3. 请简述如何使用 Python 的 sqlite3 模块创建 SQLite3 数据库。

四、编程题

1. 假设有一个 MySQL 数据库，其中有一个名为 users 的表，该表有 id, name 和 age 三个字段。请使用 Python 查询年龄大于 20 的所有用户，并打印他们的名字。
2. 假设有一个名为 orders 的表，该表有 id, product_name 和 quantity 三个字段。请使用 Python 插入一条新的订单记录，产品名为"Apple"，数量为 10。
3. 假设有一个名为 products 的表，该表有 id, product_name 和 price 三个字段。请使用 Python 的 sqlite3 模块更新价格为 100 的产品名称。

第 10 章 网络爬虫

学习目标

知识目标：
◎ 了解网络爬虫的概念及常用网络爬虫框架。
◎ 掌握 urllib 模块的使用。
◎ 掌握 requests 模块的常用方法。
◎ 掌握 Beautifulsoup 模块的常用方法。

能力目标：
能够使用各种爬虫框架和工具进行网页抓取和数据提取，具备基本的代码编写和调试程序的能力。

素养目标：
通过本章学习，在不断练习中提高解决问题能力和创新能力，通过对"爬虫技术"的讨论增强学生法律意识和职业道德规范。遵守网站的规则和政策，保护个人隐私和知识产权。

知识框架

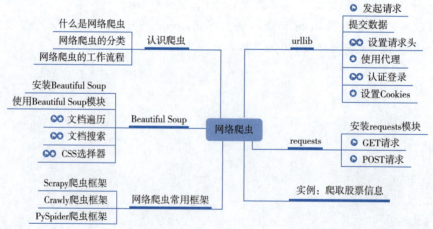

问题导入

网络上有大量我们需要的信息，一条一条地复制、粘贴显得不那么现实，如何通过 Python 批量获取网络信息呢？

随着人们使用互联网的日益增多，以及物联网技术的普及，全球数据量以指数级增长。我们可以通过数据分析发现隐藏在海量信息中的规律、趋势、模式，从而提高决策效率、创造商业价值、促进社会进步，发挥数据的作用。

随着大数据时代的到来，不论工程领域还是研究领域，经常需要在海量数据的互联网中搜集一些特定的数据，并对其进行分析。本章将介绍如何使用 Python 从网页中获取特定的数据。

10.1 认识网络爬虫

网络爬虫，简单来讲，就是通过程序在互联网上自动获取信息的一种技术。这种技术的应用场景非常广泛，例如，搜索引擎中的网页抓取、数据挖掘、网站监测等领域。

10.1.1 什么是网络爬虫

网络爬虫（又称网络蜘蛛、网络机器人，还常被称为网页追逐者），可以按照指定的规则（网络爬虫的算法）自动浏览或抓取网络中的信息。爬虫从一个或若干初始网页的 URL（uniform resource locator，统一资源定位器）开始，根据一定的网页分析算法过滤获得初始网页上的 URL，在抓取网页的过程中，不断从当前页面上抽取新的 URL 放入队列，直到满足系统的一定停止条件。

在生活中网络爬虫经常出现，搜索引擎就离不开网络爬虫。百度是中国领先的搜索引擎，百度搜索引擎的爬虫名字叫作百度蜘蛛（baidu spider）。它每天都会在海量的互联网信息中爬取、收集并整理互联网中的网页、图片、视频等信息。然后，当用户在百度搜索引擎中输入对应的关键词时，百度将从收集的网络信息中找出相关的内容，并按照一定的顺序将信息展现给用户。

10.1.2 网络爬虫分类

网络爬虫按照实现的技术和结构可以分为通用网络爬虫、聚焦网络爬虫、增量式网络爬虫、深层网络爬虫等类型。实际的网络爬虫通常是这几类爬虫的组合体。

1. 通用网络爬虫

通用网络爬虫又称全网爬虫（scalable web crawler），通用网络爬虫的爬行范围和数量巨大，主要为网络搜索引擎和大型 Web 服务提供商采集数据，有非常高的应用价值。正是由于其爬取的数据是海量数据，因此对于爬行速度和存储空间要求较高。通用网络爬虫在爬行页面的顺序方面要求相对较低，同时待刷新的页面太多，通常采用并行工作方式，所以需要较长时间才可以刷新一次页面。通用网络爬虫主要由初始 URL 集合、URL 队列、页面爬行模块、页面分析模块、页面数据库、链接过滤模块等构成。

2. 聚焦网络爬虫

聚焦网络爬虫（focused crawler），又称主题网络爬虫（topical web crawler），是指按照预先定义好的主题，有选择地进行相关网页爬取的一种爬虫。它和通用网络爬虫相比，不会将目标资源定位在整个互联网中，而是将爬取的目标网页定位在与主题相关的页面中。这极大地节省了硬件和网络资源，保存速度也由于页面数量少而更快。

3. 增量式网络爬虫

增量式网络爬虫（incremental web crawler），所谓增量式，对应着增量式更新。增量式更新指的是在更新时只更新改变的地方，而未改变的地方则不更新，所以增量式网络爬虫，在爬取网页时，只会在需要时爬行新产生或发生更新的页面，对于没有发生变化的页面则不会爬取。这样可有效减少数据下载量，减少时间和空间上的耗费，但是在爬行算法上需要增加一些难度。

4. 深层网络爬虫

在互联网中，Web 页面按存在方式可以分为表层网页（surface web）和深层网页（deep web）。表层网页是指不需要提交表单，使用静态的超链接就可以直接访问的静态页面；深层网页是指那些大部分内容被隐藏在搜索表单后面，不能通过静态链接来获取，只有用户提交一些关键词才能获得的 Web 页面。

常规的网络爬虫在运行中无法发现隐藏在普通网页中的信息和规律，缺乏一定的主动性和智能性。例如，需要输入用户名和密码的页面或者包含页码导航的页面均无法爬行。深度爬虫的设计针对常规网络爬虫的这些不足，将其结构加以改进，增加了表单分析和页面状态保持两个部分，通过分析网页的结构并将其归类为普通网页或存在更多信息的深度网页，针对深度网页构造合适的表单参数并且提交，以得到更多的页面。

10.1.3 网络爬虫工作流程

一个通用的网络爬虫基本工作流程如图 10.1 所示。网络爬虫的基本工作流程如下：

（1）获取初始的 URL 地址，该 URL 地址是用户自己制定的初始爬取的网页；

（2）爬取对应 URL 地址的网页，获取新的 URL 地址；

（3）抽取新的 URL 地址放入 URL 队列中；

（4）从 URL 队列中读取新的 URL，然后依据新的 URL 下载网页，同时从新的网页中获取新的 URL 地址，重复上述的爬取过程；

（5）设置停止条件，如果没有设置停止条件，爬虫会一直爬取下去，直到无法获取新的 URL 地址。设置了停止条件后，爬虫将会在满足停止条件时停止爬取。

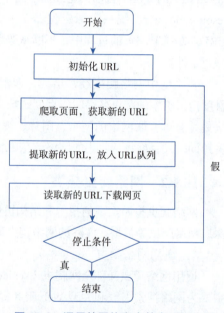

图 10.1 通用的网络爬虫基本工作流程

10.2 urllib

urllib 是 Python 中请求 URL 链接的官方标准库，在 Python2 中分为 urllib 和 urllib2，在 Python3 中整合成了 urllib。该模块中提供了一个 urlopen() 方法，通过该方法指定 URL 发送网络请求来获取数据。

urllib 中一共有四个模块，具体的模块名称与含义如下：

url.request：请求模块，主要负责构造和发起网络请求，定义了用于在各种复杂情况下打开 URL 的函数和类。例如，身份验证、重定向、cookie 等。

urllib.error：异常处理模块，用于处理 urllib 模块在发送 HTTP 请求时可能引发的异常。主要包含异常类，基本的异常类 URLError。

urllib.parse：URL 解析模块，该模块定义的功能分为两大类：URL 解析和 URL 引用。

urllib.robotparser：robots.txt 解析模块，解析 robots.txt 文件。

urllib3 是非内置模块，可以通过 pip install urllib3 快速安装，urllib3 服务于升级的 HTTP 1.1 标准，有高效 HTTP 连接池管理和 HTTP 代理服务的功能库。

10.2.1 发起请求

URL 最基本的一个应用就是向服务端发送 HTTP 请求，然后接收服务端返回的相应数据。这个功能通过 urlopen() 方法可以实现。使用 urllib.request 模块的 urlopen() 方法可以模拟浏览器发起一个 HTTP 请求。具体用法如下：

```
urllib.request.urlopen(url,data=None,[timeout,]*, cafile=None, capath=None, context=None)
```

参数说明：

url：字符串类型，必设参数，指定请求的路径。

data：bytes 类型，可选参数，可以使请求方式变为 POST 方式提交表单，即使用标准格式 application/x-www-form-urlencoded。可以通过 bytes() 函数转化为字节流。

timeout：设置请求超时时间，单位是秒。

cafile 和 capath：设置 CA 证书和 CA 证书的路径。如果使用 HTTPS，则需要用到。

context：ssl.SSLContext 类型，指定 SSL 设置。

urlopen() 方法也可以单独传入 urllib.request.Request 对象，返回结果是一个 http.client. HTTPResponse 对象。

场景模拟：
知名网站的代码是我们学习的榜样，获取某网站的 HTML 代码并显示打印出来。

例 10-1 使用 urllib.request.urlopen() 请求某东网站，并获取页面源代码。

```
import urllib.request                          # 导入 request 模块
url = "https://www.xx.com/"
response = urllib.request.urlopen(url)         # 请求某东首页
html =response.read()                          # 获取页面源代码
print(html.decode('utf-8'))                    # 转化为 utf-8 编码
```

运行代码，显示结果如图 10.2 所示。

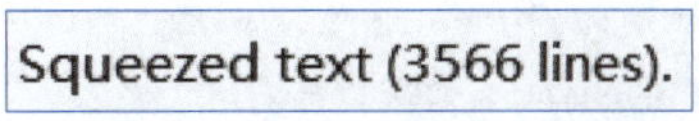

展开文本，显示代码如下（部分代码）：

Squeezed text (3566 lines).

图 10.2　请求某东首页返回的结果

```
<!DOCTYPE html>
<html>

    <head>
        <meta charset="utf8" version='1'/>
        <title>京东 (JD.COM)- 正品低价、品质保障、配送及时、轻松购物！</title>
```

```
            <meta name="viewport" content="width=device-width, initial-scale=1.0,
maximum-scale=1.0, user-scalable=yes"/>
            <meta name="description"
                content="京东JD.COM-专业的综合网上购物商城,为您提供正品低价的购物选择、
优质便捷的服务体验。商品来自全球数十万品牌商家,囊括家电、手机、电脑、服装、居家、母婴、美妆、
个护、食品、生鲜等丰富品类,满足各种购物需求。"/>
            <meta name="Keywords" content="网上购物,网上商城,家电,手机,电脑,服装,
居家,母婴,美妆,个护,食品,生鲜,京东"/>
            <script type="text/javascript">
                window.point = {}
                window.point.start = new Date().getTime()
```

可以看到，我们通过 urlopen() 方法可以与服务端交互，从服务器获取 HTML 代码。

其实 urlopen() 方法返回的是一个 HTTPResponse 类型对象，其主要方法包括 read()、getheader()、getheaders() 等，其属性主要包括 msg、version、status、debuglevel、closed 等。

> **场景模拟：**
> 通过 urlopen() 方法获取网页代码的同时，我们也想知道 urlopen() 方法获取的对象是什么类型的，服务器返回给用户的响应状态等相关信息。

例 10-2 查看 urlopen() 方法返回的对象的主要属性及方法。

```python
import urllib.request
response=urllib.request.urlopen('http://www.baidu.com')
print('response 的类型是: ',type(response))
print('status: ',response.status,';msg:',response.msg,';version',response.version)
print('headers:',response.getheaders())
print('headers.Content-Type',response.getheader('Content-Type'))
```

运行结果如下：

```
response 的类型是: <class 'http.client.HTTPResponse'>
status: 200 ;msg: OK ;version 11
headers: [('Content-Length', '405366'), ('Content-Security-Policy', "frame-ancestors 'self' https://chat.baidu.com http://mirror-chat.baidu.com https://fj-chat.baidu.com https://hba-chat.baidu.com https://hbe-chat.baidu.com https://njjs-chat.baidu.com https://nj-chat.baidu.com https://hna-chat.baidu.com https://hnb-chat.baidu.com http://debug.baidu-int.com;"), ('Content-Type', 'text/html; charset=utf-8'), ('Date', 'Fri, 19 Jan 2024 13:19:44 GMT'), ('Server', 'BWS/1.1'), ('Set-Cookie', 'BIDUPSID=9B2F123A4B01AFA6E2CD373081752482; expires=Thu, 31-Dec-37 23:55:55 GMT; max-age=2147483647; path=/; domain=.baidu.com'), ('Set-Cookie', 'PSTM=1705670384; expires=Thu, 31-Dec-37 23:55:55 GMT; max-age=2147483647; path=/; domain=.baidu.com'), ('Set-Cookie', 'H_PS_PSSID=39998_40120; path=/; expires=Sat, 18-Jan-25 13:19:44 GMT; domain=.baidu.com'), ('Set-Cookie', 'BAIDUID=9B2F123A4B01AFA6E2CD373081752482:FG=1; Path=/; Domain=baidu.com; Max-Age=31536000'), ('Set-Cookie', 'BAIDUID_BFESS=9B2F123A4B01AFA6E2CD373081752482:FG=1;
```

```
Path=/; Domain=baidu.com; Max-Age=31536000; Secure; SameSite=None'), ('Traceid',
'170567038425722985061168124134915567318 8')), ('Vary', 'Accept-Encoding'),
('X-Ua-Compatible', 'IE=Edge,chrome=1'), ('Connection', 'close')]
headers.Content-Type text/html; charset=utf-8
```

当向服务端发送 HTTP 请求时，通常很快就会得到响应，但由于某些原因，服务端可能迟迟没有响应（很大程度上是服务端吞吐量不够，请求正在排队），这样 HTTP 链接就会一直等待，直到超过预设的等待时间，这个等待时间就是请求超时。通常默认请求超时间都比较长，如果服务端半天没有响应，那么客户端就会一直在等待。这对于爬虫来说是非常不妥的。因为爬虫通常会启动一个或多个线程抓取 Web 资源。如果这时有一个线程由于服务端没有响应而一直在那里等待，那么就相当于浪费了一个人力。所以需要将这个请求超时值设置得小一点，即使服务端没有响应，客户端也不必长时间等待。在过了请求超时后，客户端就会抛出异常，然后可以根据业务需求做进一步的处理，例如，将这个 URL 进行标记，以后不再抓取，或重新抓取这个 URL 对应的 Web 资源。

请求超时需要通过 urlopen() 方法的 timeout 命名参数进行设置，单位为秒。

在下面的代码中将请求超时时间设置为 0.01 秒，由于绝大数网站不太可能在 0.01 秒内响应客户端的请求，所以下面代码肯定会抛出异常。

```python
import urllib.request                                    # 导入 request 模块
url=http://www.baidu.com
# 请求百度首页，并设置超时为 0.01 秒
response = urllib.request.urlopen(url,timeout=0.01)
html = response.read()                                   # 获取页面源代码
print(html.decode('utf-8'))                              # 转化为 utf-8 编码
```

运行结果如下（部分代码）：

```
Traceback (most recent call last):
    File "C:\Users\Administrator\AppData\Local\Programs\Python\Python311\
Lib\urllib\request.py", line 1348, in do_open
        h.request(req.get_method(), req.selector, req.data, headers,
    File "C:\Users\Administrator \AppData\Local\Programs\Python\Python311\
Lib\http\client.py", line 1294, in request
        self._send_request(method, url, body, headers, encode_chunked)
    File "C:\Users\Administrator \AppData\Local\Programs\Python\Python311\
Lib\http\client.py", line 1340, in _send_request
        self.endheaders(body, encode_chunked=encode_chunked)
    File "C:\Users\Administrator \AppData\Local\Programs\Python\Python311\
Lib\http\client.py", line 1289, in endheaders
        self._send_output(message_body, encode_chunked=encode_chunked)
    File "C:\Users\Administrator \AppData\Local\Programs\Python\Python311\
Lib\http\client.py", line 1048, in _send_output
        self.send(msg)
    File "C:\Users\Administrator \AppData\Local\Programs\Python\Python311\
Lib\http\client.py", line 986, in send
        self.connect()
```

```
    File "C:\Users\Administrator \AppData\Local\Programs\Python\Python311\
Lib\http\client.py", line 1459, in connect
        super().connect()
    File "C:\Users\Administrator \AppData\Local\Programs\Python\Python311\
Lib\http\client.py", line 952, in connect
        self.sock = self._create_connection(
    File "C:\Users\Administrator \AppData\Local\Programs\Python\Python311\
Lib\socket.py", line 851, in create_connection
        raise exceptions[0]
    File "C:\Users\Administrator \AppData\Local\Programs\Python\Python311\
Lib\socket.py", line 836, in create_connection
        sock.connect(sa)
TimeoutError: timed out
```

在大多数情况下，即使抛出了超时异常，也需要爬虫应用能继续运行，所以需要用 try...except 语句来捕获 urlopen() 方法抛出的超时异常，这样爬虫应用就不会抛出异常退出了。

> **场景模拟：**
> 在请求某部页面时，如果服务器没有响应，就告诉爬虫程序，超出特定时间将不再等待，抛出超时异常即可。

例 10-3 请求某部页面，手动设置超时时间 0.01 秒。当请求超时，使用 try...except 捕获 urlopen() 方法抛出的超时异常，并进行异常处理。

```python
import urllib.request               # 导入 request 模块
import urllib.error
import socket
url = "https://www.mof.gov.cn/index.htm"
try:
    # 请求财政部首页，并设置超时为 0.01 秒
    response = urllib.request.urlopen (url,timeout=0.01)
except urllib.error.URLError as e :
    # 判断抛出的异常是否为超时异常
    if isinstance(e.reason,socket.timeout):
        # 进行异常处理，这里只是简单地输出 '超时'
        print('超时')
# 这里可以继续爬虫工作
print('继续爬虫其他工作')
```

运行结果如下：

```
超时
继续爬虫其他工作
```

10.2.2 提交数据

urlopen() 方法默认情况下发送的是 HTTP GET 请求，如果发送 HTTP POST 请求，需要使用 data 参数，该参数是 bytes 类型，需要用 bytes 类将字符串形式的数据转换为 bytes 类型。

> **场景模拟：**
> 在进行网站的访问时，有的页面需要向网站提交数据的，比如用户名和密码，验证成功后才能访问相应的页面。

例 10-4 本示例向测试网站发送请求，尝试提交用户名 user 值为 python，密码 pwd 值为 20，并打印读取到的页面信息。

参数对象需要被转码成字节流。我们需要把提交的信息放入字典，使用 urllib.parse.urlencode() 将字典转化为 URL 字符串，再使用 bytes() 函数将字符串转为字节流。最后使用 urlopen() 方法发起请求，请求用 POST 方式提交表单数据。

```python
import urllib.request                                    # 导入 urllib.request 子模块
# http://httpbin.org/ 是一个接口调试服务网址，如果请求成功，服务端会将 HTTP POST
请求信息原封不动地返回给客户端。
url = "http://httpbin.org/post"
# 设置参数字典对象
params = {
'user':'python',
'pwd':20}
# 将参数对象转换为字节流
data = bytes(urllib.parse.urlencode(params),encoding='utf8')
response=urllib.request.urlopen(url,data=data)    # 提交数据并发送请求
print(response.read().decode('utf-8'))            # 转化为 utf-8 编码
```

运行结果如下：

```
{
    "args": {},
    "data": "",
    "files": {},
    "form": {
        "pwd": "20",
        "user": "python"
    },
    "headers": {
        "Accept-Encoding": "identity",
        "Content-Length": "18",
        "Content-Type": "application/x-www-form-urlencoded",
        "Host": "httpbin.org",
        "User-Agent": "Python-urllib/3.11",
        "X-Amzn-Trace-Id": "Root=1-65ab5137-3924ddbc37325fd618c7525c"
    },
    "json": null,
    "origin": "123.14.254.155",
    "url": "http://httpbin.org/post"
}
```

> **注意：** 当 URL 地址含有中文或者 "/" 时，需要使用 urlencode() 进行编码转换，该方法的参数是字典对象，它可以将键值对转换成查询字符串格式。

10.2.3 设置请求头

如果用爬虫向服务端发送 HTTP 请求，通常需要模拟浏览器的 HTTP 请求，也就是让服务端误认为客户端就是浏览器，而不是爬虫，这样就会让服务器的某些反爬虫技术失效。

如请求头中的 User-Agent 默认为"Python-urllib/3.11"（由上例的输出结果可见），一些网站可能会拦截爬虫请求，所以需要伪装成浏览器发起请求。

urlopen() 方法本身并没有设置 HTTP 请求头的命名参数，如果 HTTP 请求中需要加入 headers(请求头)、指定请求方式等信息，就需要为 urlopen() 方法传入 Request 对象，通过 Request 类构造方法的 headers 命名参数设置 HTTP 请求头。构建一个请求，具体用法如下：

```
urllib.request.Request(url,data=None,headers={},origin_req_host=None,
unverifiable=False,method=None)
```

参数说明：

data：与 urlopen() 方法中的 data 参数用法相同。

headers：指定发起 HTTP 请求的头部信息。headers 是一个字典，它除了在 Request 中添加，还可以通过调用 Request 实例的 add_header() 方法来添加请求头。

origin_req_host：设置请求方的 host 名称或者 IP 地址。

unverifiable：表示请求是否无法验证，默认为 False，即用户没有足够权限来选择接收这个请求的结果。例如，请求一个 HTML 文档中的图片，但是用户没有自动抓取图像的权限，这时就要将 unverifiable 的值设置成 True。

method：设置发起 HTTP 请求的方式，如 GET、POST、DELETE、PUT 等。

> **场景模拟：**
> 在进行爬虫时，有些网站会识别出是爬虫行为从而进行一些反爬设计，这时候我们就不能获取相应的信息，为了让网站认为我们就是浏览器，就需要模拟浏览器向服务器发送请求。

例 10-5 使用 Request 伪装成浏览器发起 HTTP 请求，在【例 10-4】代码的基础上，设置 User-Agent 为 Chrome 浏览器，并添加自定义请求头 who。

```python
import urllib.parse                          # 导入 urllib.parse 子模块
import urllib.request                        # 导入 urllib.request 子模块
# http://httpbin.org/ 是一个接口调试服务网址
url = "http://httpbin.org/post"
# 设置参数字典对象
params = {
'user':'python',
'pwd':20}
headers = {
'User-Agent': 'Mozilla/5.0 (Windows NT 10.0; Win64; x64) AppleWebKit/537.36 (KHTML, like Gecko) Chrome/120.0.0.0 Safari/537.36',
'who':'Python Scrapy'
}
# 将参数对象转换为字节流
data = bytes(urllib.parse.urlencode(params),encoding='utf8')
```

```
request = urllib.request.Request(url=url, headers=headers,data=data)
                                            # 发送请求
response=urllib.request.urlopen(request)    # 获取响应
print(response.read().decode('utf-8'))      # 转化为 utf-8 编码
```

运行结果如下：

```
{
    "args": {},
    "data": "",
    "files": {},
    "form": {
        "pwd": "20",
        "user": "python"
    },
    "headers": {
        "Accept-Encoding": "identity",
        "Content-Length": "18",
        "Content-Type": "application/x-www-form-urlencoded",
        "Host": "httpbin.org",
        "User-Agent": "Mozilla/5.0 (Windows NT 10.0; Win64; x64) AppleWebKit/537.36 (KHTML, like Gecko) Chrome/120.0.0.0 Safari/537.36",
        "Who": "Python Scrapy",
        "X-Amzn-Trace-Id": "Root=1-65ab8a4b-436ac6d243f96459356af339"
    },
    "json": null,
    "origin": "123.14.254.155",
    "url": "http://httpbin.org/post"
}
```

从返回的结果可以看到，"User-Agent"伪装成为了"Mozilla/5.0 (Windows NT 10.0; Win64; x64) AppleWebKit/537.36 (KHTML, like Gecko) Chrome/120.0.0.0 Safari/537.36"，并且添加了自定义的参数 who。

> **注意**：打开浏览器，按【F12】键可以打开开发者工具，找到网络选项，然后访问网页，选择一项资源 URL，就可以看到请求的头部信息，复制其中的 User-Agent 即可。

10.2.4 使用代理

最常见的反爬技术之一就是通过客户端的 IP 鉴别是否为爬虫。如果同一 IP 地址短时间大量访问服务器的不同网页，那么极有可能是爬虫，很有可能将客户端使用的 IP 临时或永久禁用而无法获取任何资源。如果在爬虫时不断更换 IP，就需要使用代理服务器了。

使用 ProxyHandler 类可以设置 HTTP 和 HTTPS 代理。步骤如下：

（1）创建 Request 对象；

（2）创建 ProxyHandler 对象；

（3）用 handler 对象创建 opener 对象；

（4）使用 opener.open() 方法发送请求。

> **场景模拟：**
> 有些网站会限制浏览频率，如果请求该网站频率过高，会被封 IP，禁止访问。用户可以为 HTTP 请求设置代理，突破 IP 被封的难题。

例 10-6 通过设置 HTTP 请求代理，突破 IP 被封的难题。

```
import urllib.request                              # 导入 urllib.request 子模块
url = "https://www.baidu.com/s?wd=ip"
headers = {                                        # 定义请求头用户代理信息
'User-Agent': 'Mozilla/5.0 (Windows NT 10.0; Win64; x64) AppleWebKit/537.36
(KHTML, like Gecko) Chrome/120.0.0.0 Safari/537.36'}
# 创建 Request 对象
request = urllib.request.Request(url=url, headers=headers)
# 创建 ProxyHandler，定义代理信息
proxy_handler = urllib.request.ProxyHandler({
'http':'120.79.101.0:8888'
})
opener = urllib.request.build_opener(proxy_handler)   # 创建代理
response = opener.open(request)                       # 获取响应
print (response.read() .decode('utf-8'))              # 转换字符编码
```

运行以上代码，结果如图 10.3 所示（不显示展开后的结果）。

Squeezed text (17729 lines).

图 10.3 使用代理的相应结果

> **注意**：由于示例中的代理 IP 是免费的，由第三方服务器提供，IP 质量不高，所以使用的时间不固定，超出使用时间范围内的地址将失效。读者可以在网上搜索一些代理地址。

10.2.5 认证登录

urllib 中提供了一些 handler 类，这些类可以用来处理各种类型的页面请求，这些类通常都是 BaseHandler 的子类，例如，HTTPBasicAuthHandler 用来处理认证管理，HTTPPasswordMgrWithDefaultRealm 封装请求字段数据。

有些网站需要登录之后才能继续浏览网页。认证登录的步骤如下：

（1）使用 HTTPPasswordMgrWithDefaultRealm() 实例化一个账号密码管理对象；

（2）使用 add_password() 方法添加账号和密码；

（3）使用 HTTPBasicAuthHandler() 得到 handler；

（4）使用 build_opener() 获取 opener 对象；

（5）使用 opener 的 open() 方法发起请求。

> **场景模拟：**
> 有些网站需要输入用户名和密码，认证成功后才能进行相应的访问。

例 10-7 使用模拟账号和密码请求登录博客园。

```
import urllib.request                          # 导入 urllib.request 子模块
url = "http://cnblogs.com/"
user = 'user'
password = 'user'
# 实例化账号密码管理对象
pwdmgr = urllib.request.HTTPPasswordMgrWithDefaultRealm()
# 添加账号和密码
pwdmgr.add_password (None,url,user,password)
# 获取 handler 对象
auth_handler = urllib.request.HTTPBasicAuthHandler(pwdmgr)
# 获取 opener 对象
opener = urllib.request.build_opener (auth_handler)
# 发起请求
response = opener.open(url)
print (response.read() .decode('utf-8'))  # 读取响应信息并转码
```

运行结果如下：

```
<!DOCTYPE html>
<html lang="zh-cn">
<head>
    <meta charset="utf-8" />
    <meta name="viewport" content="width=device-width, initial-scale=1.0" />
    <meta name="referrer" content="origin-when-cross-origin" />

    <meta http-equiv="Cache-Control" content="no-transform" />
    <meta http-equiv="Cache-Control" content="no-siteapp" />
    <meta http-equiv="X-UA-Compatible" content="IE=edge" />
    <title>Miracle&amp;Hat - 博客园</title>
        <link rel="canonical" href="https://www.cnblogs.com/xtznb" />
        <link id="favicon" rel="shortcut icon" href="//common.cnblogs.com/favicon.svg" type="image/svg+xml" />
```

10.2.6 设置 Cookies

如果请求的页面每次都需要身份验证，可以使用 Cookies 来自动登录，免去重复登录验证的操作。获取 Cookies 的具体步骤如下：

（1）使用 http.cookiejar.CookieJar() 实例化一个 Cookies 对象；

（2）使用 urllib.request.HTTPCookieProcessor() 构建 handler 对象；

（3）使用 opener 的 open() 函数发起请求。

> **场景模拟：**
> 为了不用每次都需要身份验证，可以使用 Cookies 中的信息自动登录某网站。

例 10-8 获取请求百度的 Cookies 并保存到文件中。

```python
import urllib.request                              # 导入urllib.request 子模块
import http.cookiejar                              # 导入http.cookiejar 子模块
url = "http://www.baidu.com/"
fileName ='cookie.txt'
cookie = http.cookiejar.CookieJar()               # 实例化一个 Cookies 对象
handler = urllib.request.HTTPCookieProcessor(cookie) # 构建handler 对象
opener = urllib.request.build_opener (handler)     # 获取opener 对象
response = opener.open (url)                       # 发起请求
f = open(fileName,'a')                             # 新建或打开cookie.txt 文件
for item in cookie:
    # 逐条写入cookie 信息
    f.write(item.name+" = "+item.value+'\n')
f.close()                                          # 关闭cookie.txt 文件
```

运行程序，在当前目录下新建 cookie.txt 文件并写入 cookie 信息。
cookie.txt- 记事本如下：

```
BIDUPSID = 35B20B5C400D23956FC755863019450B
PSTM = 1705767339
H_PS_PSSID = 39996_40043_40075_40131
BAIDUID = 35B20B5C400D23956FC755863019450B:FG=1
BAIDUID_BFESS = 35B20B5C400D23956FC755863019450B:FG=1
```

10.3　requests

尽管 urllib 的功能比较强大，但实现某些功能还是比较麻烦的，为了更方便地实现这些操作，本节介绍一个功能强大且使用方便的 Python 库 requests。

requests 是 Python 中实现 HTTP 请求的一种方式，requests 是第三方模块，该模块在实现 HTTP 请求时要比 urllib 模块简化很多，操作更加人性化。

10.3.1　安装 requests 模块

在使用 requests 模块前，需要通过执行以下代码：

```
pip install requests
```

进行 requests 模块的安装。

10.3.2　GET 请求

GET 请求主要用于获取数据，但也可以用于发送数据。

```
import requests                                   # 导入模块requests
response = requests.get('http://www.baidu.com')
print(type(response))                             # 输出get()方法返回值类型
print(response.status_code)                       # 输出状态码
print(response.url)                               # 输出请求url
```

```
print(response.headers)                    # 输出头部信息
print(response.cookies)                    # 输出 cookies 信息
print(response.text)                       # 以文本形式输出网页源码
print(response.content)                    # 以字节流形式输出网页源码
```

运行结果如下：

```
<class 'requests.models.Response'>
200
http://www.baidu.com/
{'Connection': 'keep-alive', 'Content-Encoding': 'gzip', 'Content-Security-Policy':
"frame-ancestors 'self' https://chat.baidu.com http://mirror-chat.baidu.com
https://fj-chat.baidu.com https://hba-chat.baidu.com https://hbe-chat.baidu.com
https://njjs-chat.baidu.com https://nj-chat.baidu.com https://hna-chat.baidu.com
https://hnb-chat.baidu.com http://debug.baidu-int.com;", 'Content-Type': 'text/html;
charset=utf-8', 'Date': 'Sun, 21 Jan 2024 08:26:30 GMT', 'Server': 'BWS/1.1',
'Set-Cookie': 'BIDUPSID=10D576A52EAB0CE54C625DD31D265D6A; expires=Thu,
31-Dec-37 23:55:55 GMT; max-age=2147483647; path=/; domain=.baidu.com,
PSTM=1705825590; expires=Thu, 31-Dec-37 23:55:55 GMT; max-age=2147483647;
path=/; domain=.baidu.com, H_PS_PSSID=39996_40075_40120; path=/; expires=Mon,
20-Jan-25 08:26:30 GMT; domain=.baidu.com, BAIDUID=10D576A52EAB0CE54C625DD31D265D6A:
FG=1; Path=/; Domain=baidu.com; Max-Age=31536000, BAIDUID_BFESS=10D576A52
EAB0CE54C625DD31D265D6A:FG=1; Path=/; Domain=baidu.com; Max-Age=31536000;
Secure; SameSite=None', 'Traceid': '1705825590356208871418112107542292398065',
'X-Ua-Compatible': 'IE=Edge,chrome=1', 'Transfer-Encoding': 'chunked'}
    <RequestsCookieJar[<Cookie BIDUPSID=10D576A52EAB0CE54C625DD31D265D6A
for .baidu.com/>, <Cookie PSTM=1705825590 for .baidu.com/>, <Cookie H_PS_PSSID=
39996_40075_40120 for .baidu.com/>, <Cookie BAIDUID=10D576A52EAB0CE54C625DD3
1D265D6A:FG=1 for .baidu.com/>, <Cookie BAIDUID_BFESS=10D576A52EAB0CE54C625D
D31D265D6A:FG=1 for .baidu.com/>]>
```

运行结果如图 10.4 所示。

从运行结果可以看出，get() 方法返回一个 requests.models.Response 类型的对象。

图 10.4 运行结果

向服务端发送 HTTP GET 请求是最常见的操作之一，如果只是简单地发送 GET 请求，只需将 URL 传入 get() 方法即可。要想为 GET 请求指定参数，可以直接将参数加在 URL 后面，用问号分割，不过还有另外一种更好的方式，就是使用 get() 方法的 params 参数，该参数需要一个字典类型的值，字典中每一对 key-value 就是一对参数值。如果同时在 URL 中和 params 参数指定 GET 请求参数，那么 get() 方法会将参数合并。如果出现同名的参数，会用列表存储，也就是同名参数的值会按出现的先后顺序保存在列表中。

有很多网站，在访问其 Web 资源时，必须设置一些 HTTP 请求头，如 User-Agent、Host、Cookie 等，否则网站服务端会限制访问这些资源。使用 get() 方法为 HTTP 添加请求头相当容易，只需设置 get() 方法的 headers 参数即可。该参数同样是一个字典类型的值，每一对 key-value 就是一个 Cookie。如果需要设置中文 Cookie，需要使用 urllib.parse.quote 和 urllib.parse.unquote 进行编码和解码。

> **场景模拟：**
> 有些网站设置了各种反爬措施，我们可以通过使用requests库访问网站，设置HTTP请求头，模拟真实浏览器访问，解除爬虫时服务端的访问限制。

例 10-9 使用get方法访问 http://httpbin.org，并同时使用URL和params参数的方式设置get()请求参数，设置请求头包括User-Agent和一个自定义的请求头name，其中name请求头的值是中文。

```
import requests
import urllib.parse
# 用字典定义 get 请求参数
data={
    'name':'财政学',
    'country':'中国',
    'year':2024
    }

headers={
    'User-Agent':'Mozilla/5.0 (Windows NT 10.0; Win64; x64) AppleWebKit/537.36 (KHTML, like Gecko) Chrome/120.0.0.0 Safari/537.36',
    # 自定义请求头，并用 urllib.parse.quote 进行编码
    'name':urllib.parse.quote('经济学')
    }

# 发送HTTP get 请求，同时传入参数
r=requests.get('http://httpbin.org/get?name=金融学&country=中国&year=2024',params=data,headers=headers)
# 输出响应体
print(r.text)
# 即将返回对象转换为 json 对象
print(r.json())
# 输出 json 对象中的 country 属性值
print(r.json()['args']['country'])          # 以字节流形式输出网页源码
# 输出 name 请求头的值 ( 需要解码 )
print('name',urllib.parse.unquote(r.json()['headers']['Name']))
```

运行结果如下：

```
{
  "args": {
    "country": [
      "\u4e2d\u56fd",
      "\u4e2d\u56fd"
    ],
    "name": [
      "\u91d1\u878d\u5b66",
      "\u8d22\u653f\u5b66"
```

```
    ],
    "year": [
      "2024",
      "2024"
    ]
  },
  "headers": {
    "Accept": "*/*",
    "Accept-Encoding": "gzip, deflate",
    "Host": "httpbin.org",
    "Name": "%E7%BB%8F%E6%B5%8E%E5%AD%A6",
    "User-Agent": "Mozilla/5.0 (Windows NT 10.0; Win64; x64) AppleWebKit/537.36 (KHTML, like Gecko) Chrome/120.0.0 Safari/537.36",
    "X-Amzn-Trace-Id": "Root=1-65ace761-3b7a88f8480d78ac61296bf1"
  },
  "origin": "123.14.254.155",
  "url": "http://httpbin.org/get?name=\u91d1\u878d\u5b66&country=\u4e2d\u56fd&year=2024&name=\u8d22\u653f\u5b66&country=\u4e2d\u56fd&year=2024"
}
{'args': {'country': ['中国', '中国'], 'name': ['金融学', '财政学'], 'year': ['2024', '2024']}, 'headers': {'Accept': '*/*', 'Accept-Encoding': 'gzip, deflate', 'Host': 'httpbin.org', 'Name': '%E7%BB%8F%E6%B5%8E%E5%AD%A6', 'User-Agent': 'Mozilla/5.0 (Windows NT 10.0; Win64; x64) AppleWebKit/537.36 (KHTML, like Gecko) Chrome/120.0.0 Safari/537.36', 'X-Amzn-Trace-Id': 'Root=1-65ace761-3b7a88f8480d78ac61296bf1'}, 'origin': '123.14.254.155', 'url': 'http://httpbin.org/get?name=金融学&country=中国&year=2024&name=财政学&country=中国&year=2024'}
['中国', '中国']
name 经济学
```

10.3.3 POST 请求

以 POST 请求方式发送 HTTP 网络请求需要指定 data 参数，该参数是一个字典类型的值，每一对 key-value 是一对 POST 请求参数。示例代码如下：

```
import requests
data = {'word': 'hello'}                          # 表单参数
# 向需要爬取的网页发送请求
response = requests.post('http://httpbin.org/post', data=data)
print(response.content)                           # 以字节流形式输出网页源码
```

requests 模块不仅提供了以上两种常用的请求方式，还提供了以下多种网络请求的方式，代码如下：

```
# PUT 请求
requests.put('http://httpbin.org/put',data = {'key':'value'})
requests.delete('http://httpbin.org/delete')      # DELETE 请求
requests.head('http://httpbin.org/get')           # HEAD 请求
requests.options('http://httpbin.org/get')        # OPTIONS 请求
```

如果发现请求的 URL 地址中的参数跟在"?"后面，如 httpbin.org/get?key= value，则这种是 URL 的查询参数。requests 模块提供了传递参数的方法，允许用户使用 params 关键字参数，以一个字符串字典形式来提供这些参数。例如，用户想传递 key1=value1 和 key2=value2 到 httpbin.org/get 中，可以使用如下代码：

```python
import requests
payload = {'key1': 'value1', 'key2': 'value2'}  # 传递的参数
# 向需要爬取的网页发送请求
response = requests.get("http://httpbin.org/get", params=payload)
print(response.content)                          # 以字节流形式输出网页源码
```

运行结果如下：

```
b'{\n  "args": {\n    "key1": "value1", \n    "key2": "value2"\n  }, \n  "headers": {\n    "Accept": "*/*", \n    "Accept-Encoding": "gzip, deflate", \n    "Host": "httpbin.org", \n    "User-Agent": "python-requests/2.31.0", \n    "X-Amzn-Trace-Id": "Root=1-65abf8f3-7c1d305a41360072040f8ef0"\n  }, \n  "origin": "123.14.254.155", \n  "url": "http://httpbin.org/get?key1=value1&key2=value2"\n}\n'
```

可以看到返回结果中有参数 key1、key2 的键值对。

10.4　Beautiful Soup

Beautiful Soup 是一个用于从 HTML 和 XML 文件中提取数据的 Python 库。Beautiful Soup 提供了一些简单的函数，用来处理导航、搜索、修改分析树等功能。Beautiful Soup 模块中的查找提取功能非常强大，而且非常便捷，它通常可以节省程序员数小时或数天的工作时间。由于 Beautiful Soup 非常简单，所以可以用非常少的代码写出一个完整的 HTML 分析程序，再加上 requests 库，可以写出非常简洁且强大的爬虫应用。

Beautiful Soup 自动将输入文档转换为 Unicode 编码，输出文档转换为 UTF-8 编码。用户不需要考虑编码方式，除非文档没有指定一个编码方式。这时，Beautiful Soup 不能自动识别编码方式，用户需要说明原始编码方式。

10.4.1　安装 Beautiful Soup

Beautiful Soup 3 已经停止开发，当前推荐使用 Beautiful Soup 4，不过它已经被移植到 bs4 中，因此需要使用 from bs4 import Beautiful Soup 从 bs4 中导入 Beautiful Soup。安装 Beautiful Soup 有以下三种方式。

方法一：如果使用的是最新版本的 Debian 或 Ubuntu Linux，则可以使用系统软件包管理器安装 Beautiful Soup。安装命令为 apt-get install python-bs4。

方法二：Beautiful Soup 4 是通过 PyPi 发布的，在 Windows 系统它可以通过 easy_install 或 pip 来安装。包名是 beautifulsoup4，安装命令为 easy_install beautifulsoup4 或者 pip install beautifulsoup4。

方法三：如果当前的 BeautifulSoup 不是想要的版本，则可以通过下载源码的方式来安装它，源码的下载地址为 https://www.crummy.com/software/BeautifulSoup/bs4/download/，然后在源码所

在路径输入 cmd,输入命令 python setup.py install 即可。

BeautifulSoup 支持 Python 标准库中包含的 HTML 解析器,但它也支持许多第三方 Python 解析器,其中包含 lxml 解析器。根据不同的操作系统,用户可以使用以下命令之一安装 lxml。

- Linux 操作系统:apt-get install python-lxml。
- Windows 操作系统:easy_install lxml。
- Windows 操作系统:pip install lxml。

另一个解析器是 html5lib,它是一个 Python 库,用于以与 Web 浏览器相同的方式解析 HTML。用户可以使用以下命令之一安装 html5lib。

- Linux 操作系统:apt-get install python-html5lib。
- Windows 操作系统:easy_install html5lib。
- Windows 操作系统:pip install html5lib。

安装完 Beautiful Soup,可以执行以下 python 代码验证 Beautiful Soup 是否安装成功:

```
from bs4 import BeautifulSoup
soup=BeautifulSoup('<h2>财政金融</h2>','lxml')
print(soup.h2.string)
```

执行这段代码后,如果输出如下结果,说明 BeautifulSoup 安装成功。

财政金融

> **注意**:安装的包是 beautifulsoup4,但引入的是 bs4。这是因为这个包源代码本身的库文件夹名称就是 bs4,在应用时不要弄错。

10.4.2 使用 Beautiful Soup 模块

BeautifulSoup 将复杂的 HTML 文档转换成一个树状的结构,每个节点都是一个 Python 对象,所有的对象都可以归纳为四类:Tag、NavigableString、BeautifulSoup、Comment。

Tag 对象:就是 HTML 标签,使用 name 属性可以访问标签名称,也可以使用字典一样的方法访问标签属性。使用 get_text() 方法或 string 属性可以获取标签包含的文本内容。

NavigableString 对象:可以遍历的字符串,一般为被标签包裹的文本。

BeautifulSoup 对象:通过解析网页所得到的对象。

Comment 对象:网页中的注释及特殊字符串。

下面将介绍如何通过 Beautiful Soup 库进行 HTML 的解析工作。

> **场景模拟**:
> 我们获取到网站信息后,就要分析数据,进而获取某个对象中相应信息。

例 10-10 使用 Beautiful Soup 分析一段 HTML 代码,并得到 <title> 标签的文本和第 1 个 <a> 标签的 href 属性值,最后以格式化后的格式输出这段 HTML 代码。

首先从 bs4 中导入 Beautiful Soup 库,然后创建一个模拟 HTML 代码的字符串,创建 BeautifulSoup 对象,BeautifulSoup 类的第一个参数需要指定待分析的 HTML 代码,第二个参数指定解析器为 lxml，在解析 HTML 过程中，BeautifulSoup 对象会将 HTML 中的各级别的标签映射成 BeautifulSoup 对象中的属性，通过 BeautifulSoup 对象属性提取 HTML 代码中的内容。如通过 soup.title.string 获取 <title> 标签的文本，通过 soup.a['href'] 获取第 1 个 <a> 标签的 href 属性值，通过 soup.prettify() 对 HTML 代码格式化。

```
from bs4 import BeautifulSoup             # 从 bs4 中导入 BeautifulSoup 库
# 创建用于模拟 HTML 代码的字符串
html_doc = """
    <html>
        <head><title>12 省份公布 2023 年 GDP：9 省份增速跑赢全国，海南暂时领先</title></head>
        <body>
            <p class="title"><b>12 省份公布 2023 年 GDP：9 省份增速跑赢全国，海南暂时领先</b></p>
            <p class="story">2023 年各省份经济数据陆续出炉。据澎湃新闻不完全统计，截至目前，已有 12 个省区市公布 2023 年"成绩单"
            <a href="https://finance.china.com.cn/news/20240121/6074296.shtml" class="sister" id="link1">山东省</a>，
            <a href="https://finance.china.com.cn/news/20240121/6074296.shtml" class="sister" id="link2">四川省</a>，and
            <a href="https://finance.china.com.cn/news/20240121/6074296.shtml" class="sister" id="link3">湖南省</a>。
            </p>
            <p class="story">...</p>
        </body>
    </html>
"""
# 创建一个 BeautifulSoup 对象，获取页面正文
soup = BeautifulSoup(html_doc, features="lxml")
# 输出 <title> 标签的文本
print('<'+soup.title.string+'>')
# 输出第一个 <a> 标签的 href 属性值
print('['+soup.a['href']+']')
# 以格式化后的格式输出这段 HTML 代码
print(soup.prettify())
```

运行结果如下：

```
<12 省份公布 2023 年 GDP：9 省份增速跑赢全国，海南暂时领先>
[https://finance.china.com.cn/news/20240121/6074296.shtml]
<html>
 <head>
  <title>
   12 省份公布 2023 年 GDP：9 省份增速跑赢全国，海南暂时领先
  </title>
 </head>
 <body>
  <p class="title">
   <b>
    12 省份公布 2023 年 GDP：9 省份增速跑赢全国，海南暂时领先
```

```
            </b>
        </p>
        <p class="story">
            2023年各省份经济数据陆续出炉。据澎湃新闻不完全统计，截至目前，已有12个省区市公布2023年"成绩单"
            <a class="sister" href="https://finance.china.com.cn/news/20240121/6074296.shtml" id="link1">
                山东省
            </a>
            ,
            <a class="sister" href="https://finance.china.com.cn/news/20240121/6074296.shtml" id="link2">
                四川省
            </a>
            ,and
            <aclass="sister" href="https://finance.china.com.cn/news/20240121/6074296.shtml" id="link3">
                湖南省
            </a>
            。
        </p>
        <p class="story">
            ...
        </p>
    </body>
</html>
```

10.4.3 文档遍历

Tag 是 BeautifulSoup 中最重要的对象，通过 BeautifulSoup 来提取数据大部分都围绕该对象进行操作。一个节点可以包含多个子节点和多个字符串。除了根节点外，每个节点都包含一个父节点。遍历节点所要用到的属性说明如下：

contents：获取所有子节点，包括里面的 NavigableString 对象，返回一个列表。

children：获取所有子节点，返回的是一个迭代器。

descendants：获得所有子孙节点，返回的是一个迭代器。

string：获取直接包含的文本。

strings：获取全部包含的文本，返回一个可迭代对象。

parent：获取上一层父节点。

parents：获取所有父辈节点，返回一个可迭代对象。

next_sibling：获取当前节点的下一个兄弟节点。

previous_sibling：获取当前节点的上一个兄弟节点。

next_siblings：获取下方所有的兄弟节点。

previous_siblings：获取上方所有的兄弟节点。

场景模拟：

访问 'test.html'，遍历 <body> 标签包含的所有子节点，然后输出显示所有子节点。

例 10-11 通过 open() 函数访问 'test.html'，通过 body、children 属性获取 \<body\> 标签所有子节点，通过 for 循环遍历所有子节点。

```python
# 从 bs4 库中导入 BeautifulSoup 模块
from bs4 import BeautifulSoup
import html5lib
# 打开 test.html
f = open('test.html', 'r', encoding='utf-8')
# 读取全部源代码
html = f.read()
# 关闭文件
f.close()
# 创建 BeautifulSoup
soup = BeautifulSoup(html,"lxml")
# 获取 body 的所有子节点
tags = soup.body.children
print (tags)
for tag in tags:
    print(tag)
```

运行结果如下：

```
<list_iterator object at 0x0000022867F0A350>


<div>
<ul>
<li><i class="fl mr6">[01-22 13:57]</i><a href="http://finance.china.com.cn/house/20240122/6074691.shtml" target="_blank">浙江桐庐：大学生可 " 先落户、后就业 "，首次买新房每户最高补贴 15 万元 </a></li>
<li><i class="fl mr6">[01-22 13:56]</i><a href="http://finance.china.com.cn/industry/renwu/20240122/6074690.shtml" target="_blank">马斯克否认旗下 AI 公司 " 获 5 亿美元投资承诺 " 报道：假消息 </a></li>
</ul>
<ul>
<li><i class="fl mr6">[01-22 14:20]</i><a href="http://finance.china.com.cn/roll/20240122/6074702.shtml" target="_blank">中国人寿第三支柱商业养老金存量规模达 80 亿元 </a></li>
<li><i class="fl mr6">[01-22 14:18]</i><a href="http://finance.china.com.cn/roll/20240122/6074701.shtml" target="_blank">为实体经济注入金融活水  浦发银行发布科技企业金融服务体系 </a></li>
</ul>
</div>
```

10.4.4 文档搜索

BeautifulSoup 提供了 find_all() 和 find() 方法，用于搜索整个文档树，以获取网页中有用的信息。

1. find_all() 方法

```
find_all( name , attrs , recursive , string , **kwargs )
```

name：标签名，传入单个的标签，或者多个标签组成的列表。

attrs：标签的属性。

recursive：默认为 True 会搜索当前标签的所有子孙节点，False 则只搜索直接子节点。

string：标签的文本。

**kwargs：其他可选参数，例如 limit：限制返回的结果的数量，默认返回所有搜索到的结果。

通过标签名搜索：soup.find_all('a')、soup.find_all(['a','p'])。

通过属性搜索：soup.find_all(class_='finance')。由于 class 是 Python 的关键字所以用 class 属性搜索时需要使用 class_。

限制查找范围：将 recursive 参数设置为 False，则可以将搜索范围限制在直接子节点中，如 soup.find_all('a',recursive=False)。

通过文本搜索：soup.find_all(string='finance')。

使用正则表达式：可以与 re 模块配合，将 re.compile 编译的对象传入 find_all()，soup.find_all(re.compile('b')，搜索标签包含 b 的标签，body 标签和 b 标签都会返回；soup.find_all(re.compile('^a'))搜索以 a 开头的标签。

如果返回的结果较多，可以使用 limit 限制返回的结果数量。如果 limit 设置的值超过了返回的数量会显示所有结果，不会报错。

```
soup.find_all('a',limit=2)        # 返回 2 个 a 标签
soup.find_all('a',limit=10)       # 不会报错
```

2. find() 方法

```
find(name , attrs , recursive , string , **kwargs )
```

find() 方法与 find_all() 方法唯一的区别是，后者返回一个包含所有符合条件的列表，而 find() 方法只返回第一个满足条件的。

find_parents(name,attrs,recursive,string,**kwargs)，返回当前节点的所有父节点。

find_parent(name,attrs,recursive,string,**kwargs)，返回当前节点的上一级父节点。

find_next_siblings(name,attrs,recursive,string,**kwargs)，返回后面节点中所有符合条件的兄弟节点。

find_next_sibling(name,attrs,recursive,string,**kwargs)，返回后面节点中第一个符合条件兄弟节点。

find_previous_siblings(name,attrs,recursive,string,**kwargs)，返回前面节点中所有符合条件的兄弟节点。

find_previous_sibling(name,attrs,recursive,string,**kwargs)，返回前面节点中第一个符合条件的兄弟节点。

find_all_next(name,attrs,recursive,string,**kwargs)，返回后面节点中所有符合条件的节点，不分层级。

find_next(name,attrs,recursive,string,**kwargs)，后面节点中第一个符合条件的节点，不分层级。

find_all_previous(name,attrs,recursive,string,**kwargs)，返回前面节点中所有符合条件的节点，不分层级。

find_previous(name,attrs,recursive,string,**kwargs)，返回前面节点中第一个符合条件的节点，不分层级。

> **场景模拟：**
> 通过访问 "test.html"，匹配 test.html 文档中包含字母 a 的所有节点对象。

例 10-12 通过 open() 函数访问 'test.html'，使用正则表达式匹配 test.html 文档中包含字母 a 的所有节点对象。

```python
from bs4 import BeautifulSoup              # 从 bs4 库中导入 BeautifulSoup 模块
import re                                   # 导入 re 模块
f=open('test.html','r',encoding='utf-8')    # 打开 test.html
html = f.read()                             # 读取全部源代码
f.close ()                                  # 关闭文件
soup = BeautifulSoup (html, "lxml" )        # 创建 BeautifulSoup
tags = soup.find_all(re.compile("a"))       # 使用正则表达式匹配所有 a 字母的对象
print (tags)
```

运行结果如下：

```
[<head>
<meta charset="utf-8"/>
<title>12 省份公布 2023 年 GDP：9 省份增速跑赢全国，海南暂时领先</title>
</head>, <meta charset="utf-8"/>, <a href="http://finance.china.com.cn/house/20240122/6074691.shtml" target="_blank">浙江桐庐：大学生可"先落户、后就业"，首次买新房每户最高补贴 15 万元 </a>, <a href="http://finance.china.com.cn/industry/renwu/20240122/6074690.shtml" target="_blank">马斯克否认旗下 AI 公司"获 5 亿美元投资承诺"报道：假消息 </a>, <a href="http://finance.china.com.cn/roll/20240122/6074702.shtml" target="_blank">中国人寿第三支柱商业养老金存量规模达 80 亿元 </a>, <a href="http://finance.china.com.cn/roll/20240122/6074701.shtml" target="_blank">为实体经济注入金融活水 浦发银行发布科技企业金融服务体系 </a>]
```

可以看到，输出是一个列表。

10.4.5　CSS 选择器

BeautifulSoup 支持大部分的 CSS 选择器，其用法为：向 Tag 或 BeautifulSoup 对象的 select() 方法中传入字符串参数，结果以列表形式返回，列表的每一个元素为 bs4.element.Tag 对象。select_one() 返回值是列表的首个。

查找标签可以通过标签名 'tagname'、id 选择器 '#id'、类选择器 '.class' 选取，也可以通过三种方式组合进行选取。

1. **通过标签名、id、class 查找标签**

通过标签名查找标签：soup.select('title')。

通过 id 查找标签：soup.select('#link1')。

通过类查找标签：soup.select('.title')。

2. **通过标签、id、class 的组合查找标签**

soup.select('p #link1')：查找 p 标签下 id 为 link 的子标签。

soup.select('p a')：查找 p 标签下的所有 a 子标签。

soup.select('p > a')：查找 p 标签下的直接 a 子标签。

soup.select('p + a')：查找 p 标签后的相邻 a 兄弟标签。

soup.select('p ~ a')：查找 p 标签后的所有 a 兄弟标签，此例中 p a、p > a、p + a、p ~ a 结果相同，但表示的意义不同。

3. 通过标签名、id、class 结合属性查找标签

属性在中括号内通过属性名称 =' 属性值 ' 表示，如 [id="page"]。

soup.select('p[class="title"]')：# 查找代码 [<p class="title" name="finance"><b>The Dormouse's story</b></p>] 中的 p 标签中 class 属性为 title 的标签。

soup.select('a[id="banking1"]')：# 查找代码 [<a class="finance" href="http://www.finance.cn/" id="banking1"><!-- finance--></a>]

soup.select('p a[id="banking2"]')：# 查找代码 [<a class="finance" href="http://www.finance.cn/" id="banking2">Banking</a>]

4. 获取文本内容

通过 select() 方法选择标签后，可以使用 .string 和 .get_text() 方法来获取标签中的文本内容。

```
print (soup.select('p[class="title"]')[0].string)     # <class 'bs4.element.NavigableString'> 对象
print (soup.select('p[class="title"]')[0].get_text()  # 字符串
```

例 10-13 使用 select() 方法在 test.html 中查找类名为 "fl" 的所有节点对象。

```
# 从 bs4 库中导入 BeautifulSoup 模块
from bs4 import BeautifulSoup
import html5lib
# 打开 test.html
f = open('test.html', 'r', encoding='utf-8')
# 读取全部源代码
html = f.read()
# 关闭文件
f.close()
# 创建 BeautifulSoup
soup = BeautifulSoup(html,"lxml")
tags = soup.select(".fl")
print (tags)
for tag in tags:
    print(tag)
```

运行结果如下：

```
[<i class="fl mr6">[01-22 13:57]</i>, <i class="fl mr6">[01-22 13:56]</i>, <i class="fl mr6">[01-22 14:20]</i>, <i class="fl mr6">[01-22 14:18]</i>]
    <i class="fl mr6">[01-22 13:57]</i>
    <i class="fl mr6">[01-22 13:56]</i>
    <i class="fl mr6">[01-22 14:20]</i>
    <i class="fl mr6">[01-22 14:18]</i>
```

10.5 网络爬虫常用框架

使用 requests 与其他 HTML 解析库实现的爬虫程序，只是满足了爬取数据的需求。如果想要更加规范地爬取数据，则需要使用爬虫框架，下面简单介绍常用的 Python 网络爬虫框架。

10.5.1 Scrapy 爬虫框架

Scrapy 框架是一套比较成熟的 Python 爬虫框架，简单轻巧，并且非常方便，可以高效率地爬取 Web 页面并从页面中提取结构化的数据。Scrapy 是一套开源的框架，应用范围广泛，如爬虫开发、数据挖掘、数据监测、自动化测试。

Scrapy 的官网页面如图 10.5 所示。

图 10.5 Scrapy 的官网页面

10.5.2 Crawley 爬虫框架

Crawley 也是 Python 开发出的爬虫框架，该框架致力于改变人们从互联网中提取数据的方式。Crawley 的具体特性如下：

- 基于 Eventlet 构建的高速网络爬虫框架。
- 可以将数据存储在关系数据库中，例如，Postgres、MySQL、Oracle、SQLite 等数据库。
- 可以将爬取的数据导入为 Json，XML 格式。
- 支持非关系数据库，例如，Mongodb 和 Couchdb。
- 支持命令行工具。
- 可以使用喜欢的工具进行数据的提取，例如，XPath 或 Pyquery 工具。
- 支持使用 Cookie 登录或访问那些只有登录才可以访问的网页。
- 简单易学。

10.5.3 PySpider 爬虫框架

相对于 Scrapy 框架而言，PySpider 框架是一支新秀。它采用 Python 语言编写，分布式架构，支持多种数据库后端，强大的 WebUI 支持脚本编辑器、任务监视器、项目管理器以及结果查看器。PySpider 的具体特性如下：

- Python 脚本控制，可以用任何你喜欢的 html 解析包 (内置 pyquery)。
- Web 界面编写调试脚本、启停脚本、监控执行状态、查看活动历史、获取结果产出。
- 支持 MySQL、MongoDB、Redis、SQLite、Elasticsearch、PostgreSQL 与 SQLAlchemy。
- 支持 RabbitMQ、Beanstalk、Redis 和 Kombu 作为消息队列。

- 支持抓取 JavaSeript 的页面。
- 强大的调度控制，支持超时重爬及优先级设置。
- 专组件可替换，支持单机/分布式部署，支持 Docker 部署。

实例：爬取股票信息

本例将从 Scrapy 爬虫框架的安装、Scrapy 项目的创建、项目的配置、运行等按步骤介绍如何使用 Scrapy 爬取股票网站中的股票相关信息，并将其保存到 csv 文件中。

1. Scrapy 爬虫框架

由于 Scrapy 爬虫框架需要依赖的库比较多，尤其是在 Windows 系统中，至少需要依赖的模块有 Twisted、lxml、pyOpenSSL 以及 pywin32。安装 Scrapy 爬虫框架的具体步骤如下：

（1）安装 Twisted 模块。在 python.exe 目录的地址栏输入 cmd，打开"命令提示符"窗口，然后输入 pip install Twisted 命令，安装 Twisted 模块。如果没有出现异常或错误信息，则表示 Twisted 模块安装成功，如图 10.6 所示。

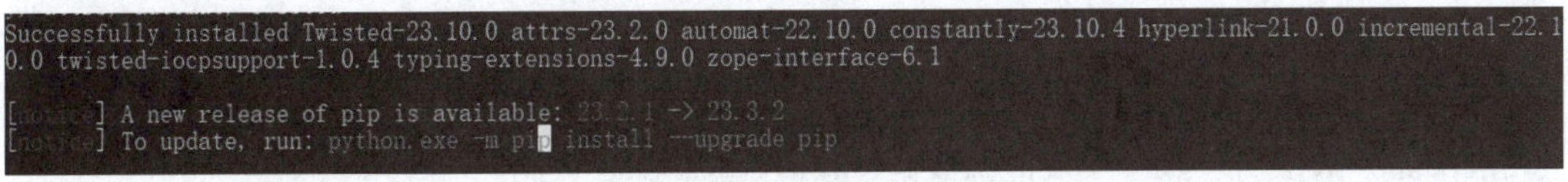

图 10.6 安装 Twisted 模块

（2）安装 Scrapy 框架。在 python.exe 目录的地址栏输入 cmd，打开"命令提示符"窗口，然后输入 pip install Scrapy 命令，安装 Scrapy 框架。如果没有出现异常或错误信息，则表示 Scrapy 框架安装成功，如图 10.7 所示。

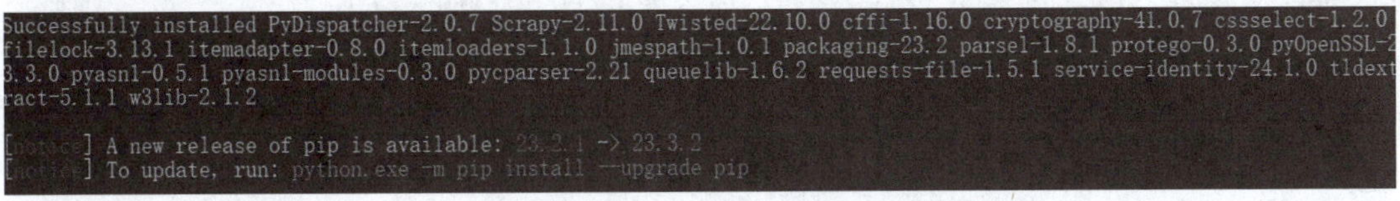

图 10.7 安装 Scrapy 框架

> **说明：** 在安装 Scrapy 框架的过程中，同时会将 lxml 与 pyOpenSSL 模块也安装在 Python 环境中。

（3）安装 pywin32。在 python.exe 目录的地址栏输入 cmd，打开"命令提示符"窗口，然后输入 pip install pywin32 命令，安装 pywin32 模块。安装完成后，在"命令提示符"窗口中输入 import pywin32_system32 命令，如果没有提示错误信息，则表示 pywin32 模块安装成功，如图 10.8 所示。

图 10.8 安装 pywin32 框架

2. 创建 Scrapy 项目

在任意路径下创建一个保存项目的文件夹，例如，首先在 D:\PythonProjects\chaptor10 文件夹内运行"命令提示符"窗口，然后输入 scrapy startproject stockdemo 命令即可创建一个名称为 stockdemo 的项目。项目创建完成后，可以看到图 10.9 所示的项目的目录结构。目录结构中的文件说明如下。

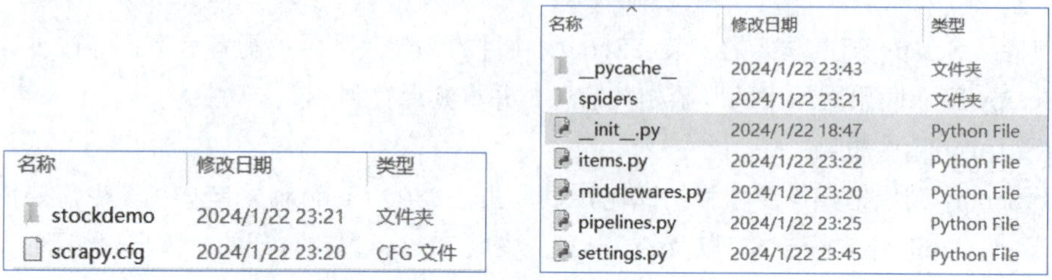

图 10.9 项目的目录架构

__init__.py 文件：初始化文件。

items.py 文件：用于数据的定义，可以寄存处理后的数据。

middlewares.py 文件：定义爬取时的中间件，其中包括 SpiderMiddleware（爬虫中间件）、DownloaderMiddleware（下载中间件）。

pipelines.py 文件：用于实现清洗数据、验证数据、保存数据。

settings.py 文件：整个框架的配置文件，主要包含配置爬虫信息，如请求头、中间件等。

scrapy.cfg 文件：项目部署文件，其中定义了项目的配置文件路径等相关信息。

3. 创建爬虫

使用 scrapy 命令创建 Spider（scrapy genspider Spider 名称 网站域名），使用该语句时需跳转到 spider 文件夹，在地址栏输入 cmd，运行"命令提示符"窗口输入以下代码。

```
scrapy genspider stock quote.stockstar.com
```

> **说明**：quote.stockstar.com 为要进行爬虫的网址。

执行完毕之后，spiders 文件夹中多了一个 stock.py，它就是刚刚创建的 Spider，如图 10.10 所示。

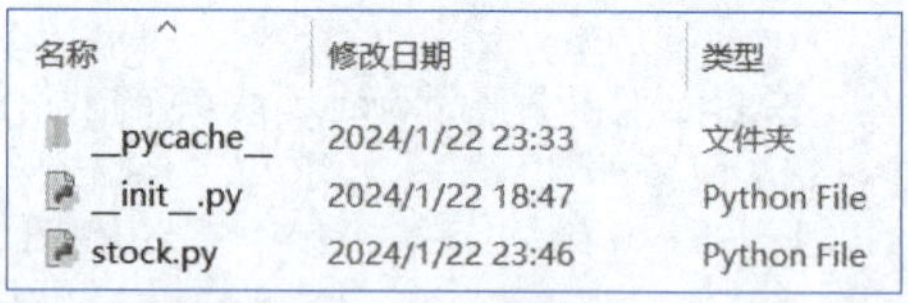

4. 创建 Item

创建完了 Spider 文件，先定义一个容器保存要爬取的数据。

图 10.10 创建 Spider

为了定义常用的输出数据，Scrapy 提供了 Item 类。Item 对象是种简单的容器，保存了爬取到的数据。其提供了类似于词典（dictionary-like）的 API 以及用于声明可用字段的简单语法。

我们在图 10.9 可以看到一个 items.py 文件，创建 Item 需要继承 scrapy.Item 类，并且定义类型为 scrapy.Field 的字段。例如，我们要爬取证券网站的股票代码、股票名称、股票类型，可以将 item.py 修改如下：

```
import scrapy
class StockdemoItem(scrapy.Item):
```

```
# define the fields for your item here like:
# name = scrapy.Field()
stock_type = scrapy.Field()           # 股票类型
stock_id = scrapy.Field()             # 股票代码
stock_name = scrapy.Field()           # 股票名称
```

根据如上的代码，我们创建一个名为 Item 的容器，用来保存、抓取的信息，stock_type → 股票类型，stock_id → 股票 ID，stock_name → 股票名称。

5. 编写 Spider

创建 item 后就能进行爬取部分的工作了。以抓取证券之星行情中心一个页面中的信息为例，调试工具可以看到它们的结构，如图 10.11 所示。

图 10.11 被爬网页结构

接下来对 stock.py 中的 parse() 方法进行修改，对我们要爬取证券网站的信息，包括股票代码、股票名称、股票类型使用 xpath 来解析。

```
import scrapy
from ..items import StockdemoItem    # 需要在上级目录中导入 StockdemoItem，否则会报 StockdemoItem 未定义错误

class StockSpider(scrapy.Spider):
    name = "stock"
    allowed_domains = ['quote.stockstar.com']           # 域名
    start_urls = ['http://****.*****.com/***/****.htm']  # 启动的 url
    def parse(self, response):
        """
        解析函数
        :param response:
        :return:
        """
        item = StockdemoItem()
```

```python
            styles = ['沪A', '沪B', '深A', '深B']
            index = 0
            for style in styles:
                print('********************* 本次抓取' + style[index] + '股票*********************')
                ids = response.xpath('//div[@class="w"]/div[@class="main clearfix"]/div[@class="seo_area"]/div[@class="seo_keywordsCon"]/ul[@id="index_data_' + str(index) + '"]/li/span/a/text()').getall()
                names = response.xpath('//div[@class="w"]/div[@class="main clearfix"]/div[@class="seo_area"]/div[@class="seo_keywordsCon"]/ul[@id="index_data_' + str(index) + '"]/li/a/text()').getall()
                # print('ids = '+str(ids))
                # print('names = ' + str(names))
                for i in range(len(ids)):
                    item['stock_type'] = style
                    item['stock_id'] = str(ids[i])
                    item['stock_name'] = str(names[i])
                    yield item
```

在 parse() 方法中 response 参数返回一个下载好的网页信息，然后通过 xpath 来寻找我们需要的信息。

> **注意：** 要通过语句 from...items import StockdemoItem 导入 StockdemoItem，否则运行时会报错，提示 StockdemoItem 未定义。

6. 数据处理

在 Pipeline 中，对抓取的数据进行处理，本例为了方便，在控制台进行输出，找到图 10.9 中的 pipelines.py，进行如下修改：

```python
from itemadapter import ItemAdapter
class StockdemoPipeline:
    def process_item(self, item, spider):
        print('股票类型>>>>'+item['stock_type']+'股票代码>>>>'+item['stock_id']+ '股票名称>>>>'+item['stock_name'])
        return item
```

7. Scrapy 配置

通过图 10.8 中 settings.py 文件进行配置，包括请求头、管道、robots 协议等内容，本例为了将结果输出到 csv 文件后能正常显示中文，只做如下修改：

```
FEED_EXPORT_ENCODING = "gb18030"
```

8. 运行 Spider

在执行完以上步骤之后，跳转到 stock.py 所在文件夹，在地址栏输入 'cmd'，运行"命令提示符"窗口输入以下代码：

```
scrapy crawl stocl
```

执行完毕之后，如果操作正确会显示如下信息，如图 10.12 所示。

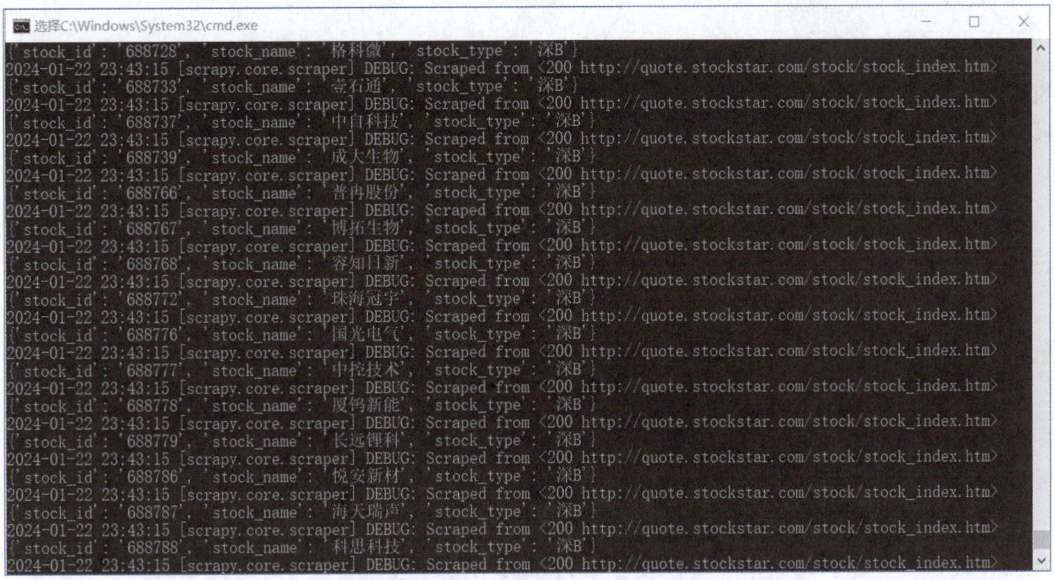

图 10.12 运行 stock 的输出结果

9. 运行保存数据

运行完 Scrapy 后，只在控制台看到了输出结果。

Scrapy 提供的 Feed Exports 可以轻松将抓取结果输出。例如，想将上面的结果保存成 csv 文件，可以在刚才的窗口中执行如下命令：

```
scrapy crawl stock -o stock.csv
```

命令运行后，项目内多了一个 stock.csv 文件，文件包含了刚才抓取的所有内容，内容是 csv 格式，如图 10.13 所示。

打开 stock.csv 文件，内容如图 10.14 所示。

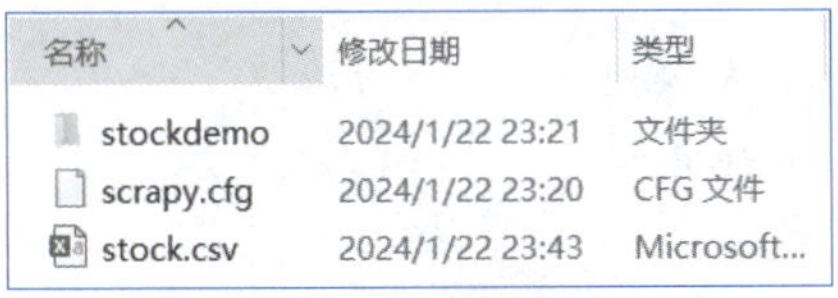

图 10.13 保存数据为 csv 格式

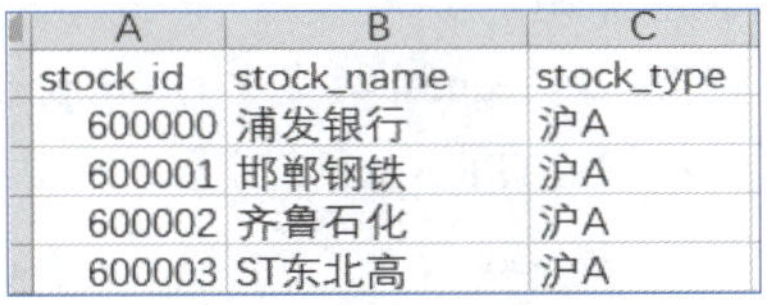

图 10.14 stock.csv 内容

数据保存格式还支持很多种，例如，json、xml、pickle、marshal 等。下面命令对应的输出分别为 json、xml、pickle、marshal 格式以及远程输出。

```
scrapy crawl stock -o stock.json
scrapy crawl stock -o stock.xml
scrapy crawl stock -o stock.pickle
scrapy crawl stock -o stock.marshal
scrapy crawl stock -o ftp://user:pass@ftp.example.com/path/to/ stock.csv
```

小 结

本章主要介绍了什么是网络爬虫以及网络爬虫的分类与基本原理，然后介绍了 urllib、requests、Beautiful Soup 如何进行网络请求、headers 头部处理、网络超时、代理服务以及解析 HTML 的常用模块。在编写网络爬虫时，可以使用多种第三方模块库进行网络数据的爬取。

在进行大型网站或网络数据的获取时，可以使用第三方开源的爬虫框架，这样可以通过框架中原有的接口实现自己需要的功能。实战"爬取股票代码与名称信息"，详细介绍了使用 Scrapy 爬虫框架爬取网络信息的具体步骤。

通过学习本章内容，读者可以对 Python 网络爬虫进行一定的了解，以及网络爬虫的初步使用，为今后网络爬虫的项目开发打下良好的基础。

习 题

一、填空题

1. 请求超时需要通过 urlopen() 函数的 timeout 命名参数进行设置，单位为秒。设置请求 url 超时 2 秒的语句为 _____。

2. urlopen() 函数中，如果需要提交 POST 请求，则必须设置 data 参数，该参数 _____ 类型。

3. 模拟浏览器的 HTTP 请求，也就是让服务端误认为客户端就是浏览器，而不是爬虫，可以通过 _____ 类构造方法的 headers 命名参数设置 HTTP 请求头。

4. 如果请求该网站频率过高，会被封 IP，禁止访问，用户想突破 IP 被封的难题，可以为 HTTP 请求设置 _____。

5. 使用 get() 方法访问网站，设置的请求头中有中文值，对中文字符串编码需要使用 _____ 进行编码后作为参数 headers。

6. 创建 BeautifulSoup 对象 soup 后，获取 head 中所有子孙节点的语句是 _____。

二、选择题

1. urllib 库 request 模块中的 urlopen() 函数返回结果的类型是（　　）。

    A. HTTPResponse 对象　　　　　　B. 字符串

    C. Response 类　　　　　　　　　　D. 列表

2. requests 里面通过 get() 方法获得的网页信息中，text 的内容为（　　）。

    A. 网页中包含的文本　　　　　　　B. 网页标题中包含的文本

    C. 网页 HTML 代码　　　　　　　　D. 网页中的所有标签

3. 使用 urllib.request.urlopen 提交两个值 data={'user':' 张三 ','pwd':'p@123P#'}，需要将字典转化为字符串，用到的函数式是（　　）。

    A. urllib.parse.urlencode()　　　　　B. urllib.parse.urldecode()

    C. urllib.parse.quote()　　　　　　　D. urllib.parse.unquote()

4. 下列语句中可以设置 User-Agent 为 Chrome 浏览器，使用 Request 伪装成浏览器发起 HTTP 请求的是（　　）。

    A. headers={'User-Agent': "Python-urllib/3.11"}

B. response.read() .decode('utf-8')

C. headers = {'User-Agent': 'Mozilla/5.0 (Windows NT 10.0; Win64; x64) AppleWebKit/537.36 (KHTML, like Gecko) Chrome/120.0.0.0 Safari/537.36'}

D. proxy_handler = urllib.request.ProxyHandler({'http':'120.79.101.0:8888;})

5. 使用 url 创建代理时，将地址 'http':'120.79.101.0:8888' 作为代理地址，创建 ProxyHandler 对象的 Python 语句是（　　）。

A. proxy_handler=urllib.request.HTTPBasicAuthHandler({'http':'120.79.101.0:8888'})

B. proxy_handler =urllib.request.ProxyHandler({'http':'120.79.101.0:8888'})

C. proxy_handler=requests.post ({'http':'120.79.101.0:8888'})

D. proxy_handler=requests.get ({'http':'120.79.101.0:8888'})

6. 在使用 requests 库的时候，可以使用 headers 参数直接添加请求头，headers 参数是一个字典类型的对象，可以包含多个键值对，每个键值对表示一个头部参数。以下可以作为 headers 的头部参数的是（　　）。

A. {'subject': ' 财政学 ', 'contry': ' 中国 '}

B. {'subject'=' 财政学 ', 'contry'=' 中国 '}

C. {'subject'=' 财政学 '&'contry': ' 中国 '}

D. {subject: 财政学 &contry: 中国 }try:

7. 创建 BeautifulSoup 对象 soup 后，通过（　　）可以搜索所有包含 b 的标签，如 body 标签和 b 标签。

A. soup.find_all('b')　　　　　　B. soup.find_all(['b', 'body'])

C. soup.find_all(class_='finance')　　D. soup.find_all(re.compile('b'))

8. 创建 BeautifulSoup 对象 soup 后，可以通过（　　）查找 p 标签下 id 为 link 的子标签。

A. soup.select('p ~ #link1')　　　　B. soup.select('p>#link1')

C. soup.select('p+#link1')　　　　　D. soup.select('p #link1')

三、简答题

1. 简述使用 ProxyHandler 类可以设置 HTTP 和 HTTPS 代理的步骤。

2. urllib 中提供了一些 handler 类，这些类可以用来处理各种类型的页面请求，简述认证登录网站的步骤。

3. 如果请求的页面每次都需要身份验证，可以使用 Cookies 来自动登录，免去重复登录验证的操作，请简述 urllib 获取 Cookies 的具体步骤。

四、编程题

1. 编写一个 Python 程序，用于获取并输出网页的 HTML 代码。

2. 编写一个 Python 程序，用于获取并输出网页中所有的超链接。

3. 用 Beautiful soup 编写程序爬取网站列表页中的标题、报告类型、发布日期等信息。

第 11 章 数据处理及可视化

学习目标

知识目标：
◎ 了解 NumPy 与 Pandas 的安装。
◎ 掌握 NumPy 数组的基本操作与切片索引。
◎ 掌握 Pandas 的数据结构、数据读写及数据操作。
◎ 掌握 Matplotlib 的常用绘图方法。

能力目标：
能够灵活使用 NumPy、Pandas 对读取的数据进行处理，根据数据内在联系绘制可视化图形的逻辑编程能力和实践能力。

素养目标：
具备发现数据背后的规律和趋势的敏锐洞察力，能够从数据中发现有价值的信息，能够通过数据可视化清晰地向非技术人员传达数据分析的结果和见解，进行有效的数据沟通。

知识框架

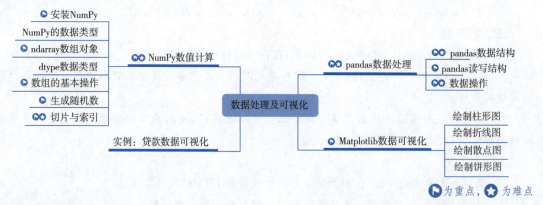

问题导入

上一章我们通过网络爬虫进行了数据采集，可以对采集数据进行处理变成可以用机器语言去处理的数据，利用最直观的可视化图形可快速抓住信息要点。那么如何进行数据处理及数据可视化呢？

现如今，网络信息技术已经与我们的日常生活息息相关，生活中各项网络数据都在不断地增长，人们通过探索数据的联系、模式和关系，从中提出有价值的信息为决策提供依据。找出数据中的有用信息形成结论的过程中，最好的方法就是将其转换为可视化图形，通过计算机分析和处理后的数据通过图表更加清晰地显示出来。本章将带领读者了解数据的处理、可视化等内容。

11.1 NumPy 数值计算

NumPy 是一个开源的 Python 科学计算库，支持常见的数组和矩阵操作，用于快速处理任意维度的数组。对于同样的数组计算任务，使用 NumPy 比直接使用 Python 要简洁得多。它针对数组运算提供大量的数学函数库，是其他数据分析及机器学习库的底层库。

11.1.1 安装 NumPy

由于 NumPy 模块为第三方模块，因此 Python 官网中的发行版本是不包含该模块的。在 Windows 系统下安装 NumPy 模块时，需要先进入"命令提示符"cmd 窗口，然后在 cmd 窗口中执行如下代码：

```
pip install numpy
```

或者

```
# 从清华 pip 镜像源安装
pip install -i https://pypi.tuna.tsinghua.edu.cn/simple numpy
```

NumPy 模块安装完成以后，在 Python 窗口中输入以下代码，测试是否可以正常导入已经安装的 NumPy 模块。

```
import numpy
```

11.1.2 NumPy 的数据类型

NumPy 支持的数据类型有很多，要比 Python 内置的数据类型还要多。表 11.1 列举了 NumPy 模块常用的数据类型。

表 11.1 NumPy 模块支持的数据类型

数 据 类 型	说　　明
np.bool	布尔值（True 或 False）
np.int_	默认的整数类型（与 C 语言中的 long 相同，通常为 int32 或 int64）
np.intc	与 C 的 int 类型一样（通常为 int32 或 int 64）
np.intp	用于索引的整数类型（与 C 中的 size_t 相同，通常为 int32 或 int64）
np.int8	字节（-128~127）
np.int16	整数（-32 768~32 767）
np.int32	-9 223 372 036 854 775 808~9 223 372 036 854 775 807
np.uint8	无符号整数（0~255）

续表

数据类型	说明
np.uint16	无符号整数（0~65535）
np.uint32	无符号整数（0~4 294 967 295）
np.uint64	无符号整数（0~18 446 744 073 709 551 615）
np.half/np.float16	半精度浮点数，1个符号位，5位指数位，10位小数部分
np.float32	单精度浮点数，1个符号位，8个指数位，23位小数部分
np.float64/np.float_	双精度浮点数，1个符号位，11个指数位，52位小数部分
np.complex64	复数，表示两个32位浮点数（实数部分和虚数部分）
np.complex128/np.complex_	复数，表示两个64位浮点数（实数部分和虚数部分）
np.unicode	固定长度的unicode类型（字节数由平台决定）

11.1.3　ndarray 数组对象

ndarray 对象是 NumPy 模块的基础对象，用于存放同类型元素的多维数组。ndarray 数组中的每个元素在内存中都有相同存储大小的区域，而数据类型是由 dtype 对象指定的，每个 ndarray 数组只有一种 dtype 类型。数组有一个比较重要的属性是 shape，数组的维数与元素的数量就是通过 shape 来确定的。数组的形状 (shape) 是由 N 个正整数组成的元组来指定的，其中元组的每个元素对应每一维的大小。数组在创建时被指定大小后将不会再发生改变，而 Python 中的列表大小是可以改变的，这也是数组与列表区别较大的地方。创建一个 ndarray 数组只需调用 NumPy 的 array() 函数即可，语法格式如下：

```
numpy.array(object, dtype=None, *, copy=True, order='K', subok=False, ndmin=0, like=None)
```

参数说明：

object：数组或嵌套序列的对象。
dtype：数组所需的数据类型。
copy：是否需要复制对象。
order：指定数组的内存布局，C 为行方向排列，F 为列方向排列，A 为任意方向（默认）。
subok：默认返回一个与基类类型一致的数组。
ndmin：指定生成数组的最小维度。
shape：返回数组的形状 (n 行 m 列)，tuple 类型，表示每个维度上数组的大小。
size：返回数组的大小，元素的总个数，int 类型。

场景模拟：

创建 ndarray 数组对象。

例 11-1　使用 array() 函数创建一个 ndarray 数组对象时，需要用 Python 列表作为参数，而列表中的元素即是 ndarray 数组对象的元素，代码如下：

```
import numpy as np
a = np.array([1,2,3,4,5])        # 定义 ndarray 数组对象
print('数组内容为: ',a)           # 输出数组内容
print('数组类型为: ',a.dtype)     # 输出数组类型
print('数组的形状为: ',a.shape)   # 输出数组的形状
print('数组的维数为: ',a.ndim)    # 输出数组的维数
print('数组的长度为: ',a.size)    # 输出数组的长度
```

运行结果如下：

```
数组内容为: [1 2 3 4 5]
数组类型为: int32
数组的形状为: (5,)
数组的维数为: 1
数组的长度为: 5
```

NumPy 的数组中除了以上实例使用的属性，还有几个比较重要的属性，见表 11.2。

表 11.2 ndarray 对象的其他属性

属性名称	说　　明
ndarray.itemsize	ndarray 对象中每个元素的大小，以字节为单位
ndarray.flags	ndarray 对象的内存信息
ndarray.real	ndarray 元素的实部
ndarray.imag	ndarray 元素的虚部
ndarray.data	包含实际数组元素的缓冲区，由于一般通过数组的索引来获取元素，因此通常不需要使用这个属性

11.1.4 dtype 数据类型

对象数据类型对象是 numpy.dtype 类的实例，用来描述与数组对应的内存区域。dtype 对象是使用以下语法构造的：

```
numpy.dtype(obj[, align, copy])
```

参数说明：

object：是要转换的数据类型对象。

align：如果为 True，则填充字段使其类似 C 的结构体。

copy：是要复制的 dtype 对象，如果为 False，则是对内置数据类型对象的引用。

例如，当查看数组类型时，可以使用如下代码：

```
a = np.random.random(4)     # 生成随机浮点类型数组
print(a.dtype)              # 查看数组类型
```

运行结果如下：

```
float64
```

每个 ndarray 对象都有一个相关联的 dtype 对象，例如，需要定义一个复数数组时，可以通过数组相关联的 dtype 对象，指定数据的类型，代码如下：

```python
a = np.array([[1,2,3,4,5],[6,7,8,9,10]],dtype=complex)   # 创建复数数组
print('数组内容为：',a)                                    # 输出数组内容
print('数组类型为：',a.dtype)                              # 输出数组类型
```

运行结果如下：

```
数组内容为： [[ 1.+0.j  2.+0.j  3.+0.j  4.+0.j  5.+0.j]
 [ 6.+0.j  7.+0.j  8.+0.j  9.+0.j 10.+0.j]]
数组类型为： complex128
```

11.1.5 数组的基本操作

NumPy 模块中除了使用 ndarray 构造函数来创建数组，还提供了几个函数能够生成包含初始值的 N 维数组，数组中的元素根据使用的函数来决定。

1. zeros() 函数

zeros() 函数可以创建一个通过 shape 参数来指定数组形状与元素均为 0 的数组。基本语法如下：

```python
numpy.zeros(shape,dtype=float,order='C')
```

参数说明：

shape：数组的形状，可以是一个整数或一个表示形状的元组。
dtype：数组的数据类型，可选参数，默认为 float64。
order：数组元素在内存中的排列顺序，可选参数，可以是 'C'(按行排列) 或 'F'(按列排列)。

> **场景模拟：**
> 创建元素均为 0 的数组。

例 11-2 使用 zeros() 函数创建元素均为 0 的数组。代码如下：

```python
import numpy as np                          # 导入 NumPy 模块
a = np.zeros(4)                             # 默认为浮点类型
print('数组a内容为：',a)                     # 输出数组内容
print('数组a类型为：',a.dtype)               # 输出数组类型
print('数组a形状为：',a.shape)               # 输出数组形状
print('数组a维数为：',a.ndim)                # 输出数组维数
print('----------------------')
b = np.zeros(4, dtype=np.int_)              # 设置类型为整数
print('数组b内容为：',b)                     # 输出数组内容
print('数组b类型为：',b.dtype)               # 输出数组类型
print('----------------------')
c = np.zeros((3,3))                         # 生成3×3二维数组
print('数组c内容为：\n',c)                   # 输出数组内容
print('数组c形状为：',c.shape)               # 输出数组形状
print('数组c维数为：',c.ndim)                # 输出数组维数
```

运行结果如下：

```
数组 a 内容为： [0. 0. 0. 0.]
数组 a 类型为： float64
数组 a 形状为： (4,)
数组 a 维数为： 1
---------------------
数组 b 内容为： [0 0 0 0]
数组 b 类型为： int32
---------------------
数组 c 内容为：
 [[0. 0. 0.]
 [0. 0. 0.]
 [0. 0. 0.]]
数组 c 形状为： (3, 3)
数组 c 维数为： 2
```

> **说明**：还有一个与 zeros() 函数类似的函数叫作 ones()，该函数用于创建元素全部为 1 的数组。

2. arange() 函数

arange() 函数与 Python 中的 range() 函数类似，需要通过指定起始值、终止值与步长来创建一个一维数组，在创建的数组中并不包含终止值。基本语法如下：

```
numpy.arange([start,]stop,[step,],dtype-None)
```

参数说明：

start（可选）：数列的起始值，默认为 0。

stop：数列的终止值，不包括在结果中。

step（可选）：数列的步长，默认为 1。

dtype（可选）：返回数组的数据类型，如果不指定，将根据输入参数自动确定数据类型。

使用 arange() 函数创建指定数值范围的一维数组，示例代码如下：

```
import numpy as np              # 导入 NumPy 模块
a = np.arange(0,10,1)           # 创建数值 0~10 的数组步长为 1
print('数组内容为：',a)          # 输出数组内容
```

运行结果如下：

```
数组内容为： [0 1 2 3 4 5 6 7 8 9]
```

3. linspace() 函数

linspace() 函数用于通过指定起始值、终止值和元素个数来创建一个一维数组。它在默认设置的情况下数组中包含终止值，此处需要与 arange() 函数区分开。

numpy.linspace() 函数的语法如下：

```
numpy.linspace(start, stop, num=50,endpoint=True, retstep=False,
dtype=None, axis=0)
```

参数说明：

start：序列的起始值。

stop：序列的终止值。如果 endpoint 为 True，则包含该值；如果为 False，则不包含。

num：生成的样本数，默认为 50。

endpoint：是否包含终止值，默认为 True。

retstep：如果为 True，则返回 (samples,step)，其中 step 是样本之间的间隔。

dtype：输出数组的数据类型，如果不指定则推断为适合给定输入的数据类型。

axis：在 0 轴上放置样本，仅对 NumPy 1.17.0 版本及以后有效。

使用 linspace() 函数创建指定数值范围的一维数组，示例代码如下：

```python
import numpy as np              # 导入 NumPy 模块
a = np.linspace(0,1,10)         # 创建数值 0~1 的数组，数组长度为 10
print(' 数组内容为: \n',a)       # 输出数组内容
print(' 数组长度为: ',a.size)    # 输出数组长度
```

运行结果如下：

```
数组内容为：
 [0.         0.11111111 0.22222222 0.33333333 0.44444444 0.55555556
 0.66666667 0.77777778 0.88888889 1.        ]
数组长度为： 10
```

4. logspace() 函数

logspace() 函数与 linspace() 函数类似，不同之处在于 logspace() 函数用于创建等比数列。其中，起始值与终止值均为 10 的幂，并且元素个数不变。如果需要将基数修改为其他数字，可以通过指定 base 参数来实现。numpy.logspace() 函数的语法如下：

```
numpy.logspace(start, stop, num=50,endpoint=True, base=10.0, dtype=None,
axis=0)
```

参数说明：

start：序列的起始值（作为基数的幂给出）。

stop：序列的终止值（作为基数的幂给出）。

num：生成的样本数，默认为 50。

endpoint：如果为 True，则 stop 是最后一个样本。否则，它不包括在内。默认为 True。

base：对数的底数，默认为 10。

dtype：输出数组的数据类型，如果不指定则推断为适合给定输入的数据类型。

axis：在结果数组中放置样本的轴。0 表示沿着第一个轴放置，1 表示沿着第二个轴，依此类推。

> **场景模拟：**
>
> 创建一维数组。

例 11-3 使用 logspace () 函数创建的一维数组。代码如下：

```
import numpy as np                    # 导入 NumPy 模块
a = np.logspace(0,9,10)               # 创建数值 10 的 0~9 次幂，数组长度为 10
print(' 数值 10 的 0~9 次幂 ')
print(' 数组内容为： \n',a)            # 输出数组内容
print(' 数组长度为：',a.size)          # 输出数组长度
print('-------------------')
b = np.logspace(0,9,10,base=2)        # 创建数值 2 的 0~9 次幂，数组长度为 10
print(' 数值 2 的 0~9 次幂 ')
print(' 数组内容为： \n',b)            # 输出数组内容
print(' 数组长度为：',b.size)          # 输出数组长度
```

运行结果如下：

```
数值 10 的 0~9 次幂
数组内容为：
 [1.e+00 1.e+01 1.e+02 1.e+03 1.e+04 1.e+05 1.e+06 1.e+07 1.e+08 1.e+09]
数组长度为： 10
-------------------
数值 2 的 0~9 次幂
数组内容为：
 [  1.   2.   4.   8.  16.  32.  64. 128. 256. 512.]
数组长度为： 10
```

5. eye() 函数

eye() 函数用于生成对角线元素为 1，其他元素为 0 的数组，类似于对角矩阵。numpy.eye() 函数的语法如下：

```
numpy.eye(N, M=None, k=0, dtype=<class 'float'>, order='C', *, like=None)
```

参数说明：

N：输出的行数。

M：输出的列数。如果为 None，则默认为 N；如果 M 和 N 都不为 None，则输出形状为 (N,M)。

k：对角线的索引。0 表示主对角线，正数表示主对角线上方的对角线，负数表示主对角线下方的对角线。

dtype：输出的数据类型。

使用 eye() 函数创建数组，示例代码如下：

```
import numpy as np                # 导入 NumPy 模块
a = np.eye(3)                     # 创建 3×3 数组
print(' 数组内容为： \n',a)       # 输出数组内容
```

运行结果如下：

```
数组内容为：
 [[1. 0. 0.]
 [0. 1. 0.]
 [0. 0. 1.]]
```

6. diag() 函数

diag() 函数与 eye() 函数类似，可以指定对角线中的元素，可以是 0 或其他值，对角线以外的其他元素均为 0。使用 diag() 函数创建数组，示例代码如下：

```python
import numpy as np                    # 导入 NumPy 模块
a = np.diag([1,2,3,4,5])              # 创建 5×5 数组
print('数组内容为： \n',a)            # 输出数组内容
```

运行结果如下：

```
数组内容为：
 [[1 0 0 0 0]
 [0 2 0 0 0]
 [0 0 3 0 0]
 [0 0 0 4 0]
 [0 0 0 0 5]]
```

11.1.6 生成随机数

NumPy 模块中提供了一个 random 的子模块，通过该子模块可以很轻松地创建随机数数组。random 子模块中包含多种产生随机数的函数。常见函数用法如下。

1. rand() 函数

rand() 函数用于生成一个形状为 (d0, d1, ..., dn) 的数组，其中包含了从均匀分布 [0.0, 1.0) 中随机抽取的浮点数，数表示数组的形状。numpy.random.rand() 函数的语法如下：

```
random.rand(d0, d1, ..., dn)
```

参数说明：

d0,d1,d2,......：整数，表示输出的随机数组的维度。如果没有提供任何参数，则返回一个标量（单个随机浮点数）。

该函数返回一个形状为 (d0, d1, ..., dn) 的数组，其中包含了从均匀分布 [0.0, 1.0) 中随机抽取的浮点数。

 场景模拟：
创建随机数组。

例 11-4 使用 rand() 函数创建一个随机数组。代码如下：

```python
import numpy as np                    # 导入 NumPy 模块
a = np.random.rand(2,3,2)             # 创建随机数组
print('数组内容为： \n',a)            # 输出数组内容
print('数组形状为： ',a.shape)        # 输出数组形状
print('数组维数为： ',a.ndim)         # 输出数组维数
```

运行结果如下：

```
数组内容为：
 [[[0.48926888 0.85549621]
  [0.35117335 0.89740206]
  [0.23543805 0.11695705]]

 [[0.98240009 0.36475456]
  [0.00137326 0.56201178]
  [0.22722682 0.9196558 ]]]
数组形状为： (2, 3, 2)
数组维数为： 3
```

2. randint() 函数

randint() 函数用于生成指定范围的随机数，语法格式如下：

```
numpy.random.randint(low, high=None, size=None, dtype='l')
```

其中，low 和 high 为区间值，low 为最小值，high 为最大值。在没有设置最大值 (high) 时，则取值区间为 0~low，size 参数为数组的形状 (shape)。

场景模拟：
创建元素为整数的随机数组。

例 11-5 使用 randint() 函数创建一个随机数组。代码如下：

```
import numpy as np                              # 导入NumPy模块
a = np.random.randint(2,10, size=(2,2,3))       # 创建随机数组
print('数组内容为： \n',a)                       # 输出数组内容
print('数组形状为：',a.shape)                    # 输出数组形状
```

运行结果如下：

```
数组内容为：
 [[[8 2 6]
  [9 8 2]]

 [[3 5 5]
  [8 9 4]]]
数组形状为： (2, 2, 3)
```

3. random() 函数

random() 函数同样是一个生成 0~1 的浮点型随机数的数组，只是如果在 random() 函数中填写单个数字时将随机生成对应数量的元素数组，在指定数组形状时需要通过元组的形式为数组设置形状。

例 11-6 使用 random() 函数创建一个随机数组。

```
import numpy as np                  # 导入NumPy模块
a = np.random.random(5)             # 创建随机数组
```

```
b = np.random.random()              # 创建无参数随机数组
c = np.random.random((2,3))         # 创建指定外形的随机数组
print('数组a内容为: \n',a)           # 输出数组a内容
print('数组b内容为: \n',b)           # 输出数组b内容
print('数组c内容为: \n',c)           # 输出数组c内容
```

运行结果如下：

```
数组a内容为:
 [0.6983392  0.00310723 0.28530183 0.1227105  0.30355954]
数组b内容为:
 0.17735859274308385
数组c内容为:
 [[0.33205733 0.78135485 0.11555993]
 [0.32521663 0.57399792 0.55471511]]
```

11.1.7 切片与索引

ndarray 对象中的内容是可以通过索引或切片来访问和修改的，它与 Python 中列表 (list) 的切片操作相同。ndarray 对象中元素的索引也是基于 0~n 的下标进行索引的，设置数组中对应索引的起始值、终止值以及步长即可从原数组中切割出一个新的数组。

例 11-7 通过索引访问一维数组。代码如下：

```
import numpy as np                              # 导入NumPy模块
a = np.arange(10)                               # 创建数组
print('数组a内容为: ',a)                         # 输出数组a内容
print('索引为3的结果: ',a[3])                    # 输出索引为3的结果
# 输出从索引 2 开始到索引 5 停止，步长为 2
print('指定索引范围与步长的结果: ',a[2:5:2])
# 输出从索引 2 开始到索引 5 停止的结果
print('指定索引范围的结果: ',a[2:5])
print('索引为2以后的结果: ',a[2:])               # 输出索引为2以后的结果
print('索引为5以前的结果: ',a[:5])               # 输出索引为5以前的结果
print('索引为-2的结果：',a[-2])                  # 输出索引为-2的结果，-2 表示从数组最后
往前数的第二个元素
a[1] = 2                                        # 修改指定索引的元素值
print('修改指定索引元素值: ',a)                  # 输出修改指定索引元素值以后的数组内容
```

运行结果如下：

```
数组a内容为: [0 1 2 3 4 5 6 7 8 9]
索引为3的结果: 3
指定索引范围与步长的结果: [2 4]
指定索引范围的结果: [2 3 4]
索引为2以后的结果: [2 3 4 5 6 7 8 9]
索引为5以前的结果: [0 1 2 3 4]
索引为-2的结果: 8
修改指定索引元素值: [0 2 2 3 4 5 6 7 8 9]
```

例 11-8 通过索引访问多维数组。

```
import numpy as np                                  # 导入 NumPy 模块
a = np.array([[1,2,3],[4,5,6],[7,8,9]])             # 创建多维数组
print('数组a内容为: \n',a)                           # 输出数组 a 内容
print('指定索引结果: ',a[1])                         # 输出指定索引结果
print('指定索引范围的结果: \n',a[1:])                # 输出 1 行以后的元素
print('指定行列结果: ',a[0,1:4])                     # 输出第 1 行中第 2、3 列元素
print('获取第 2 列元素: ',a[...,1])                  # 输出第 2 列所有元素
print('获取第 2 行元素: ',a[1,...])                  # 输出第 2 行所有元素
print('获取第 2 列及以后的元素: \n',a[...,1:])       # 输出第 2 列及以后的元素
```

运行结果如下：

```
数组 a 内容为:
 [[1 2 3]
 [4 5 6]
 [7 8 9]]
指定索引结果: [4 5 6]
指定索引范围的结果:
 [[4 5 6]
 [7 8 9]]
指定行列结果: [2 3]
获取第 2 列元素: [2 5 8]
获取第 2 行元素: [4 5 6]
获取第 2 列及以后的元素:
 [[2 3]
 [5 6]
 [8 9]]
```

11.2　pandas 数据处理

　　pandas 是一个开源的库，主要为 Python 语言提供了高性能、易于使用的数据结构和数据分析工具。在安装 pandas 模块时可以使用 pip 的安装方式，首先需要进入 cmd 窗口，然后在 cmd 窗口中执行如下代码：

```
pip install pandas
```

或者

```
# 从清华 pip 镜像源安装
pip install -i https://pypi.tuna.tsinghua.edu.cn/simple pandas
```

　　pandas 模块安装完成以后，在 Python 窗口中输入以下代码，测试是否可以正常导入已经安装的 pandas 模块即可。

```
import pandas
```

11.2.1 pandas 数据结构

pandas 的数据结构中有两大核心，分别是 Series 与 DataFrame。其中 Series 是一维数组，和 NumPy 中的一维数组类似。这两种一维数组与 Python 中基本数据结构 list 相近，Series 可以保存多种数据类型的数据，如布尔值、字符串、数字类型等。DataFrame 是一种以表格形式的数据结构类似于 Excel 表格一样，是一种二维的表格型数据结构。

1. Series 对象

在创建 Series 对象时，只需要将数组形式的数据传入 Series() 构造函数中即可。示例代码如下：

```
import pandas                              # 导入 pandas 模块
data = ['A','B','C']                       # 创建数据数组
series = pandas.Series(data)               # 创建 Series 对象
print(series)                              # 输出 Series 对象内容
```

运行结果如下：

```
数组 a 内容为:
0    A
1    B
2    C
dtype: object
```

> **说明**：在上述结果中，左侧数字为索引列，右侧的字母列为索引对应的元素。Series 对象在没有指定索引时，将默认生成从 0 开始依次递增的索引值。

在创建 Series 对象时，可以指定索引项，如指定索引项为 a、b、c。示例代码如下：

```
import pandas                                    # 导入 pandas 模块
data = ['A','B','C']                             # 创建数据数组
index = ['a','b','c']                            # 创建索引数组
series = pandas.Series(data,index=index)         # 创建指定索引的 Series 对象
print(series)                                    # 输出指定索引的 Series 对象内容
```

运行结果如下：

```
a    A
b    B
c    C
dtype: object
```

（1）访问数据在访问 Series 对象中的数据时，可以单独访问索引数组或者元素数组。实现单独访问索引数组或者元素数组的示例代码如下：

```
print('索引数组为: ',series.index)              # 输出索引数组
print('元素数组为: ',series.values)             # 输出元素数组
```

运行结果如下：

```
索引数组为: Index(['a', 'b', 'c'], dtype='object')
元素数组为: ['A' 'B' 'C']
```

如果需要获取指定下标的数组元素,可以直接通过"Series 对象 [下标]"的方式获取数组元素,数组下标从 0 开始。实现指定索引获取对应的数组元素的示例代码如下:

```
print('指定下标的数组元素为: ',series[1])      # 输出指定下标的数组元素
print('指定索引的数组元素为: ',series['a'])    # 输出指定索引的数组元素
```

运行结果如下:

```
Warning (from warnings module):
  File " E:/Python_Workspace/chapter011/test.py", line 36
    print('指定下标的数组元素为: ',series[1]) # 输出指定下标的数组元素
FutureWarning: Series.__getitem__ treating keys as positions is deprecated. In a future version, integer keys will always be treated as labels (consistent with DataFrame behavior). To access a value by position, use 'ser.iloc[pos]'
指定下标的数组元素为:  B
指定索引的数组元素为:  A
```

> **注意**:代码运行会提示"FutureWarning: Series.__getitem__ treating keys as positions is deprecated. In a future version, integer keys will always be treated as labels (consistent with DataFrame behavior). To access a value by position, use 'ser.iloc[pos]'"。

按照代码提示,在未来的版本中,整数键将始终被视为标签,要按位置访问值,需要使用 'ser.iloc[pos]',修改代码为

```
print('指定下标的数组元素为: ',series.iloc[1]) # 输出指定下标的数组元素
print('指定索引的数组元素为: ',series['a'])    # 输出指定索引的数组元素
```

运行结果如下:

```
指定下标的数组元素为:  B
指定索引的数组元素为:  A
```

结果不再有警告。

如果需要获取多个下标对应的 Series 对象时,可以指定下标范围。示例代码如下:

```
# 输出下标为 0、1、2 对应的 Series 对象
print('获取多个下标对应的 Series 对象: \n',series.iloc[0:3])
```

运行结果如下:

```
获取多个下标对应的 Series 对象:
a    A
```

```
b    B
c    C
dtype: object
```

不仅可以通过指定下标范围的方式获取 Series 对象，还可以通过指定多个索引的方式获取 Series 对象。实现通过指定多个索引的方式获取 Series 对象的示例代码如下：

```
# 输出索引为 a、b 对应的 Series 对象
print('获取多个索引对应的 Series 对象:\n',series[['a','b']])
```

运行结果如下：

```
获取多个索引对应的 Series 对象:
a    A
b    B
dtype: object
```

（2）修改元素值 在实现修改 Series 对象的元素值时，同样可以通过指定下标或者指定索引的方式来实现。实现修改 Series 对象的元素值的示例代码如下：

```
#print('获取多个索引对应的 Series 对象:\n',series[['a','b']])
series[0] = 'banking'                      # 修改下标为 0 的元素值
print('修改下标为 0 的元素值:\n',series)    # 输出修改元素值以后的 Series 对象
series['b'] = 'finance'                    # 修改索引为 b 的元素值
print('修改索引为 b 的元素值:\n',series)    # 输出修改元素值以后的 Series 对象
```

运行结果如下：

```
修改下标为 0 的元素值:
a    banking
b         B
c         C
dtype: object
修改索引为 b 的元素值:
a    banking
b    finance
c         C
dtype: object
```

2. DataFrame 对象

在创建 DataFrame 对象时，需要通过字典来创建 DataFrame 对象。其中，每列的名称为键，而每个键对应的是一个数组，这个数组作为值。示例代码如下：

```
import pandas                              # 导入 pandas 模块
data = {'A': ['remittee', 'remitter', 'cash', 'Investor',
        'Shareholder'],'B': [6, 7, 8, 9, 10],
        'C':["Owner's Equity",'Revenue','Asset','Expense','Income']}
data_frame = pandas.DataFrame(data)        # 创建 DataFrame 对象
print(data_frame)                          # 输出 DataFrame 对象内容
```

运行结果下：

```
           A   B             C
0   remittee   6   Owner's Equity
1    remitter  7          Revenue
2        cash  8            Asset
3     Investor 9          Expense
4  Shareholder 10          Income
```

> **说明**：在上述的输出结果中，左侧单独的数字为索引列，在没有指定特定的索引时，DataFrame 对象默认的索引将从 0 开始递增。右侧 A、B、C 列名为键，列名对应的值为数组。

DataFrame 对象同样可以单独指定索引名称，指定方式与 Series 对象类似。示例代码如下：

```
import pandas                                    # 导入 pandas 模块
data = {'A': ['remittee', 'remitter', 'cash', 'Investor', 'Shareholder'],
        'B': [6, 7, 8, 9, 10],
        'C':["Owner's Equity",'Revenue','Asset','Expense','Income']}
index = ['a','b','c','d','e']                    # 自定义索引
data_frame = pandas.DataFrame(data,index = index)  # 创建自定义索引 DataFrame 对象
print(data_frame)                                # 输出 DataFrame 对象内容
```

运行结果如下：

```
             A   B             C
a     remittee   6   Owner's Equity
b      remitter  7          Revenue
c          cash  8            Asset
d       Investor 9          Expense
e    Shareholder 10          Income
```

如果数据中含有不需要的数据列时，可以在创建 DataFrame 对象时指定需要的数据列名来创建 DataFrame 对象。示例代码如下：

```
import pandas                                    # 导入 pandas 模块
data = {'A': ['remittee', 'remitter', 'cash', 'Investor', 'Shareholder'],
        'B': [6, 7, 8, 9, 10],
        'C':["Owner's Equity",'Revenue','Asset','Expense','Income']}
data_frame = pandas.DataFrame(data,columns=['B','C'])  # 创建指定列名的 DataFrame 对象
print(data_frame)                                # 输出 DataFrame 对象内容
```

运行结果如下：

```
    B             C
0   6   Owner's Equity
1   7          Revenue
2   8            Asset
3   9          Expense
4  10           Income
```

11.2.2 pandas 读写数据

1. 读写 csv 文本文件

csv 文件是文本文件的一种,它以纯文本形式存储结构化数据,如表格数据、日志数据等。文件中每一行数据的多个元素之间使用逗号进行分隔,易于读写和编辑,适用于各种应用场景。pandas 提供了 read_csv() 函数用于 csv 文件的读取工作。read_csv() 函数语法格式如下:

```
pandas.read_csv(filepath_or_buffer, sep=NoDefault.no_default, delimiter=None, header='infer', names=NoDefault.no_default, index_col=None, usecols=None, squeeze=None, prefix=NoDefault.no_default, mangle_dupe_cols=True, dtype=None, engine=None, converters=None, true_values=None, false_values=None, skipinitialspace=False, skiprows=None, skipfooter=0, nrows=None, na_values=None, keep_default_na=True, na_filter=True, verbose=False, skip_blank_lines=True, parse_dates=None, infer_datetime_format=False, keep_date_col=False, date_parser=None, dayfirst=False, cache_dates=True, iterator=False, chunksize=None, compression='infer', thousands=None, decimal='.', lineterminator=None, quotechar='"', quoting=0, doublequote=True, escapechar=None, comment=None, encoding=None, encoding_errors='strict', dialect=None, error_bad_lines=None, warn_bad_lines=None, on_bad_lines=None, delim_whitespace=False, low_memory=True, memory_map=False, float_precision=None, storage_options=None)
```

参数说明:

filepath_or_buffer:表示文件路径的字符串。

sep:str 类型,表示分隔符,默认为逗号","。

header:表示将那一行数据作为列名。

names:为读取后的数据设置列名,默认为 None。

index_col:通过列索引指定列的位置,默认为 None。

skiprows:int 类型,需要跳过的行号,从文件内数据的开始处算起。

skipfooter:int 类型,需要跳过的行号,从文件内数据的末尾处算起。

nrows:int 类型,设置需要读取数据中的前 n 行数据。

na_values:将指定的值设置为 NaN。

encoding:str 类型,用于设置文本编码格式。例如,"uf-8" 表示用 UTF-8 编码。

squeeze:设置为 True,表示如果解析的数据只包含一列,则返回一个 Series。默认为 False。

engine:表示数据解析的引擎,可以指定为 c 或 python。默认为 c。

在实现一个简单地读取 csv 文件时,直接调用 pandas.read_csv() 函数,然后指定文件路径即可。实现通过 pandas.read_csv() 函数读取 csv 文件内容的示例代码如下:

```
import pandas                                    # 导入 pandas 模块
# 读取 csv 文件信息
data = pandas.read_csv('stock.csv',encoding='gb18030')
print('读取的 csv 文件内容为: \n',data)          # 输出读取的文件内容
```

运行结果如下:

```
读取的 csv 文件内容为:
        stock_id      stock_name         stock_type
```

```
0          600000           浦发银行              沪 A
1          600001           邯郸钢铁              沪 A
2          600002           齐鲁石化              沪 A
3          600003           ST 东北高             沪 A
4          600004           白云机场              沪 A
...        ...              ...                  ...
9479       688799           华纳药厂              深 B
9480       688800           瑞可达                深 B
9481       688819           天能股份              深 B
9482       688981           中芯国际              深 B
9483       689009           九号公司 -WD         深 B

[9484 rows x 3 columns]
```

> **说明**：如果读取的结果中出现乱码现象，则可以根据原文件的编码方式进行编码读取。本例中的 csv 文件是上一章案例的输出结果，当时设置的编码方式是 encoding='gb18030'，这里我们读取的时候也采用 encoding='gb18030'。

在实现 csv 文件的写入工作时，pandas 提供了 to_csv() 方法，语法如下：

```
DataFrame.to_csv(path_or_buf=None, sep=',', na_rep='', float_format=None,
columns=None, header=True, index=True, index_label=None, mode='w', encoding=
None, compression='infer', quoting=None, quotechar='"', line_terminator=
None, chunksize=None, date_format=None, doublequote=True, escapechar=None,
decimal='.', errors='strict', storage_options=None)
```

参数说明：

path_or_buf：表示文件路径的字符串。

sep：str 类型，表示分隔符，默认为逗号 ","。

na_rep：str 类型，用于替换缺失值，默认为 "" 空。

float_format：str 类型，指定浮点数据的格式。例如，"%.2f" 表示保留两位小数。

columns：表示指定写入哪列数据的列名，默认为 None。

header：表示是否写入数据中的列名，默认为 False，表示不写入。

index：表示是否将行索引写入文件中，默认为 True。

mode：str 类型，表示写入模式默认为 "w"。

encoding：str 类型，用于设置写入文本编码格式。例如，"uf-8" 表示用 UTF-8 编码。

> **场景模拟**：
> 读取 csv 格式的股票数据，并将读取的数据存放到新的 csv 文件中。

例 11-9 实现将读取出来的数据中的指定列写入新的文件中。

```
import pandas                                        # 导入 pandas 模块
# 读取 csv 文件信息
data = pandas.read_csv('stock.csv',encoding='gb18030')
```

```
# 将读取的信息中的指定列写入新的文件中
data.to_csv('new_test.csv',columns=['stock_id','stock_name'],index=False,
encoding='utf-8')
new_data = pandas.read_csv('new_test.csv')   # 读取新写入的 csv 文件信息
print('读取新的 csv 文件内容为：\n',new_data)   # 输出新文件信息
```

运行结果如下：

```
读取新的 csv 文件内容为：
      stock_id    stock_name
0     600000      浦发银行
1     600001      邯郸钢铁
2     600002      齐鲁石化
3     600003      ST 东北高
4     600004      白云机场
...   ...         ...
9479  688799      华纳药厂
9480  688800      瑞可达
9481  688819      天能股份
9482  688981      中芯国际
9483  689009      九号公司 -WD

[9484 rows x 2 columns]
```

2. 读写 Excel 文件

Excel 文件是一个大家都比较熟悉的文件，该文件主要用于办公的表格文件。Excel 是微软公司推出 Microsoft Office 办公软件中的一个组件。目前 Excel 文件的扩展名有两种：一种为 .xls，另一种为 .xlsx。Excel 文件的扩展名主要由 Microsoft Office 办公软件的版本决定。

pandas 提供了 read_excel() 函数用于 Excel 文件的读取工作，语法如下：

```
pandas.read_excel(io, sheet_name=0, header=0, names=None, index_col=None,
usecols=None, squeeze=None, dtype=None, engine=None, converters=None, true_
values=None, false_values=None, skiprows=None, nrows=None, na_values=None,
keep_default_na=True, na_filter=True, verbose=False, parse_dates=False, date_
parser=None, thousands=None, decimal='.', comment=None, skipfooter=0,
convert_float=None, mangle_dupe_cols=True, storage_options=None)
```

参数说明：

io：表示文件路径的字符串。

sheet_name：表示指定 Excecl 文件内的分表位置，返回多表可以使用 sheet_name=[0,1]，默认为 0。

header：表示指定哪一行数据作为列名，默认为 0。

skiprows：int 类型，需要跳过的行号，从文件内数据的开始处算起。

skipfooter：int 类型，需要跳过的行号，从文件内数据的末尾处算起。

index_col：通过列索引指定列的位置，默认为 None。

names：指定列的名字。

在没有特殊的要求下，读取 Excel 文件的内容与读取 csv 文件的内容相同，直接调用 pandas.read_excel() 函数即可。调用前需要安装 openpyxl，通过 cmd 从清华镜像安装。

```
pip install -i https://pypi.tuna.tsinghua.edu.cn/simple openpyxl
```

通过 pandas.read_excel() 函数读取 Excel 文件内容的示例代码如下：

```
import pandas                                      # 导入 pandas 模块
data = pandas.read_excel('stock.xlsx')             # 读取 Excel 文件信息
print('读取的 xlsx 文件内容为：\n',data)              # 输出新文件信息
```

运行结果如下：

```
读取的 xlsx 文件内容为：
      stock_id    stock_name
0     600000      浦发银行
1     600001      邯郸钢铁
2     600002      齐鲁石化
3     600003      ST 东北高
4     600004      白云机场
...   ...         ...
9479  688799      华纳药厂
9480  688800      瑞可达
9481  688819      天能股份
9482  688981      中芯国际
9483  689009      九号公司-WD

[9484 rows x 2 columns]
```

在实现 Excel 文件的写入工作时，通过 DataFrame 的数据对象直接调用 to_excel() 方法即可。to_excel() 方法的参数含义与 to_csv() 方法类似。

> **场景模拟**：
> 读取 xlsx 格式的股票数据，并将读取的数据存放到新的 xlsx 文件中。

例 11-10 通过 to_excel() 方法向 Excel 文件内写入信息。

```
import pandas                                      # 导入 pandas 模块
data = pandas.read_excel('stock.xlsx')             # 读取 Excel 文件信息
# 将读取的信息中的指定列写入新的文件中
data.to_excel('new_stock.xlsx', index=False)
# 读取新写入的 Excel 文件信息
new_data = pandas.read_excel('new_stock.xlsx')
print('读取新的 xlsx 文件内容为：\n',data)            # 输出新文件信息
```

运行结果如下：

```
读取新的 xlsx 文件内容为：
      stock_id    stock_name    stock_type
```

```
0       600000       浦发银行              沪A
1       600001       邯郸钢铁              沪A
2       600002       齐鲁石化              沪A
3       600003       ST东北高             沪A
4       600004       白云机场              沪A
...     ...          ...                 ...
9479    688799       华纳药厂              深B
9480    688800       瑞可达               深B
9481    688819       天能股份              深B
9482    688981       中芯国际              深B
9483    689009       九号公司-WD           深B

[9484 rows x 3 columns]
```

3. 读写数据库数据

通过 pandas 实现数据库数据的读、写操作时，首先需要进行数据库的连接，然后通过调用 pandas 提供的数据库读、写函数和方法来实现对数据库中的数据执行读、写操作。在实现数据库连接时，可以根据不同的数据库安装相应的数据库操作模块，这里将以 MySQL 数据库为例，进行 pandas 数据库读、写数据的讲解。

（1）读取数据库信息。

pandas 提供了 3 个函数用于实现数据库信息的读取操作，具体函数如下：

read_sql_query() 函数：可以实现对数据库的查询操作，但是不能直接读取数据库中的某个表，需要在 sql 语句中指定查询命令与数据表的名称。

read_sql_table() 函数：只能实现读取数据库中的某一个表内的数据，并且该函数需要在 SQLAlchemy 模块的支持下才可以使用。

read_sql() 函数：该函数则是一个比较全能的函数，既可以实现读取数据库中某一个表的数据，也可以实现具体的查询操作。

以上 3 个数据库读取函数的语法格式如下：

```
read_sql_query(sql, con, index_col=None, coerce_float=True, params=None, parse_dates=None, chunksize=None)
read_sql_table(table_name, con, schema=None, index_col=None, coerce_float=True, parse_dates=None, columns=None,chunksize=None)
read_sql(sql, con, index_col=None, coerce_float=True, params=None, parse_dates=None, columns=None, chunksize=None)
```

以上 3 个函数比较常用的参数说明如下：

sql：str 类型，表示需要执行的 sql 查询语句或表名。

tablc_name：str 类型，表示数据库中数据表的名称。

con：表示数据库连接。

index_col：str 类型或 str 类型的列表，指定数据列为数据行的索引。

coerce_float：boolean 类型，将数据中 decimal 类型的值转换为浮点类型，默认为 True。

columns：list 类型，表示需要读取数据的列名。

场景模拟：

商品信息存储在MySQL数据库中，连接数据库，并查询数据表中评分高于4的商品信息。

例 11-11 实现数据库信息的读取操作。示例代码如下：

```python
import pandas                          # 导入pandas模块
import pymysql                         # 导入操作mysql模块
import sqlalchemy                      # 导入sqlalchemy数据库操作模块
# 使用pymysql连接数据库
pymysql_db = pymysql.connect(host="localhost", user="root",password="root",
db="shop", port=3306,charset="utf8")
# sql查询语句，查询数据表中评分高于4的商品信息
sql = "select name,keyword,price from sh_goods where score>4"
# 通过read_sql_query()函数读取数据库信息
sql_query_data = pandas.read_sql_query(sql=sql,con=pymysql_db)
print('通过read_sql_query()函数读取数据库信息如下：\n', sql_query_data)
# 使用sqlalchemy连接数据库，依次设置（数据库产品名称+数据库操作模块名：//数据库用
户名：密码@数据库ip地址：数据库端口号/数据库名称）
sqlalchemy_db = sqlalchemy.create_engine\
            ("mysql+pymysql://root:root@localhost:3306/shop")
# 通过read_sql_table()函数读取数据库信息
sql_table_data = pandas.read_sql_table\
        (table_name='sh_goods', con=sqlalchemy_db)
print('\n通过read_sql_table()函数读取数据库信息长度为：', len(sql_table_data))
# 通过read_sql()函数读取数据库信息
read_sql_data = pandas.read_sql(sql=sql,con=sqlalchemy_db)
print('\n通过read_sql()函数读取数据库信息如下：\n', read_sql_data)
```

运行结果如下：

```
通过read_sql_query()函数读取数据库信息如下：
     name    keyword    price
0   2B铅笔      文具       0.5
1   碳素笔      文具       1.0
2   智能手机   电子产品    1999.0
3   桌面音箱   电子产品      69.0
4   办公电脑   电子产品    2000.0
5   收腰风衣     服装     299.0
6   薄毛衣       服装      48.0

通过read_sql_table()函数读取数据库信息长度为： 10

通过read_sql()函数读取数据库信息如下：
     name    keyword    price
0   2B铅笔      文具       0.5
1   碳素笔      文具       1.0
2   智能手机   电子产品    1999.0
3   桌面音箱   电子产品      69.0
4   办公电脑   电子产品    2000.0
5   收腰风衣     服装     299.0
6   薄毛衣       服装      48.0
```

> **说明**：在实现例 11-11 前需要提前安装 pymysql 与 sqlalchemy 数据库操作模块，并且需要保证 MySQL 数据库的正常使用。

（2）写入数据库信息。

pandas 只提供了一个 to_sql() 方法用于实现数据库数据的写入工作，该方法只需要通过 DataFrame 数据对象直接调用即可，to_sql() 方法同样也需要 SQLAlchemy 模块的支持。to_sql() 方法的语法格式如下：

```
to_sql(name, con, schema=None, if_exists='fail', index=True,
index_label=None, chunksize=None, dtype=None, method=None)
```

参数说明：

name：str 类型，表示数据表名称。

con：表示数据库连接。

if_exists：该参数提供了 3 个属性：fail 表示如果数据表已经存在，就不执行写入操作；replacc 表示如果数据表已经存在，就删除原来的数据表，重新创建数据表后再写入数据；append 表示向原有的数据表中添加数据。默认属性为 fail。

index：表示是否将行索引写入数据表中，默认为 True。

> **场景模拟**：
> 连接商品数据库，向数据库中写入数据 data，并读取数据库信息。

例 11-12 实现数据库信息的写入与读取。示例代码如下：

```python
import pandas                              # 导入 pandas 模块
import sqlalchemy                          # 导入 sqlalchemy 数据库操作模块
# 使用 sqlalchemy 连接数据库
sqlalchemy_db = sqlalchemy.create_engine\
    ("mysql+pymysql://root:root@localhost:3306/shop")
# sql 查询语句
sql = "select * from to_sql_demo "
# 模拟写入数据库中的数据
data = {'A': ['remittee', 'remitter', 'cash', 'Investor', 'Shareholder'],
'B': [6, 7, 8, 9, 10],'C':["Owner's Equity",'Revenue','Asset','Expense','Income']}
data__frame = pandas.DataFrame(data)      # 创建 DataFrame 对象
# 向数据库中写入模拟数据 data
data__frame.to_sql('to_sql_demo',sqlalchemy_db,if_exists='append')
# 通过 read_sql() 函数读取数据库信息
read_sql_data = pandas.read_sql(sql=sql,con=sqlalchemy_db)
print('\n 通过 read_sql() 函数读取数据库信息如下：\n', read_sql_data))
```

运行结果如下：

```
通过 read_sql() 函数读取数据库信息如下：
    index           A       B       C
0       0    remittee       6    Owner's Equity
```

```
1        1      remitter      7        Revenue
2        2          cash      8          Asset
3        3      Investor      9        Expense
4        4   Shareholder     10         Income
```

11.2.3 数据操作

DataFrame 对象是 pandas 模块中最常用的对象，该对象所呈现出数据的形式与 Excel 表格相似。因此，在实现数据的统计与分析前，需要了解 DataFrame 对象中的各种数据的操作方法，如数据的增、删、改、查等操作。

1. 增添数据

如果需要为 DataFrame 对象添加一列数据，可以先创建列名，然后为其赋值数据。示例代码如下：

```python
import pandas                                          # 导入 pandas 模块
data = {'A': ['remittee', 'remitter', 'cash', 'Investor', 'Shareholder'],
'B': [6, 7, 8, 9, 10],
'C':["Owner's Equity",'Revenue','Asset','Expense','Income']}
data_frame = pandas.DataFrame(data)                    # 创建 DataFrame 对象
# 增加 D 列数据
data_frame['D'] = ['所有者权益','收益','资产','开支','收入']
print(data_frame)                                      # 输出 DataFrame 对象内容
```

运行结果如下：

```
             A    B               C        D
0     remittee    6  Owner's Equity   所有者权益
1     remitter    7         Revenue      收益
2         cash    8           Asset      资产
3     Investor    9         Expense      开支
4  Shareholder   10          Income      收入
```

2. 删除数据

pandas 模块提供了 drop() 方法，用于删除 DataFrame 对象中的某行或某列数据。语法格式如下：

```
DataFrame.drop(labels=None, axis=0, index=None, columns=None, level=None, inplace=False, errors='raise')
```

参数说明：

labels：需要删除的行或列的标签，接收 string 或 array。

axis：该参数默认为 0，表示删除行；当 axis=1 时，表示删除列。

index：指定需要删除的行索引。

columns：指定需要删除的列。

inplace：如果设置为 False，则不改变原数据，并返回一个执行删除后的新 DataFrame 对象。

如果设置为 True，则将对原数据进行删除操作。

实现删除 DataFrame 对象原数据中指定列与指定索引的行数据，示例代码如下：

```
data_frame.drop([0],inplace=True)         # 删除原数据中索引为 0 的那行数据
# 删除原数据中列名为 A 的那列数据
data_frame.drop(labels='A',axis=1,inplace=True)
print(data_frame)                         # 输出 DataFrame 对象内容
```

运行结果如下：

```
    B     C
1   7   Revenue
2   8   Asset
3   9   Expense
4  10   Income
```

> **说明：** 在实现删除 DataFrame 对象中指定列名的数据时，也可以通过 del 关键字来实现，例如删除原数据中列名为 A 的数据，即可使用 del data_frame['A'] 代码。

drop() 函数除了可以删除指定的列或者是行数据，还可以指定行索引的范围实现删除多行数据。指定行索引的范围实现删除多行数据的示例代码如下：

```
# 删除原数据中行索引从 0 至 2 的前三行数据
data_frame.drop(labels=range(0,3),axis=0,inplace=True)
print(data_frame)                         # 输出 DataFrame 对象内容
```

运行结果如下：

```
            A      B       C
3     Investor     9    Expense
4  Shareholder    10    Income
```

3. 修改数据

如果需要修改 DataFrame 对象中某一列中的某个元素，则需要通过赋值的方式来修改元素。示例代码如下：

```
data_frame['A'][2] = '现金'     # 将 A 列中第三行数据修改为 10
print(data_frame)               # 输出 DataFrame 对象内容
```

运行结果如下：

```
            A      B       C
0     remittee     6    Owner's Equity
1     remitter     7    Revenue
2          现金     8    Asset
3     Investor     9    Expense
4  Shareholder    10    Income
```

在修改 DataFrame 对象中某一列的所有数据时，需要了解当前修改列名对应的元素数组中包含多少个元素，然后根据原有元素的个数进行对应元素的修改，代码如下：

```
# 修改 B 列中的所有数据
data_frame['B'] = ['收款人','汇款人','现金','投资者','股东']
print(data_frame)                  # 输出 DataFrame 对象内容
```

运行结果如下：

```
            A    B           C
0    remittee   收款人  Owner's Equity
1    remitter   汇款人         Revenue
2        cash   现金           Asset
3    Investor   投资者         Expense
4  Shareholder  股东          Income
```

> **说明：**
> （1）如果在修改 B 列中所有数据时，修改的元素数量与原有的元素数量不匹配，则会出现的错误信息。
> （2）如果为某一列赋值为单个元素，如 data_frame['B'] = 1，那么此时 B 列对应的数据都将被修改为 1。

4. 查询数据

在获取 DataFrame 对象中某一列的数据时，可以通过直接指定列名或者是直接调用列名的属性来获取指定列的数据。示例代码如下：

```
import pandas                                    # 导入 pandas 模块
data = {'A': ['remittee', 'remitter', 'cash', 'Investor', 'Shareholder'],
'B': [6, 7, 8, 9, 10],
'C':["Owner's Equity",'Revenue','Asset','Expense','Income']}
data_frame = pandas.DataFrame(data)              # 创建 DataFrame 对象
print('指定列名的数据为：\n',data_frame['A'])
print('指定列名属性的数据为：\n',data_frame.B)
```

运行结果如下：

```
指定列名的数据为：
0       remittee
1       remitter
2           cash
3       Investor
4    Shareholder
Name: A, dtype: object
指定列名属性的数据为：
0     6
1     7
2     8
3     9
```

```
4    10
Name: B, dtype: int64
```

在获取 DataFrame 对象从第 1 行至第 3 行范围内的数据时，可以通过指定行索引范围的方式来获取数据。行索引从 0 开始，行索引 0 对应的是 DataFrame 对象中的第 1 行数据。查询指定行索引范围的数据，代码如下：

```
print('获取指定行索引范围的数据：\n',data_frame[0:3])
```

运行结果如下：

```
获取指定行索引范围的数据：
          A  B             C
0  remittee  6  Owner's Equity
1  remitter  7         Revenue
2      cash  8           Asset
```

说明：在获取指定行索引范围的示例代码中，0 为起始行索引，3 为结束行索引的位置，因此此次获取内容并不包含行索引为 3 的数据。

在获取 DataFrame 对象中某一列中的某个元素时，可以通过依次指定列名称、行索引来获取数据。示例代码如下：

```
print('获取指定列中的某个数据：',data_frame['B'][2])
```

运行结果如下：

```
获取指定列中的某个数据： 8
```

5. NaN 数据处理

（1）将元素修改为 NaN。

NaN 数据在 NumPy 模块中用于表示空缺数据，因此在数据分析中偶尔会需要将数据结构中的某个元素修改为 NaN，这时只需要调用 numpy.NaN 为需要修改的元素赋值即可实现修改元素的目的。示例代码如下：

```
# 将数据中列名为 B、行索引为 2 的元素修改为 NaN
data_frame.at[2,'B'] = numpy.nan
print(data_frame)                    # 输出 DataFrame 对象内容
```

运行结果如下：

```
             A     B             C
0     remittee   6.0  Owner's Equity
1     remitter   7.0         Revenue
2         cash   NaN           Asset
3     Investor   9.0         Expense
4  Shareholder  10.0          Income
```

（2）统计 NaN 数据。

pandas 提供了两个可以快速识别数据中的空缺值 / 非空缺值的方法：isnull() 方法用于识别数据中是否有空缺值，该方法如果检测到有空缺值，则将返回 True；notnull() 方法用于识别数据中是否有非空缺值，该方法如果检测到有非空缺值，则将返回 True。通过这两个方法和统计函数的方法即可获取数据中空缺值与非空缺值的具体数量。

示例代码如下：

```
# 输出数据中空缺值数量
print('每列空缺值数量为：\n',data_frame.isnull().sum())
# 输出数据中非空缺值数量
print('每列非空缺值数量为：\n',data_frame.notnull().sum())
```

运行结果如下：

```
每列空缺值数量为：
A    0
B    1
C    0
dtype: int64
每列非空缺值数量为：
A    5
B    4
C    5
dtype: int64
```

（3）筛选 NaN 元素。

在实现数据中 NaN 元素的筛选时，需要使用 dropna() 方法来实现，例如，删除包含 NaN 元素所在的整行数据。示例代码如下：

```
data_frame.dropna(axis=0,inplace=True)    # 删除包含 NaN 元素所在的整行数据
print(data_frame)                         # 输出 DataFrame 对象内容
```

运行结果如下：

```
              A      B              C
0      remittee    6.0   Owner's Equity
1      remitter    7.0          Revenue
3      Investor    9.0          Expense
4   Shareholder   10.0           Income
```

> **说明**：如果需要删除数据中包含 NaN 元素所在的整列数据，则可以将 axis 参数设置为 1。

dropna() 方法提供了一个 how 可选参数，表示删除的条件。默认值为 'any'，表示只要存在一个缺失值就删除整行或整列；设置为 'all' 表示只有当整行或整列都是缺失值时才删除。如果将该参数设置为 all，那么 dropna() 方法将会删除某行或者某列中所有元素全部为 NaN 的值。代码如下：

```python
import pandas                              # 导入 pandas 模块
import numpy                               # 导入 NumPy 模块
data = {'A': ['remittee', 'remitter', 'cash', 'Investor', 'Shareholder'],
        'B': [6, 7, 8, 9, 10],
        'C':["Owner's Equity",'Revenue','Asset','Expense','Income']}
data_frame = pandas.DataFrame(data)        # 创建 DataFrame 对象
# 将数据中列名为 B、行索引为 2 的元素修改为 NaN
data_frame.at[2,'B'] = numpy.nan
# 删除包含 NaN 元素对应的整列数据
data_frame.dropna(how='any',axis=1,inplace=True)
print(data_frame)                          # 输出 DataFrame 对象内容
```

运行结果如下：

```
             A              C
0     remittee  Owner's Equity
1     remitter         Revenue
2         cash           Asset
3     Investor         Expense
4  Shareholder          Income
```

> **说明**：由于 axis 的默认值为 0，这意味着 dropna() 方法只删除行数据，而删除元素值为 NaN 值的列时，需要指定删除目标为列，即 axis=1。

（4）NaN 元素的替换。

当处理数据中的 NaN 元素时，为了避免删除数据中比较重要的参考数据。因此可以使用 fillna() 方法将数据中 NaN 元素替换为同一个元素，这样在实现数据分析时可以很清楚地知道哪些元素无用即为 NaN 元素。示例代码如下：

```python
import pandas                              # 导入 pandas 模块
data = {'A': [1, 2, None, 3, 4],
        'B': [6, 7, 8, None, 10],'C':[11,12,13,14,None]}
data_frame = pandas.DataFrame(data)        # 创建 DataFrame 对象
data_frame.fillna(0, inplace=True)         # 将数据中所有 NaN 元素修改为 0
print(data_frame)                          # 输出 DataFrame 对象内容
```

运行结果如下：

```
     A     B     C
0  1.0   6.0  11.0
1  2.0   7.0  12.0
2  0.0   8.0  13.0
3  3.0   0.0  14.0
4  4.0  10.0   0.0
```

如果需要将不同列中的 NaN 元素修改为不同的元素值，则可以通过字典的方式对每列进行依次修改。示例代码如下：

```
import pandas                              # 导入 pandas 模块
data = {'A': [1, 2, None, 3, 4],
        'B': [6, 7, 8, None, 10],'C':[11,12,13,14,None]}
data_frame = pandas.DataFrame(data)        # 创建 DataFrame 对象
print(data_frame)                          # 输出修改前的 DataFrame 对象的内容
# 将数据 A 列中的 NaN 元素修改为 0, B 列中的 NaN 元素修改为 1, C 列中的 NaN 元素修改为 2
data_frame.fillna({'A':0,'B':1,'C':2}, inplace=True)
print(data_frame)                          # 输出修改后的 DataFrame 对象的内容
```

修改前后运行结果下。

	A	B	C			A	B	C
0	1.0	6.0	11.0		0	1.0	6.0	11.0
1	2.0	7.0	12.0		1	2.0	7.0	12.0
2	0.0	8.0	13.0		2	0.0	8.0	13.0
3	3.0	0.0	14.0		3	3.0	1.0	14.0
4	4.0	10.0	0.0		4	4.0	10.0	2.0

11.3 Matplotlib 数据可视化

Matplotlib 是一个 Python 2D 绘图库，常用于数据可视化。它能够让使用者很轻松地将数据图形化，并且提供多样化的输出格式。

Matplotlib 的功能非常强大，它将容易的事情变得更容易，困难的事情变得可能。Matplotlib 只需几行代码就可以游刃有余地绘制各种各样的图表，如柱形图、折线图、散点图、饼形图等。

安装 Matplotlib。在 Python 当前版本的 python.exe 所在目录地址栏中输入 'cmd'，在控制台中输入以下代码：

```
pip install matplotlib
```

或者

```
# 从清华 pip 镜像源安装
pip install -i https://pypi.tuna.tsinghua.edu.cn/simple Matplotlib
```

Matplotlib 模块安装完成以后，在 Python 窗口中输入以下代码，测试是否可以正常导入已经安装的 Matplotlib 模块即可。

```
import matplotlib
```

11.3.1 绘制柱形图

柱形图（bar chart），又称长条图、柱状图、条状图等，是一种以长方形的长度为变量的统计图表。柱形图用来比较两个或以上的数据（不同时间或者不同条件），只有一个变量，通常用于较小的数据集分析。Matplotlib 绘制柱形图主要使用 bar() 函数，语法格式如下：

```
matplotlib.pyplot.bar(x, height, width=0.8, bottom=None, *, align='center', data=None, **kwargs)
```

参数说明：

x：轴数据。

height：柱子的高度，也就是 y 轴数据。

width：浮点型，柱子的宽度，默认值为 0.8，可以指定固定值。

bottom：标量或数组，可选参数，柱形图的 y 坐标，默认值为 None。

*：星号本身不是参数。星号表示其后面的参数为命名关键字参数，命名关键字参数必须传入参数名，否则程序会出现错误。

align：对齐方式，如 center（居中）和 edge（边缘），默认值为 center。

data：data 关键字参数。如果给定一个数据参数，所有位置和关键字参数将被替换。

**kwargs：关键字参数，其他可选参数，如 color（颜色）、alpha（透明度）、label（每个柱子显示的标签）等。

> **场景模拟：**
> 分析 2013-2022 年全国就业人员、城镇就业人员和乡村就业人员相关情况。

例 11-13 绘制 2013—2022 年全国就业人员、城镇就业人员和乡村就业人员的柱状图。其中，全国就业人员（万人）用红色的柱状表示，城镇就业人员（万人）用绿色柱状表示，乡村就业人员（万人）用蓝色柱状表示。程序代码如下：

```python
# -*- coding: utf-8 -*-
import pandas as pd
import matplotlib.pyplot as plt
# 导入数据
Emp_data= pd.read_excel('Employedpopulation.xlsx',header=0,usecols='B:J')
# 设置 matplotlib 正常显示中文和负号
plt.rcParams['font.sans-serif']=['SimHei']    # 用黑体显示中文
plt.rcParams['axes.unicode_minus']=False      # 正常显示负号
X = Emp_data.columns
# 创建一个绘图对象，并设置对象的宽度和高度
plt.figure(figsize=(8, 4))
# 绘制全部就业人员柱状图
plt.bar(X+0.2,Emp_data.iloc[0], width = 0.32,color = 'red',edgecolor = 'white')
# 绘制城镇就业人员柱状图
plt.bar(X+0.55,Emp_data.iloc[1],width = 0.32,color = 'green',edgecolor = 'white')
# 绘制乡村就业人员柱状图
plt.bar(X+0.88,Emp_data.iloc[2], width = 0.32,color = 'blue',edgecolor = 'white')
```

```
# 给图加 text
Y1 = Emp_data.iloc[0]
# zip()函数用于将两个列表相对应元素打包成元组。
for x, y in zip(X, Y1):
    plt.text(x + 0.3, y + 0.05, '%i' % y, ha='center')
Y2 = Emp_data.iloc[1]
for x, y in zip(X, Y2):
    plt.text(x + 0.6, y + 0.05, '%i' % y, ha='center')

Y3 = Emp_data.iloc[2]
for x, y in zip(X, Y3):
        plt.text(x + 0.9, y + 0.05, '%i' % y, ha='center')
plt.xlabel('年份')
plt.ylabel('人员（万人）')
plt.ylim((25000,80000))
plt.xlim(2013,2023)
plt.title("2013-2022年城镇、乡村和全部就业人员情况柱状图")
# 添加图例，loc 参数控制图例的位置
plt.legend({'乡村就业','全部就业','城镇就业'},loc=(0.95,0.95))
plt.savefig('Employedpopulation_bar.png')       #保存图像
plt.show()
```

运行程序，输出结果如图 11.1 所示。

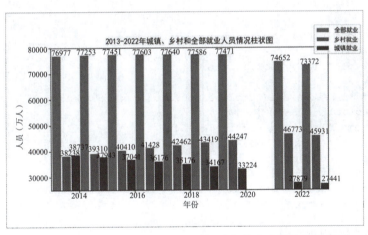

图 11.1　2013—2022 年城镇、乡村和全部就业人员情况柱状图

11.3.2　绘制折线图

折线图（line chart）可以显示随时间变化的连续数据，因此非常适用于显示在相等时间间隔下数据的趋势。如基础体温曲线图、学生成绩走势图、股票月成交量走势图、月销售统计分析图，以及微博、公众号、网站访问量统计图等都可以用折线图体现。在折线图中，类别数据沿水平轴均匀分布，所有值数据沿垂直轴均匀分布。Matplotlib 主要使用 plot() 函数绘制折线图，语法格式如下：

```
matplotlib.pyplot.plot(*args, scalex=True, scaley=True, data=None, **kwargs)
```

参数说明：

x：x 轴数据。

y：y 轴数据。

color：接收特定 string。指定折线颜色，默认为 None。常见颜色的缩写见表 11.3。

marker：接收特定 string。标记样式。

linestyle：接收特定 string。指定线条的类型，默认为 "-"。

alpha：透明度，设置该参数可以改变颜色的深浅。

**kwargs：附加参数，用于设置自动图例、线宽、标记颜色等。

表 11.3　color 参数常用颜色的缩写

颜色缩写	代表的颜色	颜色缩写	代表的颜色
b	蓝色	m	粉紫色
g	绿色	y	黄色
r	红色	k	黑色
c	蓝绿色	w	白色

例 11-14 使用不同颜色、不同线条样式，绘制 2013—2022 年全国就业人员、城镇就业人员和乡村就业人员的折线图。其中，全国就业人员（万人）用红色的实线 "-" 表示，城镇就业人员（万人）用绿色的长虚线 "--" 表示，乡村就业人员（万人）用蓝色的点线 "-." 表示。程序代码如下：

```
# -*- coding: utf-8 -*-
import pandas as pd
import matplotlib.pyplot as plt
# 导入数据
Emp_data= pd.read_excel('Employedpopulation.xlsx',header=0,usecols='B:J')
# 设置 matplotlib 正常显示中文和负号
plt.rcParams['font.sans-serif']=['SimHei']      # 用黑体显示中文
plt.rcParams['axes.unicode_minus']=False        # 正常显示负号
X = Emp_data.columns
# 创建一个绘图对象，并设置对象的宽度和高度
plt.figure(figsize=(8, 4))
# 绘制全部就业人员折线图
plt.plot(X,Emp_data.iloc[0],"r-")
# 绘制城镇就业人员折线图
plt.plot(X,Emp_data.iloc[1],"g--")
# 绘制乡村就业人员折线图
plt.plot(X,Emp_data.iloc[2],"b-.")
# 给图加 text
Y1 = Emp_data.iloc[0]
# zip() 函数用于将两个列表相对应元素打包成元组。
for x, y in zip(X, Y1):
    plt.text(x, y + 0.05, '%i' % y, ha='center')
Y2 = Emp_data.iloc[1]
for x, y in zip(X, Y2):
    plt.text(x, y + 0.05, '%i' % y, ha='center')
Y3 = Emp_data.iloc[2]
```

```
for x, y in zip(X, Y3):
        plt.text(x, y , '%i' % y, ha='center')
plt.xlabel(' 年份 ')
plt.ylabel(' 人员（万人）')
plt.ylim((25000,80000))
plt.xlim(2013,2023)
plt.title("2013-2022 年城镇、乡村和全部就业人员情况折线图 ")
# 添加图例
plt.legend({' 乡村就业 ',' 全部就业 ',' 城镇就业 '},loc=(0.8,0.6))
plt.savefig('Employedpopulation_line.png')
plt.show()
```

运行程序，输出结果如图 11.2 所示。

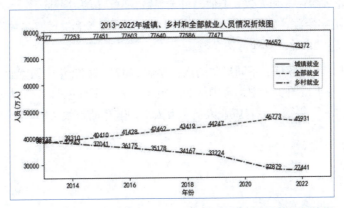

图 11.2　2013—2022 年城镇、乡村和全部就业人员情况折线图

11.3.3　绘制散点图

散点图（scatter diagram）主要用来查看数据的分布情况或相关性，一般用在线性回归分析中，以查看数据点在坐标系平面上的分布情况。散点图表示因变量随自变量而变化的大致趋势，据此可以选择合适的函数对数据点进行拟合。

散点图与折线图类似，它也是由一个个点构成的。但不同之处在于，散点图的各点之间不会按照它们前后关系用线条连接起来。

Matplotlib 绘制散点图使用 plot() 和 scatter() 函数都可以实现，本节使用 scatter() 函数绘制散点图。scatter() 函数专门用于绘制散点图，它的使用方式和 plot() 函数类似，区别在于前者具有更高的灵活性，可以单独控制每个散点与数据匹配，并让每个散点具有不同的属性。scatter() 函数的语法格式如下：

```
matplotlib.pyplot.scatter(x,y,s=None,c=None,marker=None,cmap=None,norm=
None,vmin=None,vmax=None,alpha=None,linewidths=None,verts=None,edgecolors
=None,data=None, **kwargs)
```

参数说明：

x，y：接收 array。表示 x 轴和 y 轴对应的数据，无默认。

s：接收数值或一维的 array。指定点的大小，若传入一维 array，则表示每个点的大小，默认为 None。

c：接收颜色或者一维的 array。标记颜色，可选参数，默认值为 'b'，表示蓝色。

marker：标记样式，可选参数，默认值为 'o'。

cmap：颜色地图，可选参数，默认值为 None。

norm：可选参数，默认值为 None。

vmin，vmax：标量，可选，默认值为 None。

alpha：透明度，可选参数，0~1 的数，表示透明度，默认值为 None。

linewidths：线宽，标记边缘的宽度，可选参数，默认值为 None。

verts：(x,y) 的序列，可选参数，如果参数 marker 为 None，则这些顶点将用于构建标记。标记的中心位置为 (0,0)。

edgecolors：轮廓颜色，和参数 c 类似，可选参数，默认值为 None。

data：data 关键字参数。如果给定一个数据参数，所有位置和关键字参数将被替换。

**kwargs：关键字参数，其他可选参数。

例 11-15 使用不同颜色、不同形状的点，绘制 2013—2022 年全国就业人员、城镇就业人员和乡村就业人员的折线图。其中，全国就业人员（万人）用红色的"o"表示，城镇就业人员（万人）用绿色的"×"表示，乡村就业人员（万人）用蓝色的点线"V"表示。程序代码如下：

```
# -*- coding: utf-8 -*-
import pandas as pd
import matplotlib.pyplot as plt
# 导入数据
Emp_data= pd.read_excel('Employedpopulation.xlsx',header=0,usecols='B:J')
# 设置 matplotlib 正常显示中文和负号
plt.rcParams['font.sans-serif']=['SimHei']    # 用黑体显示中文
plt.rcParams['axes.unicode_minus']=False      # 正常显示负号
X = Emp_data.columns
# 创建一个绘图对象，并设置对象的宽度和高度
plt.figure(figsize=(8, 4))
# 绘制全部就业人员散点图
plt.scatter(X,Emp_data.iloc[0],c='r',marker='o')
# 绘制城镇就业人员散点图
plt.scatter(X,Emp_data.iloc[1],c='g',marker='x')
# 绘制乡村就业人员散点图
plt.scatter(X,Emp_data.iloc[2],c='b',marker='v')
plt.xlabel('年份')
plt.ylabel('人员（万人）')
plt.ylim((25000,80000))
plt.xlim(2013,2023)
plt.title("2013-2022年城镇、乡村和全部就业人员情况散点图")
# 添加图例
plt.legend({'乡村就业','全部就业','城镇就业'},loc=(0.8,0.6))
plt.savefig('Employedpopulation_scatter.png')
plt.show()
```

运行程序，输出结果如图 11.3 所示。

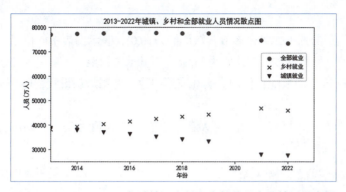

图 11.3　2013—2022 年城镇、乡村和全部就业人员情况散点图

11.3.4　绘制饼形图

饼形图（pie graph）常用来显示各个部分在整体所占的比例。例如，在工作中如果遇到需要计算总费用或金额的各个部分构成比例的情况，一般通过各个部分与总额相除来计算，而且这种比例表示方法很抽象，而通过饼形图将直接显示各个组成部分所占比例，清晰的反映出部分与部分、部分与整体之间的比例关系。

Matplotlib 绘制饼形图主要使用 pie() 函数，语法格式如下：

```
matplotlib.pyplot.pie(x,explode=None,labels=None,colors=None,autopct=None,
pctdistance=0.6,shadow=False,labeldistance=1.1,startangle=None,radius=None,
counterclock=True,wedgeprops=None,textprops=None,center=(0, 0), frame=False,
rotatelabels=False, hold=None, data=None)
```

参数说明：

x：每一块饼图的比例，如果 sum(x) > 1，则会使用 sum(x) 归一化。

explode：每一块饼图离中心的距离。

labels：每一块饼图外侧显示的说明文字。

colors：表示饼图颜色，默认为 None。

autopct：设置饼图百分比，可以使用格式化字符串或 format() 函数。如 '%1.1f' 保留小数点后 1 位。

pctdistance：类似于 labeldistance 参数，指定百分比的位置刻度，默认值为 0.6。

shadow：在饼图下面画一个阴影，默认值为 False，即不画阴影。

labeldistance：标记的绘制位置，相对于半径的比例，默认值为 1.1，如小于 1 则绘制在饼图内侧。

startangle：起始绘制角度，默认是从 x 轴正方向逆时针画起的。如果设置值为 90，则从 y 轴正方向画起。

radius：饼图半径，默认值为 1，半径越大饼图越大。

counterclock：指定指针方向，布尔型，可选参数。默认值为 True 表示逆时针；如果值为 False，则表示顺时针。

wedgeprops：字典类型，可选参数，默认值为 None。字典被传递给 wedge 对象，用来画一个饼图。例如，wedgeprops={'linewidth':2}，表示将 wedge 的线宽设置为 2。

textprops：设置标签和比例文字的格式，字典类型，可选参数，默认值为 None。传递给 text

对象的字典参数。

center：浮点类型的列表，可选参数，默认值为 (0,0)，表示图表中心位置。

frame：布尔型，可选参数。默认值为 False，不显示轴框架（也就是网格）；如果值为 True，则显示轴框架，与 grid() 函数配合使用。实际应用中建议使用默认设置，因为显示轴框架会干扰饼形图效果。

rotatelabels：布尔型，可选参数。默认值为 False；如果值为 True，则旋转每个标签到指定的角度。

例 11-16 绘制 2022 年城镇就业人员与乡村就业人员的饼图。程序代码如下：

```
# -*- coding: utf-8 -*-
import pandas as pd
import matplotlib.pyplot as plt
# 导入数据
Emp_data= pd.read_excel('Employedpopulation.xlsx',header=0,usecols='B')
# 设置 matplotlib 正常显示中文和负号

plt.rcParams['font.sans-serif']=['SimHei']    # 用黑体显示中文
plt.rcParams['axes.unicode_minus']=False      # 正常显示负号
print(Emp_data)
X = [Emp_data.loc[1,2022],Emp_data.loc[2,2022]]
print(X)
# 创建一个绘图对象，并设置对象的宽度和高度
plt.figure(figsize=(6, 6))
label = ['城镇就业人员','乡村就业人员']   # 定义饼图的标签，标签是列表
explode = [0.01,0.01]   # 设定各项距离圆心的 n 半径
# 绘制饼图（数据，半径，数据对应的标签，百分数保留两位小数点）
plt.pie(X,explode = explode, labels=label,autopct='%1.2f%%',textprops = {'fontsize':12, 'color':'w'}, )
# 添加标题
plt.title("2022年城镇、乡村就业人员情况饼图")
# 添加图例
plt.legend({'乡村就业','城镇就业'})
plt.savefig('Employedpopulation_pie.png')
plt.show()
```

运行程序，输出结果如图 11.4 所示。

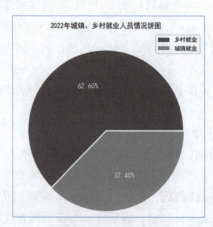

图 11.4　2022 年城镇、乡村就业人员情况饼图

实例：贷款数据可视化

gdp.csv 是一个公开的数据集，我们通过可视化方法展示该数据集及统计分析结果，了解数据提供的相关信息。

1. 引入相应的第三方库

```
import pandas as pd
import numpy as np
import matplotlib.pyplot as plt
```

2. 读取数据并简单分析

```
data = pd.read_csv("gdp.csv")
# 输出打印前 5 条数据
print(data.head(5))
# 读取后 10 行数据
print(data.tail(10))
```

运行结果如下：

```
      Loan_ID    loan_status Principal  ...  age          education  Gender
0  xqd20166231  PAIDOFF          1000   ...   45  High School or Below   male
1  xqd20168902  PAIDOFF          1000   ...   50              Bechalor female
2  xqd20160003  PAIDOFF          1000   ...   33              Bechalor female
3  xqd20160004  PAIDOFF          1000   ...   27               college   male
4  xqd20160005  PAIDOFF          1000   ...   28               college female

[5 rows x 11 columns]
        Loan_ID         loan_status  ...           education  Gender
490  xqd20160491  COLLECTION_PAIDOFF ...  High School or Below   male
491  xqd20160492  COLLECTION_PAIDOFF ...               college   male
492  xqd20160493  COLLECTION_PAIDOFF ...              Bechalor   male
493  xqd20160494  COLLECTION_PAIDOFF ...               college   male
494  xqd20160495  COLLECTION_PAIDOFF ...  High School or Below   male
495  xqd20160496  COLLECTION_PAIDOFF ...  High School or Below   male
496  xqd20160497  COLLECTION_PAIDOFF ...  High School or Below   male
497  xqd20160498  COLLECTION_PAIDOFF ...               college   male
498  xqd20160499  COLLECTION_PAIDOFF ...               college female
499  xqd20160500  COLLECTION_PAIDOFF ...  High School or Below   male
```

了解数据集的各列详细信息，有助于理解数据集。

Loan_ID：分配给每个贷款客户的唯一贷款（id）- 系统生成。

loan_status：贷款状态，告诉我们贷款是否已还清，在催收过程中 - 客户尚未还款，或在催收工作后还清。

Principal：本金，案件发起时的小额贷款金额或申请的贷款金额。

terms：条款。

effective_date：生效日期，贷款发放（开始）的时间。

due_date：贷款到期日。
paid_off_time：实际还清贷款的时间，null 表示尚未还清。
past_due_days：贷款超过到期日的天数。
age：客户年龄。
education：申请贷款客户的学历。
Gender：客户性别（男/女）。

```
# 返回每一列缺失值的个数
print(data.isnull().sum())
# 返回每一列缺失值的总个数
print(data.isnull().sum().sum())
# data.describe() 对数据进行统计分析，包括计算每一列的均值、标准差、最小值、最大值、中位数等
print(data.describe())
```

运行结果如下：

```
        [10 rows x 11 columns]
Loan_ID                 0
loan_status             0
Principal               0
terms                   0
effective_date          0
due_date                0
paid_off_time         100
past_due_days         300
age                     0
education               0
Gender                  0
dtype: int64
400
         Principal        terms    past_due_days          age
count   500.000000   500.000000       200.00000   500.000000
mean    943.200000    22.824000        36.01000    31.116000
std     115.240274     8.000064        29.38088     6.084784
min     300.000000     7.000000         1.00000    18.000000
25%    1000.000000    15.000000         3.00000    27.000000
50%    1000.000000    30.000000        37.00000    30.000000
75%    1000.000000    30.000000        60.00000    35.000000
max    1000.000000    30.000000        76.00000    51.000000
```

从查询中我们可以看到 paid_off_time 中有 100 个 null（NAN）值，在 past_due_days 中有 300 个 null 值，如果有人在到期日之前提前付款，在 past_due_days 列中将不会有值。

3. 绘制贷款状态情况柱状图

```
# 通过 value_counts() 统计贷款状态
loan_status_count = data['loan_status'].value_counts()
# 查看统计情况
print(loan_status_count)
```

```
# 查看统计数据类型
print(type(loan_status_count))
# 创建一个绘图对象,并设置对象的宽度和高度
plt.figure(figsize=(6, 4))
label = ['PAIDOFF','COLLECTION','COLLECTION_PAIDOFF']  # 定义饼图的标签,标签是列表
# 绘制贷款状态情况柱状图
plt.bar(loan_status_count.index,loan_status_count,edgecolor = 'white')
# zip()函数用于将两个列表相对应元素打包成元组
for x, y in zip(loan_status_count.index, loan_status_count):
    plt.text(x , y , '%i' % y, ha='center')
plt.title(" 贷款状态情况柱状图 ")
plt.savefig('loan_bar.png')
plt.show()
```

运行结果如图 11.5 所示。

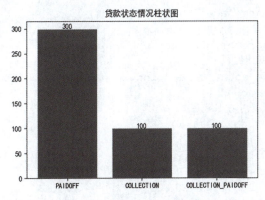

图 11.5　贷款状态情况柱状图

4. 绘制贷款性别分布饼图

```
loan_status_gender_count=data['Gender'].value_counts()
print(loan_status_gender_count.index)
# 创建一个绘图对象,并设置对象的宽度和高度
plt.figure(figsize=(4, 4))

label = ['PAIDOFF','COLLECTION','COLLECTION_PAIDOFF']  #定义饼图的标签,标签是列表
# 绘制贷款状态情况柱状图
plt.pie(loan_status_gender_count, labels=loan_status_gender_count.index,autopct='%.2f%%')
# plt.bar(loan_status_gender_count.index,loan_status_gender_count.iloc[1],edgecolor = 'white')
# zip()函数用于将两个列表相对应元素打包成元组
# for x, y in zip(loan_status_count.index, loan_status_gender_count):
# plt.text(x , y , '%i' % y, ha='center')
plt.title(" 贷款性别分布饼图 ")
plt.savefig('loan_gender_bar.png')
plt.show()
```

运行结果如图 11.6 所示。

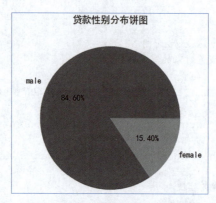

图 11.6　贷款情况性别分布饼图

5. 绘制贷款年龄分布折线图

```
# 统计各年龄的贷款人数
loan_age_count=data['age'].value_counts()
# 按年龄进行排序
loan_age_count_sorted=loan_age_count.sort_index()
# 绘制贷款年龄分布折线图
plt.plot(loan_age_count_sorted.index,loan_age_count_sorted,"r-")
# 设置折线图标题
plt.title(" 贷款年龄分布折线图 ")
# 设置 X 轴
plt.xlabel(' 年龄 ')
# 设置 Y 轴
plt.ylabel(' 人数 ')
# 打印数据
for x, y in zip(loan_age_count_sorted.index, loan_age_count_sorted):
    plt.text(x , y , '%i' % y, ha='center')
# 保存贷款年龄分布折线图
plt.savefig('loan_age_line.png')
plt.show()
```

运行结果如图 11.7 所示。

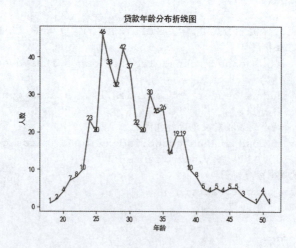

图 11.7　贷款年龄分布折线图

6. 绘制贷款金额年龄分布散点图

```
import pandas as pd
import numpy as np
import matplotlib.pyplot as plt
data = pd.read_csv("Loan payments data.csv")
plt.rcParams['font.sans-serif']=['SimHei']        # 用黑体显示中文
# 按照贷款金额统计各年龄的人数。
loan_age_Principal_count=data.groupby('Principal')['age'].value_counts()
# 按照年龄对统计数据进行排序
loan_age_Principal_count_sorted=loan_age_Principal_count.sort_index()
# 绘制贷款金额 300 的每个年龄的人数散点图
plt.scatter(loan_age_Principal_count_sorted.loc[300].index,loan_age_
Principal_count_sorted.loc[300],c='r',marker='o')
# 绘制贷款金额 500 的每个年龄的人数散点图
plt.scatter(loan_age_Principal_count_sorted.loc[500].index,loan_age_
Principal_count_sorted.loc[500],c='g',marker='s')
plt.scatter(loan_age_Principal_count_sorted.loc[700].index,loan_age_
Principal_count_sorted.loc[700],c='b',marker='d')
plt.scatter(loan_age_Principal_count_sorted.loc[800].index,loan_age_
Principal_count_sorted.loc[800],c='m',marker='x')
plt.scatter(loan_age_Principal_count_sorted.loc[900].index,loan_age_
Principal_count_sorted.loc[900],c='y',marker='p')
plt.scatter(loan_age_Principal_count_sorted.loc[1000].index,loan_age_
Principal_count_sorted.loc[1000],c='c',marker='v')
# 设置标题
plt.title("贷款金额年龄分布散点图")
# 设置 X 轴
plt.xlabel('年龄')
# 设置 Y 轴
plt.ylabel('人数')
# 设置图例
plt.legend({'贷款金额1000','贷款金额900','贷款金额800','贷款金额700','贷款金额500',
'贷款金额300'},loc=(0.7,0.6))
# 保存图片输出
plt.savefig('loan_age_scatter.png')
plt.show()
```

运行结果如图 11.8 所示。

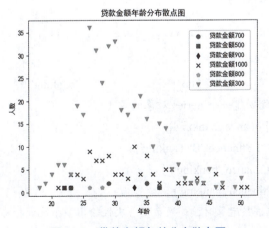

图 11.8　贷款金额年龄分布散点图

小　结

本章首先介绍了开源的 Python 科学计算库 NumPy 的安装、NumPy 的数据类型、数组对象、基本操作及切片和索引。随后又介绍了开源的数据分析工具 pandas 的安装，重点介绍了数据结构与数据读写以及常用的数据操作。紧接着又介绍了可视化工具 Matplotlib 及常用柱状图、折线图、散点图、饼图的绘制，最后通过贷款数据可视化的实例对所学知识进行了巩固。

习　题

一、填空题

1. 使用 array() 函数创建一个 ndarray 数组对象，请写出示例语句 _____。
2. np.array([[2,3],[0,5]]).ndim 的输出结果是 _____。
3. a = np.random.randint(2,10, size=(2,2,3))，a 中元素的取值范围为 _____。
4. a=np.array([[1,2,3],[4,5,6],[7,8,9]])，a[1:2] 与 a[1,2] 分别为 _____。
5. series = pandas.Series(['A','B','C']，index=['a','b','c'])，series['a']+series.iloc[1] 的结果是 _____。
6. df = pandas.DataFrame(data = {'A': ['banking', 'finance', 'cash', 'loan', 'principal'], 'B': [1, 2, 3, 4, 5]})，df.iloc[0] 的结果是 _____。
7. data = pandas.read_csv('stock.csv',encoding='utf-8')，data 的类型为 _____。
8. 在使用 Matplotlib 时，需要导入 _____ 模块。
9. 使用 matplotlib.pyplot 绘制柱状图时用到的函数是 _____。

二、选择题

1. 下列选项中，用来表示数组形状的是（　　）。
   A. ndimi　　　　B. shape　　　　C. size　　　　D. dtype
2. 下列代码中，创建的是一个 3 行 3 列数组的是（　　）。
   A. arr=np.array([3,3])　　　　　　B. arr=np.array(3,3)
   C. arr=np.array([[3,3],[3,3],[3,3]])　D. arr=np.zeros((3,3))
3. 运行以代码，输出结果是（　　）。

```
arr=np.array([['finance','banking','cash'],['tax','loan','deficit']])
print(arr[1,:1])
```

   A. ['finance']　　B. ['tax']　　　C. ['banking']　　D. ['loan']
4. 下列选项中，不能创建一个 Series 对象的是（　　）。
   A. s=pd.Series(['finance','banking'])
   B. s=pd.Series({'F':'finance','B':'banking'})
   C. s=pd.Series(('finance','banking'))
   D. s=pd.Series('finance','banking')
5. DataFrame 对象在进行运算时，如果希望一次性输出多个统计指标可以使用（　　）方法。
   A. all()　　　　B. dtype()　　　C. describe()　　D. count()

6. 运行以代码，输出结果是（　　）。

```
df=pd.DataFrame({'subject':['财政学','金融学'],'contry':['中国','中国']})
print(df['subject'][0])
```

  A. {'subject':'财政学'}   B. {'subject'='财政学','contry'='中国'}
  C. '财政学'   D. '金融学'

7. Matplotlib 主要使用（　　）函数绘制折线图。

  A. bar()   B. plot()   C. scatter   D. pie

8. 以下 Python 语句可以将 data 数据写入 csv 文件的是（　　）。

  A. data = pandas.read_csv('stock.csv',encoding='utf-8')

  B. data.to_csv('data.csv',encoding='utf-8')

  C. with open('data.csv', 'w+') as f:
     f.write(data)

  D. with open('data.csv', 'w+') as f:
     f.writelines(data)

三、简答题

1. 简述 pandas 的两大数据结构。
2. 简述 Matplotlib 数据可视化常用图形。

四、编程题

编写程序，读取 tax.xlsx 文件，分别绘制 2014 年—2022 年个人所得税柱形图、折线图、散点图及 2022 年各项税收的饼图。

第 12 章 财经研究报告爬虫及可视化分析

学习目标

知识目标：
◎掌握 Python 的基础语法。
◎理解网络爬虫、数据处理及可视化。

能力目标：
培养学生综合运用本书知识的能力，将理论知识与实践需求相结合，培养学生获取信息、展示信息及利用信息的能力。

素养目标：
关注数据获取和可视化分析，不断学习新的技术和工具，保持创新意识和适应能力。
增强洞察力和前瞻视野及终身学习能力，同时在实践中遵守法律法规，遵循职业道德与工程标准。

 知识框架

问题导入

在学习了 Python 的基础知识后，如何运用所学的知识，从网上获取我们想要的信息并加以分析，并以数据图表的形式展示出来，快速抓住信息要点呢？

到现在为止，我们已经学习了 Python 的基础语法、程序流程控制、函数、面向对象的程序设计、异常处理、数据库编程、网络爬虫、数据处理及可视化。本章将提供一个综合的项目，让读者综合运用前面所学的知识，爬取网络上的财经新闻研究报告并进行可视化分析。本章学习目标及知识架构如下。

12.1 综合案例概述

本例首先爬取财经研究报告列表，将数据保存到数据库的同时保存到 Excel 文件中，对获取

的数据进行分析，如财经研究报告不同种类对比，每天发布的新闻数量分析，生成标题词云图等，综合本书所讲的各章知识点。

12.2　爬取财经研究报告信息

某财经研究报告到相应的网页，如图 12.1 所示。

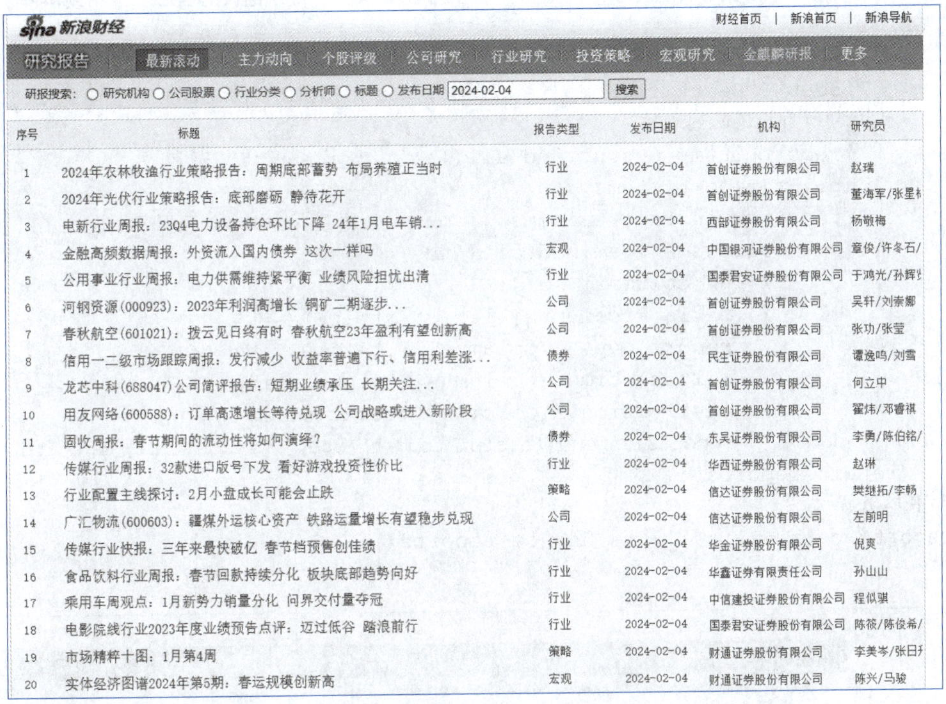

序号	标题	报告类型	发布日期	机构	研究员
1	2024年农林牧渔行业策略报告：周期底部蓄势 布局养殖正当时	行业	2024-02-04	首创证券股份有限公司	赵瑞
2	2024年光伏行业策略报告：底部磨砺 静待花开	行业	2024-02-04	首创证券股份有限公司	董海军/张星
3	电新行业周报：23Q4电力设备持仓环比下降 24年1月电车销...	行业	2024-02-04	西部证券股份有限公司	杨敬梅
4	金融高频数据周报：外资流入国内债券 这次一样吗	宏观	2024-02-04	中国银河证券股份有限公司	章俊/许冬石/
5	公用事业行业周报：电力供需维持紧平衡 业绩风险担忧出清	行业	2024-02-04	国泰君安证券股份有限公司	于鸿光/孙辉
6	河钢资源(000923)：2023年利润高增长 铜矿二期逐步...	公司	2024-02-04	首创证券股份有限公司	吴轩/刘崇娜
7	春秋航空(601021)：拨云见日终有时 春秋航空23年盈利有望创新高	公司	2024-02-04	首创证券股份有限公司	张功/张莹
8	信用一二级市场跟踪周报：发行减少 收益率普遍下行、信用利差涨...	债券	2024-02-04	民生证券股份有限公司	谭逸鸣/刘雪
9	龙芯中科(688047)公司简评报告：短期业绩承压 长期关注...	公司	2024-02-04	首创证券股份有限公司	何立中
10	用友网络(600588)：订单高速增长等待兑现 公司战略或进入新阶段	公司	2024-02-04	首创证券股份有限公司	翟炜/邓睿祺
11	固收周报：春节期间的流动性将如何演绎？	债券	2024-02-04	东吴证券股份有限公司	李勇/陈伯铭/
12	传媒行业周报：32款进口版号下发 看好游戏投资性价比	行业	2024-02-04	华西证券股份有限公司	赵琳
13	行业配置主线探讨：2月小盘成长可能会止跌	策略	2024-02-04	信达证券股份有限公司	樊继拓/李畅
14	广汇物流(600603)：疆煤外运核心资产 铁路运量增长有望稳步兑现	公司	2024-02-04	信达证券股份有限公司	左前明
15	传媒行业快报：三年来最快破亿 春节档预售创佳绩	行业	2024-02-04	华金证券股份有限公司	倪爽
16	食品饮料行业周报：春节回款持续分化 板块底部趋势向好	行业	2024-02-04	华鑫证券有限责任公司	孙山山
17	乘用车周观点：1月新势力销量分化 问界交付量夺冠	行业	2024-02-04	中信建投证券股份有限公司	程似骐
18	电影院线行业2023年度业绩预告点评：迈过低谷 踏浪前行	行业	2024-02-04	国泰君安证券股份有限公司	陈筱/陈俊希/
19	市场精粹十图：1月第4周	策略	2024-02-04	财通证券股份有限公司	李美岑/张日
20	实体经济图谱2024年第5期：春运规模创新高	宏观	2024-02-04	财通证券股份有限公司	陈兴/马骏

图 12.1　某财经研究中心网站

在页面的下方可以通过“上一页”“下一页”按钮，单击“下一页”按钮或者数字“2”切换列表第 2 页，同时在网址中多了一个“p=2”，p 的值代表了列表的页码。

通过开发者工具，对网站代码进行分析，如图 12.2 所示。

可以通过 find_all() 方法选择 <tr> 节点，在此基础上使用嵌套查询使用 find_all() 选择 <td> 节点，通过 text() 方法获取节点内容，代码如下：

```
import requests
import chardet
from bs4 import BeautifulSoup
def crawl_sina_finance_reports(pages=1):
    base_url = "https://***.***.***.***.cn/***/***.php/**.phtml"
    reports =[]
    headers = {
    'User-Agent': 'Mozilla/5.0 (Windows NT 10.0; Win64; x64) AppleWebKit/537.36 
(KHTML, like Gecko) Chrome/120.0.0.0 Safari/537.36 Edg/120.0.0.0'
    }
    for page in range(1, pages + 1):
        url = f"{base_url}?p={page}"
```

```python
            response = requests.get(url,headers=headers)
            # 使用 chardet 检测编码
            detected_encoding = chardet.detect(response.content)['encoding']
            if detected_encoding:
                print (detected_encoding)
                response.encoding = detected_encoding
            else:
                response.encoding = 'GB2312'  # 如果 chardet 无法检测到编码，则默
认使用 GB2312
            #content=response.content.encode('iso-8859-1')
            soup = BeautifulSoup(response.text,'html.parser')
        # 找到所有报道的列表项
            report_items = soup.find_all('tr')[1:] # 跳过表头
            print(report_items)
            for item in report_items:
                columns = item.find_all('td')
                if len(columns) >= 4:
                    title = columns[1].text.strip()
                    report_type = columns[2].text.strip()
                    release_time = columns[3].text.strip()
                    institution = columns[4].text.strip()
                    reports.append([title, report_type, release_time, institution])
    return reports
# 爬取数据
reports_data = crawl_sina_finance_reports()
```

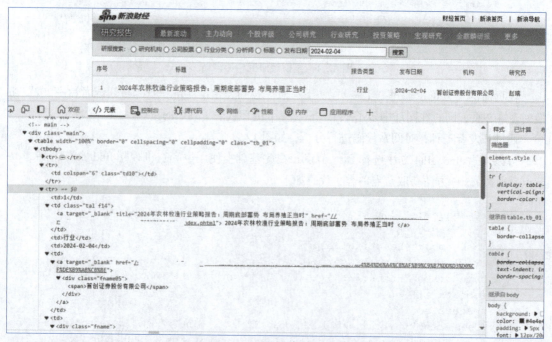

图 12.2　新浪财经研究中心代码

执行以上代码得到的运行结果如下（仅显示部分数据）：

> [['机器人行业周报：工信部等七部门发文 人形机器人再添新政策 ', '行业 ', '2024-02-04', '西南证券股份有限公司 '], ['继峰股份 (603997)：业绩预计扭亏 静待座椅项目花开更盛 ', '公司 ', '2024-02-04', '华泰证券股份有限公司 '], ['通信行业 2023Q4 基金持仓分析：行业持仓下降 光模块和运营...', '行业 ', '2024-02-04', '国联证券股份有限公司 '], ['国防军工周报：航空国际转包专题 ', '行业 ', '2024-02-04', '国联证券股份有限公司 '], ['煤炭开采行业研究简报：全球煤、油、气价格震荡整理 ', '行业 ', '2024-02-04',………]]

12.3　存储信息到 MySQL 数据库及 Excel 文件

为了持久化存储数据，可以将数据存储到数据库中（这里以 MySQL 数据库为例），也可以将数据存储到 Excel 文件中。

12.3.1　存储信息到 MySQL 数据库

获取到数据后，我们将数据库存储到 MySQL 数据库中。在数据库 financial_news 创建表 financial_news，保存我们爬取的数据信息，主要包括标题、类型、发布时间、机构信息。通过 executemany() 方法一次向数据库中添加多条数据，不出错就向数据库写入信息，出错就回滚。代码如下：

```python
import pymysql
# 打开数据库连接
db = pymysql.connect(host='localhost',           # 数据库地址
                     user='root',                # 数据库用户名
                     password='root',            # 数据库密码
                     database='financial_news')  # 数据库名称
# 使用 cursor() 方法创建一个游标对象 cursor
cursor = db.cursor()
sql = """
CREATE TABLE if not EXISTS financial_news  (
    title varchar(50) NOT NULL,
    report_type varchar(50) NOT NULL,
    release_time date DEFAULT NULL,
    institution varchar(50) NOT NULL
) ENGINE=MyISAM  DEFAULT CHARSET=utf8;
"""
cursor.execute(sql)                              # 执行 SQL 语句
try:
    # 执行 SQL 语句，插入多条数据
    cursor.executemany("insert into financial_news(title, report_type, release_time, institution)values (%s,%s,%s,%s)", reports_data)
    db.commit()                                  # 提交数据
except:
    db.rollback()                                # 发生错误时回滚
db.close()                                       # 关闭数据库连接
```

执行以上代码后，登录数据库，查询数据库信息可以得到图 12.3 所示的结果。

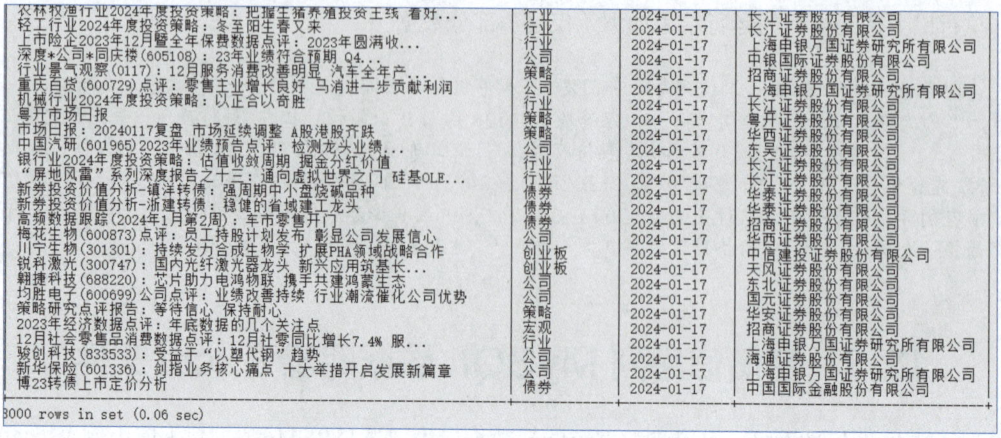

农林牧渔行业2024年度投资策略：把握生猪养殖投资主线 看好...	行业	2024-01-17	长江证券股份有限公司
轻工行业2024年度投资策略：冬至阳生春又来	行业	2024-01-17	长江证券股份有限公司
上市险企2023年12月暨全年保费数据点评：2023年圆满收...	行业	2024-01-17	上海申银万国证券研究所有限公司
深度*公司*同庆楼(605108)：23年业绩符合预期 Q4...	公司	2024-01-17	中银国际证券股份有限公司
行业景气观察(0117)：12月服务消费改善明显 汽车全年产...	策略	2024-01-17	招商证券股份有限公司
重庆百货(600729)点评：零售主业增长良好 马消进一步贡献利润	公司	2024-01-17	上海申银万国证券研究所有限公司
机械行业2024年度投资策略：以正合以奇胜	行业	2024-01-17	长江证券股份有限公司
粤开市场日报	策略	2024-01-17	粤开证券股份有限公司
市场日报：20240117复盘 市场延续调整 A股港股齐跌	策略	2024-01-17	华西证券股份有限公司
中国汽研(601965)2023年业绩预告点评：检测龙头业绩...	公司	2024-01-17	东吴证券股份有限公司
银行业2024年度投资策略：估值收敛周期 掘金分红价值	行业	2024-01-17	长江证券股份有限公司
"屏地风雷"系列深度报告之十三：通向虚拟世界之门 硅基OLE...	行业	2024-01-17	长江证券股份有限公司
新券投资价值分析-镇洋转债：强周期中小盘烧碱品种	债券	2024-01-17	华泰证券股份有限公司
新券投资价值分析-浙建转债：稳健的省域建工龙头	债券	2024-01-17	华泰证券股份有限公司
高频数据跟踪(2024年1月第2周)：车市零售开门	债券	2024-01-17	招商证券股份有限公司
梅花生物(600873)点评：员工持股计划发布 彰显公司发展信心	公司	2024-01-17	华西证券股份有限公司
川宁生物(301301)：持续发力合成生物学 扩展PHA领域战略合作	创业板	2024-01-17	中信建投证券股份有限公司
锐科激光(300747)：国内光纤激光器龙头 新兴应用筑基长...	创业板	2024-01-17	天风证券股份有限公司
翱捷科技(688220)：芯片助力中鸿物联 携手共建鸿蒙生态	公司	2024-01-17	东北证券股份有限公司
均胜电子(600699)公司点评：业绩改善持续 行业潮流催化公司优势	公司	2024-01-17	国元证券股份有限公司
策略研究点评报告：等待信心 保持耐心	策略	2024-01-17	华安证券股份有限公司
2023年经济数据点评：年底数据的几个关注点	宏观	2024-01-17	招商证券股份有限公司
12月社会零售品消费数据点评：12月社零同比增长7.4% 服...	行业	2024-01-17	上海申银万国证券研究所有限公司
骏创科技(833533)：受益于"以塑代钢"趋势	公司	2024-01-17	海通证券股份有限公司
新华保险(601336)：剑指业务核心痛点 十大举措开启发展新篇章	公司	2024-01-17	上海申银万国证券研究所有限公司
博23转债上市定价分析	债券	2024-01-17	中国国际金融股份有限公司

8000 rows in set (0.06 sec)

图 12.3 数据库信息

可以看到查询 200 页，每页共有 40 条，共计 8 000 条数据。

12.3.2 存储信息到 Excel 文件

对于数据库不熟悉的同学，可以利用 pandas 将信息存入到 Excel 文件中，代码如下：

```
import pandas as pd
df=pd.DataFrame(reports_data,columns=['title','report_type','release_time',
'institution'])
df.to_excel('reports_data.xlsx',index=False)
```

执行以上代码，可以看到在当前目录下多了一个 reports_data.xlsx 文件，打开文件可以看到共计 8 001 条数据（其中一条是标题行），如图 12.4 所示。

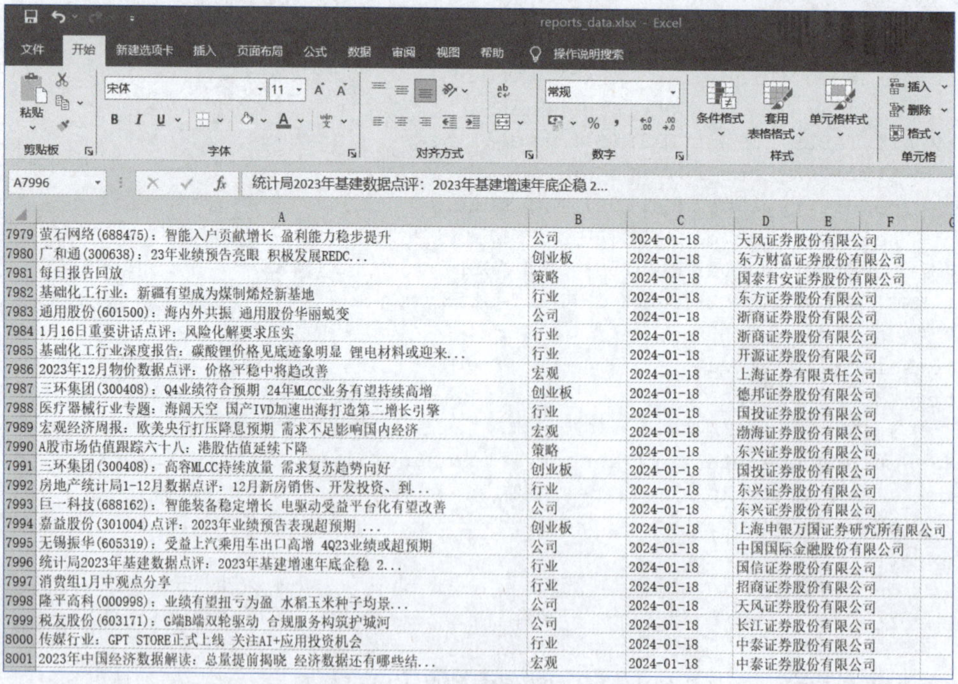

	A	B	C	D
7979	萤石网络(688475)：智能入户贡献增长 盈利能力稳步提升	公司	2024-01-18	天风证券股份有限公司
7980	广和通(300638)：23年业绩预告亮眼 积极发展REDC...	创业板	2024-01-18	东方财富证券股份有限公司
7981	每日报告回放	策略	2024-01-18	国泰君安证券股份有限公司
7982	基础化工行业：新疆有望成为煤制烯烃新基地	行业	2024-01-18	东方证券股份有限公司
7983	通用股份(601500)：海内外共振 通用股份华丽蜕变	公司	2024-01-18	浙商证券股份有限公司
7984	1月16日重要讲话点评：风险化解要求压实	行业	2024-01-18	浙商证券股份有限公司
7985	基础化工行业深度报告：碳酸锂价格见底迹象明显 锂电材料或迎来...	行业	2024-01-18	开源证券股份有限公司
7986	2023年12月物价数据点评：价格平稳中将趋改善	宏观	2024-01-18	上海证券有限责任公司
7987	三环集团(300408)：Q4业绩符合预期 24年MLCC业务有望持续高增	创业板	2024-01-18	德邦证券股份有限公司
7988	医疗器械行业专题：海阔天空 国产IVD加速出海打造第二增长引擎	行业	2024-01-18	国投证券股份有限公司
7989	宏观经济周报：欧美央行打压降息预期 需求不足影响国内经济	宏观	2024-01-18	渤海证券股份有限公司
7990	A股市场估值跟踪六十八：港股估值延续下降	策略	2024-01-18	东兴证券股份有限公司
7991	三环集团(300408)：高容MLCC持续放量 需求复苏趋势向好	创业板	2024-01-18	国投证券股份有限公司
7992	房地产统计局1-12月数据点评：12月新房销售、开发投资、到...	行业	2024-01-18	东兴证券股份有限公司
7993	巨一科技(688162)：智能装备稳定增长 电驱动受益平台化有望改善	公司	2024-01-18	东兴证券股份有限公司
7994	嘉益股份(301004)点评：2023年业绩预告表现超预期 ...	创业板	2024-01-18	上海申银万国证券研究所有限公司
7995	无锡振华(605319)：受益上汽乘用车出口高增 4Q23业绩或超预期	公司	2024-01-18	中国国际金融股份有限公司
7996	统计局2023年基建数据点评：2023年基建增速年底企稳 2...	行业	2024-01-18	国信证券股份有限公司
7997	消费组1月中观点分享	行业	2024-01-18	招商证券股份有限公司
7998	隆平高科(000998)：业绩有望扭亏为盈 水稻玉米种子均景...	公司	2024-01-18	天风证券股份有限公司
7999	税友股份(603171)：G端B端双轮驱动 合规服务构筑护城河	公司	2024-01-18	长江证券股份有限公司
8000	传媒行业：GPT STORE正式上线 关注AI+应用投资机会	行业	2024-01-18	中泰证券股份有限公司
8001	2023年中国经济数据解读：总量提前揭晓 经济数据还有哪些结...	宏观	2024-01-18	中泰证券股份有限公司

图 12.4 Excel 文件中存储的爬虫数据

12.4 可视化分析

12.4.1 不同机构财经研究报告的发布情况

我们通过 value_counts() 函数，计算抓取的 200 页 8 000 条研究报告列表中不同机构的研究报告数量，取发布数量排名前十的机构数据绘制柱形图，根据柱形图对比不同机构的研究发布报告情况。代码如下：

```python
import pandas as pd                                   # 导入pandas库
import matplotlib.pyplot as plt                       # 导入绘图工具matplotlib
import re                                             # 导入正则表达式
plt.rcParams['font.sans-serif']=['SimHei']            # 用黑体显示中文
plt.rcParams['axes.unicode_minus']=False              # 正常显示负号

# 1.柱状图  不同机构财经研究报告的发布情况
# 定义函数去掉公司名称中的研究所有限公司及股份有限公司等字
def clean_institution_name(name):
    return re.sub(r'(研究所有限公司|股份有限公司)','',name)
# 读取保存的 reports_data.xlsx 获取相关信息
df=pd.read_excel('reports_data.xlsx')
# 调用 clean_institution_name() 函数去掉公司名称中的研究所有限公司及股份有限公司等字
df['institution']=df['institution'].apply(clean_institution_name)
# 通过value_counts()计算不同机构发布的财经研究报告数量,并按照数量由高到低排序
news_counts_institution=df['institution'].value_counts().sort_values(ascending=False)
# 取财经研究报告发布数量前十的机构
news_counts_institution_10=news_counts_institution.head(10)
# 设置画布大小
plt.figure(figsize=(6, 6))
# 设置 x 轴坐标旋转角度
plt.xticks(rotation=50)
# 绘制不同机构研究报告发布情况柱状图
plt.bar(news_counts_institution_10.index,news_counts_institution_10)
# 设置 Y 轴
plt.ylabel('研究报告条数')
# 设置绘制图像的标题
plt.title("不同机构财经研究报告的发布情况")
# 显示数据标签
for i,v in zip(news_counts_institution_10.index,news_counts_institution_10):
    plt.text(i,v+0.01,'%i' % v,ha='center')
# 显示绘制的图片
plt.show()
```

运行以上代码，得到财经研究报告种类数量分析柱状图，如图 12.5 所示。
由此可见，国泰君安证券发布的研究报告最多。

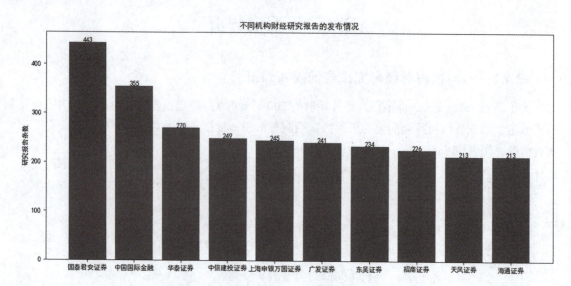

图 12.5 不同机构发布财经研究报告情况柱状图

12.4.2 每日财经研究报告数量分析

我们通过 value_counts() 函数，计算抓取的 200 页 8 000 条研究报告列表中每日发布的财经研究报告数量，并根据数据绘制折线图寻找研究发布报告规律。代码如下：

```
# 通过 value_counts() 计算每日财经研究报告的数量
news_counts_per_day=df['release_time'].value_counts().sort_index()
# 设置画布大小
plt.figure(figsize=(8, 6))
# 绘制研究报告种类分布折线图
plt.plot(news_counts_per_day.index,news_counts_per_day,'r--')
# 设置 Y 轴
plt.ylabel('每日财经研究报告数量')
plt.xticks(rotation=45)
# 设置绘制图像的标题
plt.title("每日财经研究报告数量分析")
# 显示数据标签
for i,v in zip(news_counts_per_day.index,news_counts_per_day):
    plt.text(i,v+0.01,'%i' % v,ha='center')
# 显示绘制的图片
plt.show()
```

运行以上代码，得到财经研究报告种类数量分析折线图，如图 12.6 所示。

由图 12.6 可见，2024-01-20、2024-01-27、2024-02-03 这几个周六发布的财经研究报告数量较少，2024-01-22、2024-01-29 这几个周一的财经研究报告数量较多。

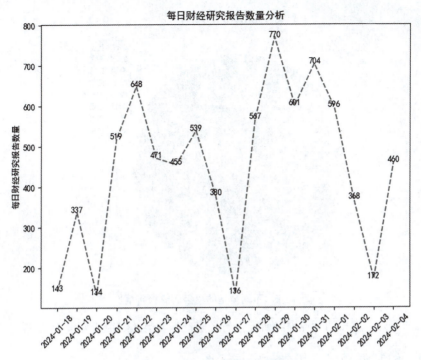

图 12.6　每日财经研究报告数量

12.4.3　财经研究报告类型分布

我们通过 value_counts() 函数，计算抓取的 200 页 8 000 条研究报告列表中发布的不同类型的研究报告数量，并根据数据绘制饼图，分析财经研究发布报告类型规律。代码如下：

```
import pandas as pd                                    # 导入pandas库
import matplotlib.pyplot as plt                        # 导入绘图工具matplotlib
import re                                              # 导入正则表达式
plt.rcParams['font.sans-serif']=['SimHei']             # 用黑体显示中文
plt.rcParams['axes.unicode_minus']=False               # 正常显示负号
# 读取保存的 reports_data.xlsx 获取相关信息
df=pd.read_excel('reports_data.xlsx')
# 通过value_counts()计算各类型研究报告的数量
report_type_counts=df['report_type'].value_counts()
print(report_type_counts)
plt.figure(figsize=(6, 6))
plt.pie(report_type_counts,autopct='%1.2f%%',textprops = {'fontsize':12,
'color':'w'}, )
plt.legend(report_type_counts.index,loc=(0.9,0.6))
plt.title(' 财经研究报告类型分布饼图 ')
plt.show()
)                                                      # 查看数组类型
```

运行结果如图 12.7 所示。

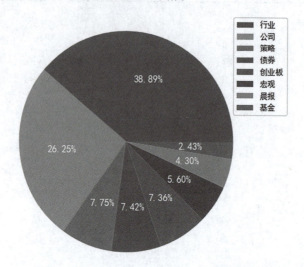

图 12.7　不同类型的财经研究报告情况

由图 12.7 可知，发布的行业财经研究报告最多，基金类的财经研究报告最少。

12.4.4　绘制财经研究报告标题词云图

我们可以使用 jieba 库进行分词，再使用第三方库 WordCloud 绘制财经研究报告标题词云图。代码如下：

```python
import jieba                              # 引入jieba库
import wordcloud                          # 引入wordcloud库
import re                                 # 引入re正则表达式模块
# 读取保存的reports_data.xlsx获取相关信息
df=pd.read_excel('reports_data.xlsx')
# 将所有标题用' '连接起来
all_titles=' '.join(df['title'])
# 利用re.sub()匹配到的标点符号并进行替换
all_titles=re.sub(r'[^\w\s]','',all_titles)
# 利用re.sub()匹配到的空格并进行替换
all_titles=re.sub(r' ','',all_titles)
# 对去除了标点符号和空格的标题字符串进行分词
seg_list=jieba.lcut(all_titles)
# 用' '连接起来
text_split_join=' '.join(seg_list)

# 进行词频统计
# 创建字典存放统计词频
word_dic={}
for char in seg_list:
    if len(seg_list)<2:
        continue
    if char in word_dic:
        word_dic[char]+=1
    else:
```

```
            word_dic[char]=1
# 按照字典的 items 值进行排序
word_dic=sorted(word_dic.items(),key=lambda x:x[1],reverse=True)
# 打印出现次数前十的词语
print(word_dic[:10],end='')

# 生成词云对象时时需要指定中文字体文件存放位置,否则不能正常显示中文。Scale 默认值是 1,
这里设置为 4 是为了提高存储图片的清晰度。我们可以通过设置 collocations=False 去重关键词中
的重复。如不设置 " 业绩 " 等关键词可能重复
w = wordcloud.WordCloud(background_color='white',font_path="simhei.ttf",
scale=4,collocations=False)
w.generate(text_split_join)           # 加载文本
w.to_file(" 新闻标题词云图 .jpg")           # 将生成的词云保存为图片
```

运行结果如下:

```
[(' 行业 ', 1880), (' 周报 ', 1685), (' 年 ', 1524), (' 业绩 ', 1519), (' 点评 ',
943), (' 月 ', 879), (' 预期 ', 825), (' 报告 ', 632), (' 增长 ', 559), (' 持续 ', 539)]
```

对比标题的词频统计前十名与词云图(如图 12.8 所示)中的关键字,两者一致,标题中出现最多的词是"行业",其次是"周报"。

图 12.8　财经研究报告标题词云图

小　　结

本章首先介绍了项目的基本情况,随后对所爬虫的网站进行了源代码分析,利用 BeautifulSoup 的 find_all() 获取相应的节点,通过 text 方法获取节点内容,即我们想要获取的信息。紧接着通过 pymysql 将获取的信息存储到 MySQL 的 financial_news 数据库中 financial_news 表中,通过 pandas 库将信息存储到 reports_data.xlsx 文件中。最后通过可视化工具 Matplotlib 绘制相关信息的柱状图、折线图、散点图,通过 WordCloud 绘制标题词云图,通过可视化数据图表快速抓住信息要点。

参考文献

[1] 未来科技. 精通 Python：微课视频版 [M]. 北京：中国水利水电出版社，2021.

[2] 李宁. Python 爬虫技术：深入理解原理、技术与开发 [M]. 北京：清华大学出版社，2020.

[3] 唐万梅. Python 程序设计案例教程：微课版 [M]. 北京：人民邮电出版社，2023.

[4] 王霞等. Python 程序设计：思政版 [M]. 北京：清华大学出版社，2021.

[5] 嵩天，礼欣，黄天羽，等. Python 语言程序设计基础 [M]. 北京：清华大学出版社，2017.

[6] 李永华. Python 编程 300 例：快速构建可执行高质量代码 [M]. 北京：清华大学出版社，2020.

[7] 郑丹青. Python 数据分析基础教程 [M]. 北京：人民邮电出版社，2020.

[8] 黑马程序员. Python 快速编程入门 [M]. 2 版. 北京：人民邮电出版社，2021.

[9] 明日科技. 零基础学 Python[M]. 长春：吉林大学出版社，2018.

[10] 明日科技. Python 从入门到精通 [M]. 3 版. 北京：清华大学出版社，2023.

[11] 陈强. Python 语言从入门到精通 [M]. 北京：机械工业出版社，2020.

[12] 马瑟斯. Python 编程：从入门到实践 [M]. 3 版. 袁国忠，译. 北京：人民邮电出版社，2023.